知りたい！サイエンス

なにがスゴイか？万能細胞

その技術で医療が変わる！

日本発のスゴイ技術、
それが**iPS細胞**。
この技術を使えば、体の一部分から、
あなたのエッセンスが
ギュッと詰まった**細胞**を
作り出すことができるのだ。
理論の上では、あなたの**複製**を
作り出すことも可能だという。
おぉ、なんて素晴らしい技術！
しかし……これは今までの
クローンと何が違うんだろう？
現在までの研究を振り返りながら、
誰もが感じる疑問を解き明かし、
iPS細胞がもたらす劇的な
医療技術革新を、
いっしょに学んでみよう。

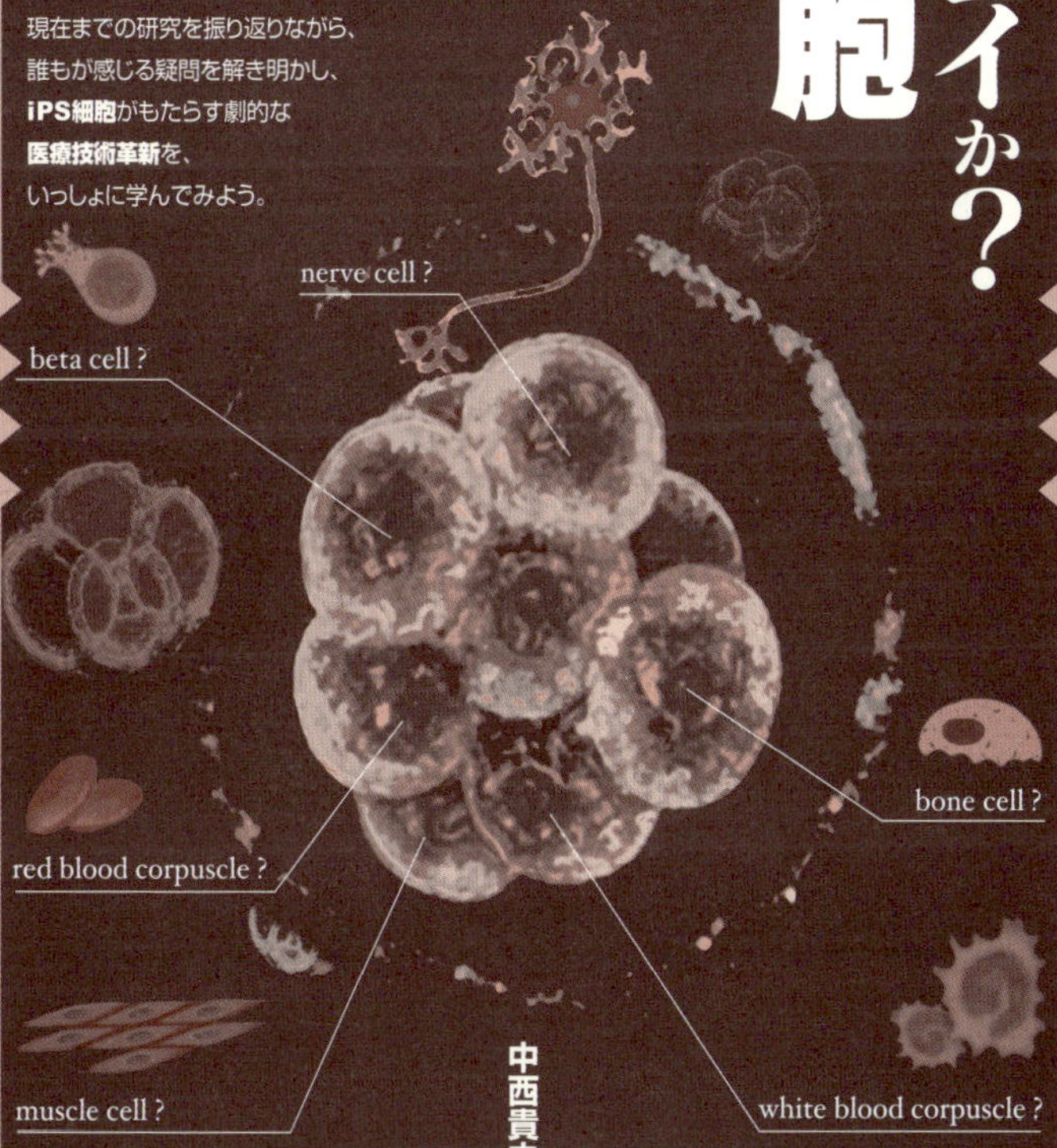

中西貴之 著

技術評論社

はじめに

万能細胞。

個体を構成するあらゆる細胞に変化することを可能にするその能力は、私たち人間の体では受精卵のみが持つ特権です。

この広い宇宙がビッグバンで始まったとき、その灼熱の火の玉は宇宙を構成するありとあらゆる物質に変化する万能神でした。あれから137億年が経過し、宇宙には銀河や星座を構成する美しい星々、それらを漆黒で包み込む暗黒物質、そして私たちの住む地球が現れました。私たちは間違いなくビッグバンから生まれたはずなのに、そのころの記憶はわずかな宇宙背景放射として空間を満たしているだけです。

星をいくつ集めようとも、私たちの住むこの世界で万能神ビッグバンを再び作り出すことはできません。

人間の体もそうだと思われていました。

万能細胞受精卵ははるか遠い記憶の中にある存在。望んでも得られないものが万能性、それが最先端の科学的知識が予想した答えでした。

ところが、2007年秋、私たちの体にビッグバンが現れました。それが日本の先端技術の結晶iPS細胞です。失われたはずの受精卵の記憶を見事によみがえらせたiPS細胞は、老いて病んで死んでいく私たち人類に、どのような光を投げかけてくれるのでしょうか。

2008年5月吉日

中西貴之

はじめに……3

第1部 iPS細胞の誕生

1-1 臓器の機能を回復させる医療……9
1-2 人間の体ができる仕組み……14
1-3 再生医療とは何なのか……25
1-4 再生医療の障壁とは……30
1-5 失われる全能性……32
1-6 胚性幹細胞（ES細胞）……35
1-7 iPS細胞――乗り越えられない壁を越えた技術……58
1-8 細胞初期化研究の歴史……61
1-9 ES細胞との細胞融合による細胞初期化……70
1-10 Fbx15-iPS細胞の誕生……75
1-11 Fbx15-iPS細胞からNanog-iPS細胞への展開……88
1-12 iPS細胞作成の鍵となる転写因子……90
1-13 ヒト由来細胞からiPS作成に成功……100
1-14 c-Myc（-）-iPS細胞……108
1-15 もう一つのiPS細胞……110
1-16 iPS細胞の謎……116

第2部

万能細胞と再生医療の現場

1-17 もとになる細胞をどこから採取するかによって異なる性質……118
1-18 iPS細胞を使った病気の治療に成功……120
1-19 iPS細胞誕生の必然……122
1-20 iPS細胞における多能性と全能性……126
1-21 ドリーの登場……131
1-22 ドリーの視点とES細胞の視点……139
1-23 エピジェネティックとインプリンティング……141
1-24 iPS細胞の仲間たち（1）——EpiS細胞……143
1-25 iPS細胞の仲間たち（2）——ntES細胞……145
1-26 iPS細胞の仲間たち（3）——mGS細胞……149
1-27 iPS細胞の仲間たち（4）——pES細胞……153
1-28 体性幹細胞の発見と応用……156

2-1 創薬研究への応用……163
2-2 遺伝子組み換え動物の限界……171
2-3 細胞シート工学……173
2-4 バイオ・プリンティング……177
2-5 皮膚の再生……180

2-6 神経細胞は死ぬばかりではなかった!? …… 182
2-7 できるのにできない膵島移植 …… 192
2-8 心臓再生 …… 198
2-9 ES細胞を使った血液工場 …… 203
2-10 失われた視覚はよみがえるか? …… 207
2-11 肝臓の再生 …… 216
2-12 オーダーメイド医療 …… 218
2-13 ES細胞を使った遺伝子治療の可能性 …… 224

第3部 万能細胞その可能性と課題

3-1 幹細胞を用いた医療がもたらすもの …… 229
3-2 再生医療実現までに解決しなければならないこと …… 231
3-3 日本におけるヒト幹細胞を用いる臨床研究 …… 237
3-4 法律の問題 …… 242
3-5 各国が急追する研究の現場 …… 246
索引 …… 251
謝辞及び参考文献 …… 254

第1部

iPS細胞の誕生

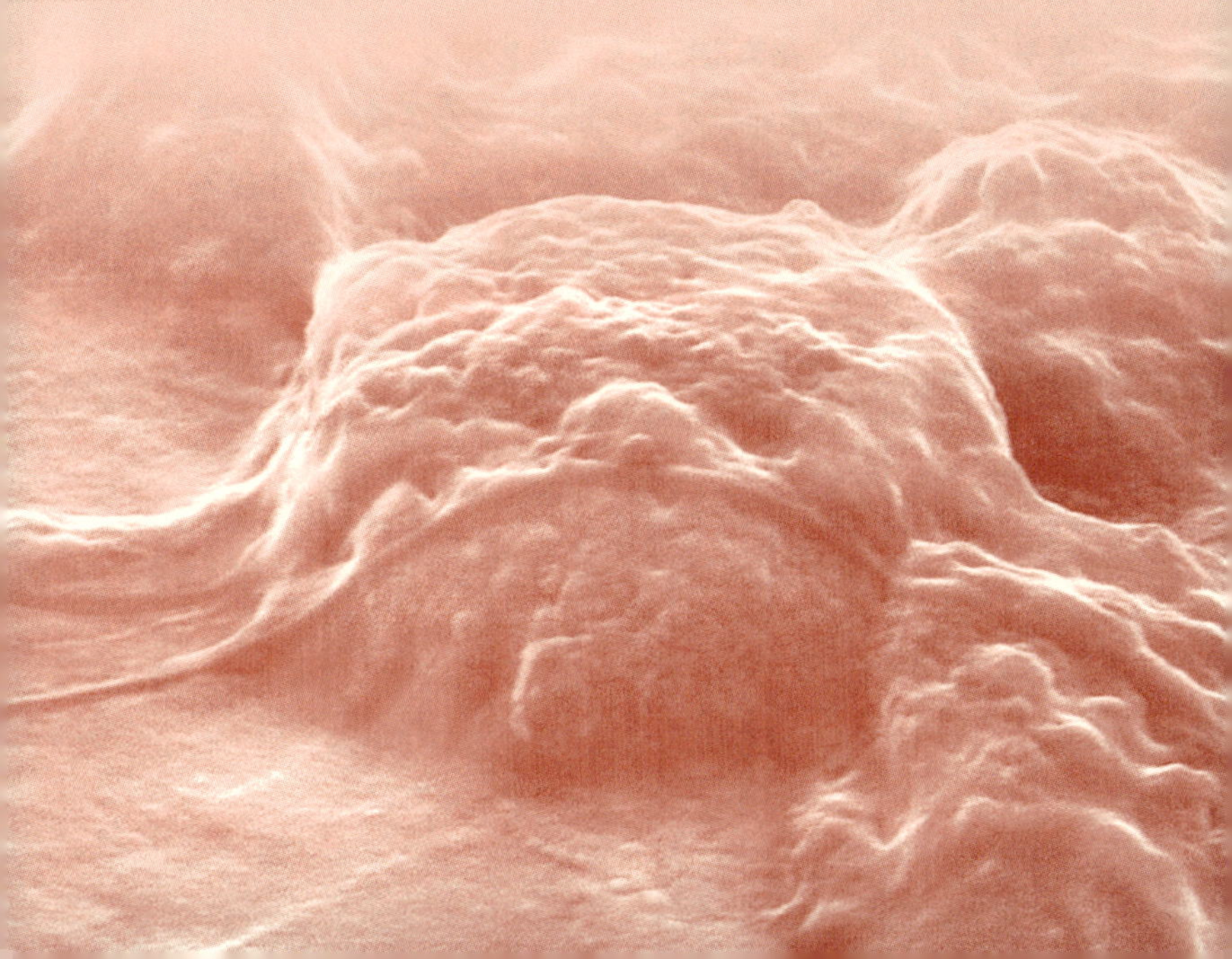

人工多能性幹細胞の略称であるiPS細胞は、京都大学iPS細胞研究センターの山中伸弥教授によって世界で初めて樹立された成人の細胞（体細胞）を由来とする多能性幹細胞で、培養条件を調節することによってあらゆる臓器の細胞に変化する能力を持っています。この細胞を用いることによって、新しい医薬品の研究や、受精卵から人間が誕生するしくみに関する研究の著しい進展が期待されます。将来的には、臓器移植をしなければ治療できない病気で苦しんでいる患者の新たな治療方法として、試験管の中で患者の細胞から治療に必要な臓器を作り出す画期的な医療技術が誕生する可能性を秘めた細胞なのです。

第1部では、50年前にカエルで行われた実験から最新のiPS細胞まで幹細胞研究の歴史をたどると共に、iPS細胞の特徴や作成方法、iPS細胞によく似た性質を持つ多能性幹細胞群について紹介します。

1-1
臓器の機能を回復させる医療

加齢や病気による臓器の機能低下、生まれながらにして臓器に異常を生じている子供たちなど、薬では治せない難病によって苦しんでいる多くの人がいます。臓器移植しか治療の方法がないと診断され、患者数に対する臓器提供者の圧倒的な不足のため移植手術を受けることができず命を落とされる患者が多数います。幸いにして、臓器移植手術を受けることができたとしても、そこには拒絶反応の壁が立ちふさがります。

私たちの身体には、外部から入ってくるウイルスなどの有害物を取り除こうとする、「免疫」と呼ばれる強力な防御機構があります（写真１‐１）。他人の臓器を患者の体内に移植すると瞬く間に免疫機能に攻撃され、移植した臓器は破壊されてしまいます。

臓器には、輸血でいえばＡＢＯ式の適合性判断と似た適合性の予測方法があります。そこで拒絶反応を避けるために、手術の前には患者と臓器提供者の適合性が慎重に検討され、さらに患者には免疫機能を低下させるために免疫抑制剤を一生投与し続けることになります。免疫抑制剤は患者の抵抗力を弱らせますので、移植の成功率を高めることはできますが、感染症と闘ったりガン細胞を破壊したりする力まで弱めてしまいます。そのため、感染症やある種のガンを発症するリスクが高くなり、せっかく臓器移植を受けることができても、それとは別の病気にかかって命を落とす患者も多くいます。さらに患者が子供の場合、多くのケースで海外での治療となり、膨大な費用を費やして、現れるかどうかわからない、免疫的に適合する臓器提供者を待つことになりるため、両親への負担は計り知れないものがあります。

もし、臓器を工場や実験室で作り出して医療に使用することができたら、それは多くの難病で苦しむ患者とその家族にとってはこの上ない福音です。かつて、臓器を作り出すなど夢物語、あるいはアヤシイ宗教やマッドサイエンティストの世界のお話しと思われていました。ところが近年、多くの科学者が最先端の医療

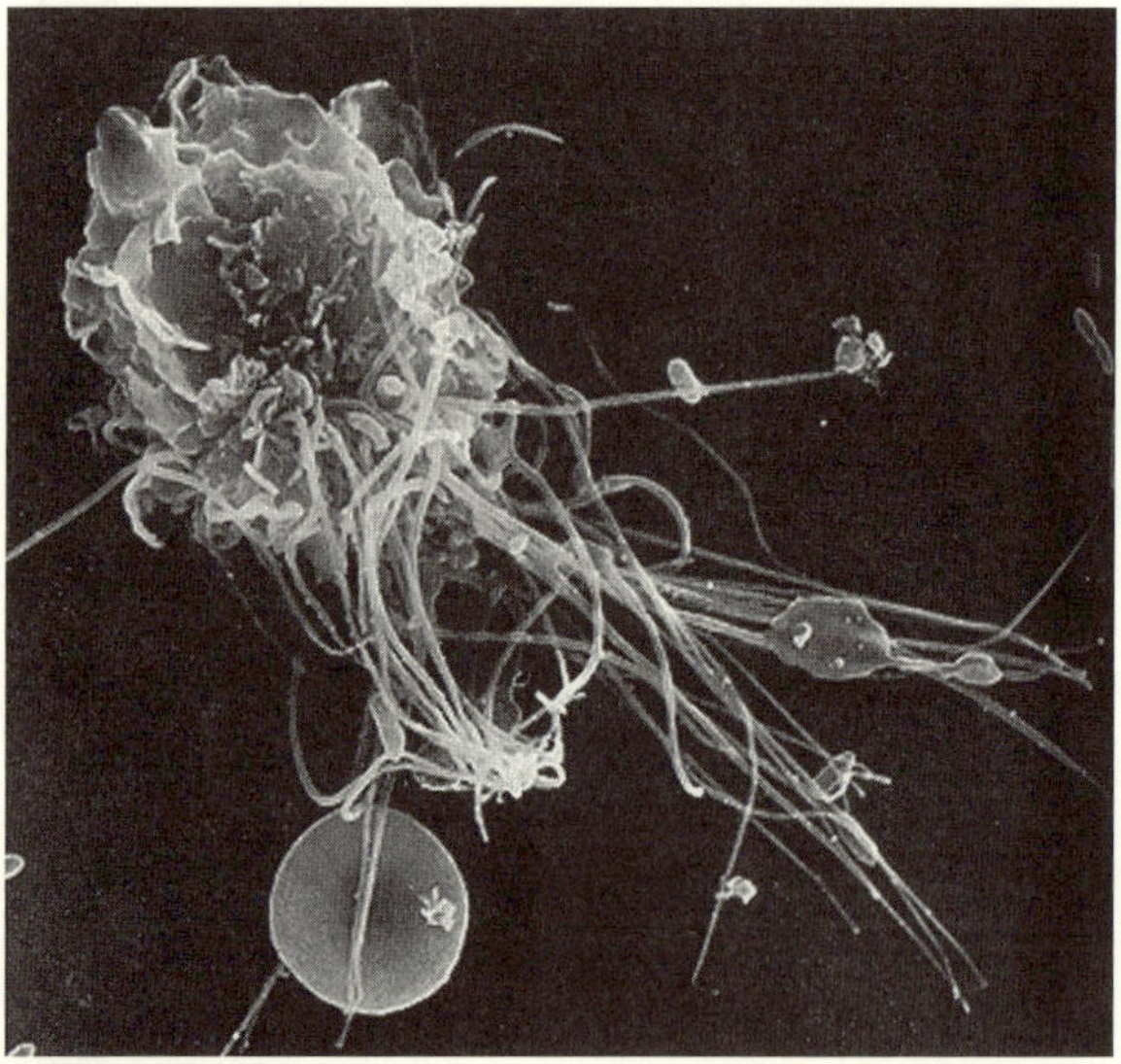

写真1-1
病原性大腸菌を襲う免疫系

写真上部の複雑な形をした細胞が免疫系を担うマクロファージ。手足のような構造を使って病原性大腸菌（下方の丸い細胞）を取り込み破壊しようとしている様子の3500倍電子顕微鏡写真。患者との適合性の低い他人の臓器を移植すると、臓器細胞もこの大腸菌同様に免疫系によって破壊されることになる。

（提供=Ronald M., "Principles of Microbiology 2nd Edition", Wm.C.Brown Publishers）

技術として、臓器を試験管内で作り出し、それを患者に移植することによって治療を行う研究に本気で取り組んでいます。しかも、それらの多くの研究が「よし、これは実現できるかもしれない」と感じさせる段階まで進んでいるのです。

私たちの体は、およそ200種類の細胞でできているといわれています。皮膚、筋肉、内臓などのあらゆる臓器は、その臓器専用の細胞が集まってできています。筋肉の細胞を肝臓に移植し、「おまえは今日から肝臓として働け」といっても無理なのです。あたり前のことですが、筋肉の細胞はいつまで待っても筋肉のままですし、皮膚が傷ついたときに補充されるのは皮膚の細胞で、皮膚が傷ついたときにそこに肝臓ができることはあり得ません。

ところが、私たちの人生を受精卵までさかのぼると、身体を構成している全ての種類の細胞は、たった1個の受精卵が細胞分裂してできたものであることがわかります。つまり、受精卵はあらゆる臓器の細胞（体細胞）に変化する能力を持っていたはずなのに、大人になった私たちの体細胞はある時期にそのような他の細胞に変化する能力を捨て去ったのだ、ということができます。

受精卵が、神経や筋肉や内臓などの体細胞に変化することを「分化」といいます（図1-2）。また、受精卵の持つこのような能力、つまり「個体」と呼ばれる完成した身

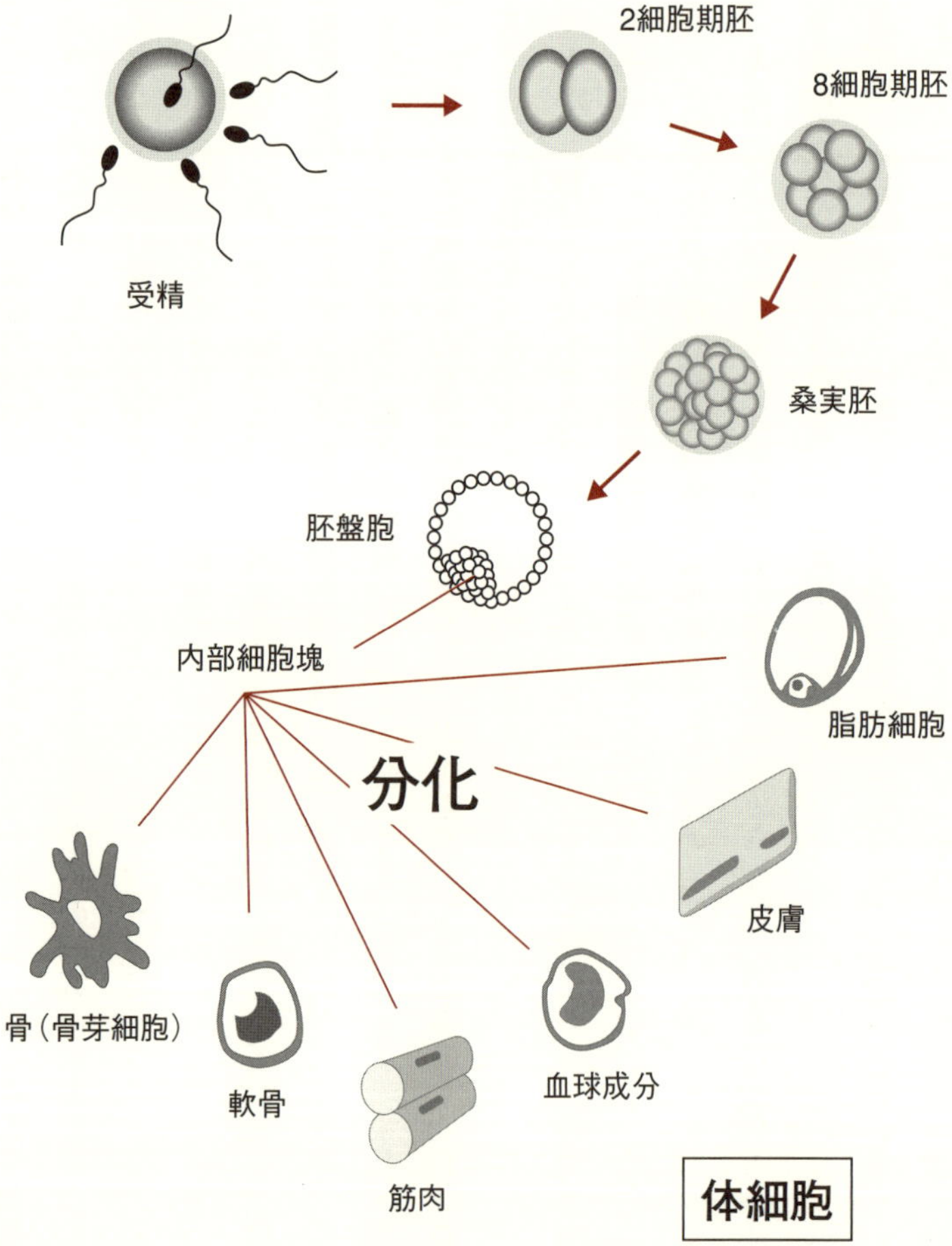

図1-2
分化と体細胞

体を作り出すことのできる能力を「万能性」といいます。臓器移植でしか助かる見込みのない患者に対し、この万能性を持つ細胞をなんとか希望通りに分化させ臓器を作り出し、安全に高い治療効果で移植することはできないか……。それが今、最先端を走る研究者たちが考えていることなのです。

受精卵が何度かの細胞分裂を経て100個程度の細胞に分かれた頃、人間の体は胎児の手も足もまだなくボールのような細胞のかたまりですが、その1個1個の細胞は依然としてほとんど全ての臓器細胞に分化する能力を維持しています。そこで、この細胞を取り出し実験室で培養することによって患者に必要な臓器細胞を作り出し、移植医療に使おうとしている研究の一つの大きな流れがあります。こうした治療で用いられる細胞を「胚性幹細胞（ES細胞）」と呼びます。

これとは別に、これまでそんなことは起こり得ないと考えられていた、皮膚などのすでに万能性を失ってしまった細胞を初期化する方法が存在することが発見されました。取り出された患者の皮膚などの細胞から、その技術を応用して臓器細胞を作り出すことが可能になりつつあります。皮膚などの体細胞を採取して初期化した細胞を「人工多能性幹細胞（iPS細胞）」と呼び、欠点の少ない非常に理想的な治療方法であると考えられています。

このように、難病の治療方法は健全な臓器を譲り受けて患者に移植する臓器移植から、臓器の細胞を作り出すことによって患者の臓器の機能を補ったり、ある場合には臓器を置き換えるなどして治療を行う再生医療へと大きく舵を切ろうとしているまっただ中にあります。

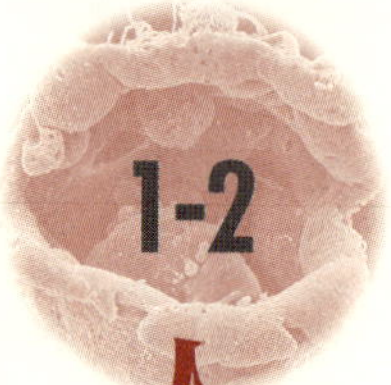

1-2 人間の体ができる仕組み

人間の細胞を作り出し病気を治療することを考える前に、そもそも私たちの体がどのようにして形づくられるのかを考えてみましょう。

受精卵時代

地球上のあらゆる生命は、それぞれの身体を構築するための設計図が細胞の中に用意されています。単細胞の微生物から古代の恐竜、現代の人間に至るまで、全て地球上に誕生した生命はその設計図に従って必要なタンパク質が作り出され、その個体を成長させ、親から子へと生命を複製させてきました。設計図を符号化したのが「DNA」です。細胞が分裂するときにはDNAも複製されて、それぞれの細胞に受け継がれます。哺乳類の赤血球などの一部の核を持たない細胞を除き、私たちの体じゅうの細胞1個1個に全身の設計図が保管されていて、それぞれの細胞は自分に与えられた役目、例えば「肝臓として毒の分解をしなさい」とか「神経としてものを記憶しなさい」などを実行するために、必要な部分のみを設計図から読み取って使用しています。つまり、神経の細胞も肝臓の細胞も同じ全身の設計図を持っているけれど使っていないだけなのです。

染色体は全身の設計図（DNA）が糸巻きで巻き取った糸のように束ねられた細胞の中の構造物（図1-3）ですが、私たち人間も含め、有性生殖を行う生物は、母親の卵子と父親の精子がそれぞれの染色体を交わらせ、お互いの読み出せない部分を補うことによって初めて設計図全体を読み出せる仕組みになっています。卵子と精子が結合し、分裂を開始する直前の受精卵を「接合子《せつごうし》」と呼びます。

接合子は数時間から数十時間の準備段階を経た後、細胞分裂を開始します。この準

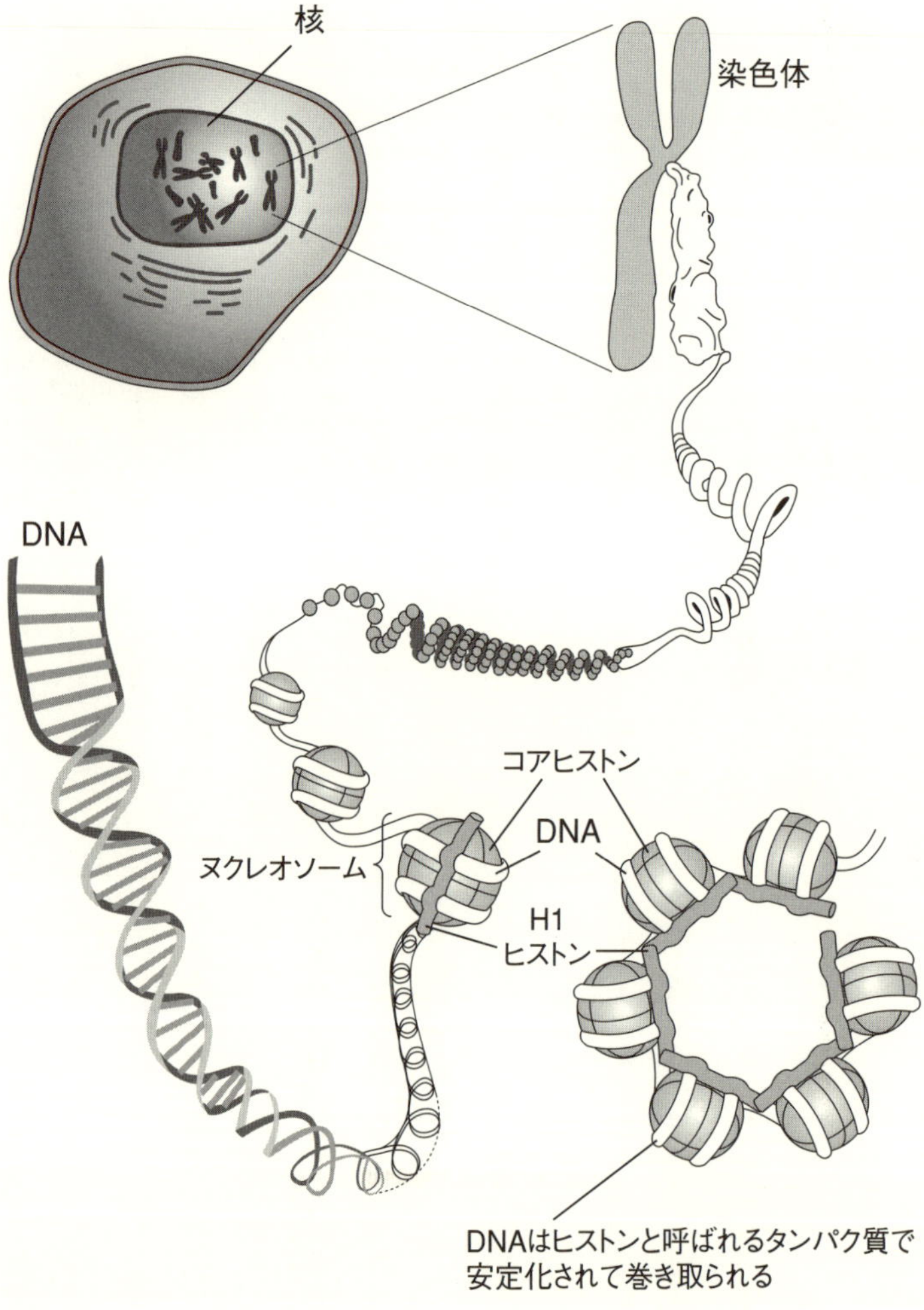

図1-3
染色体とDNA

（http://ja.wikipedia.org/wiki/%E7%94%BB%E5%83%8F:Chromosom_Chromatide_Feinstruktur.png を改変）

備段階で具体的に何が行われているのかはよくわかっていませんが、準備が整った受精卵は二つに分裂した2細胞期、それぞれがさらに二つに分裂した4細胞期と歩調を合わせて2倍、2倍と細胞数が増えていきます。この時点では細胞の成長はなく、単純に二つに分かれるだけです。この段階の細胞分裂を特に「卵割」といい、そこに存在する細胞を「割球」といいます。卵割でできた複数の割球には、まだ組織や臓器としての定義が行われていません。このような純真無垢な状態は16〜32細胞期まで続きます。この時期は同じ細胞が丸く集まったかたまりで、その様子が桑の実に似ているために「桑実期《そうじつき》」と呼び、この段階にある細胞のかたまりを「桑実胚《そうじつはい》」といいます。8細胞期胚までは割球が明確に分かれていることが顕微鏡で観察できますが、桑実胚になると一つずつの細胞を明確に区別することが難しくなります。私たちの体はバラバラに崩れないように細胞同士が接着剤の役目をするタンパク質によって密接につながっていますが、この状態が起きていることを意味しており、このことを「コンパクション」といいます。

胚盤胞時代

桑実期を過ぎて細胞が100個程度に増えた頃、細胞のかたまりの内部に空洞がで

● 卵割
卵割と細胞分裂は意味が異なる。細胞分裂は1個の微生物が2個4個と増えるように、細胞の数が明らかに増えていくが、卵割する受精卵の場合は透明帯と呼ばれる袋で胎児に成長するはずの内部の細胞塊が包まれており、外見上は変化をしない状態を続ける。

きます。この時期は、人生における最初の細胞の役割分担が始まります。この時期の細胞のかたまりを「胚盤胞《はいばんほう》」といい、人間の場合は受精から4～6日目に到達します。胚盤胞の段階になって始めて受精卵は母親の子宮の壁に着床し、母親の体から栄養分を受け取ることができるようになります。これが胎児形成のためのスタート地点です（図1‐4）。

受精卵は当然、一人の人間になることができます。ところが、細胞が胚盤胞になってしまうと、胚盤胞の細胞1個は様々な臓器に変化する能力を持ってはいるものの、細胞を取り出して別の子宮に移植しても一人の人間は生まれることができません。全身の細胞を作り出して胎

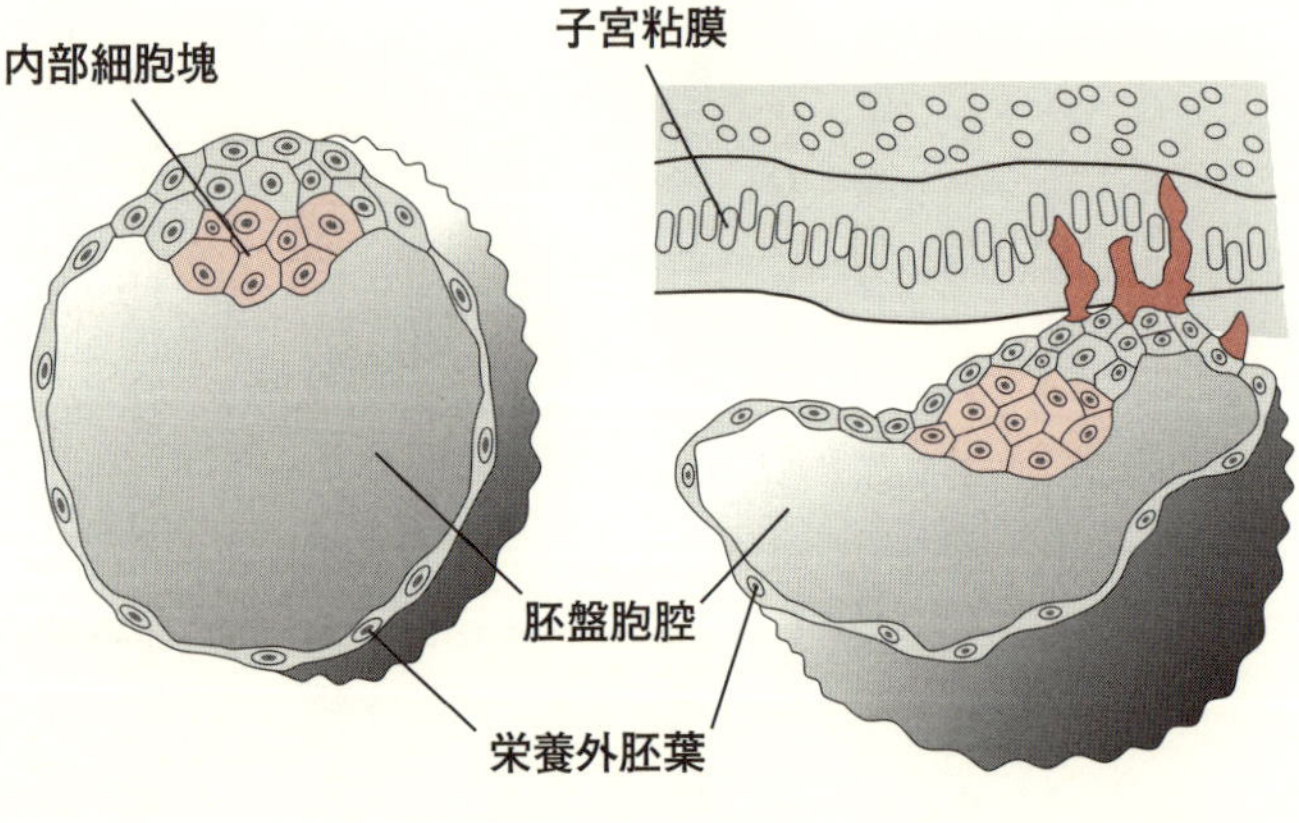

図1-4
胚盤胞と着床

受精卵は数回の卵割の後に桑実胚を形成し、さらに細胞分裂を続け、やがて胚盤胞（左）を形成する。胚盤胞は、将来胎児となる内部細胞塊と、それを守るように周りを包み将来胎盤となる栄養外胚葉から成っている。内部細胞塊は子宮への着床準備が整った細胞集団で、まもなく子宮内膜表面と接触する。接触が引き金となって栄養外胚葉は胎盤に姿を変えつつ、子宮内膜の中に入り込む（右）。着床に成功すると内部細胞塊では胎児形成が始まる。

児になることのできる細胞から、臓器にのみ分化できる細胞への、決して後戻りができないターニングポイントを超えてしまったのです。言葉の定義の問題ですが、胎児を形成することができる能力を「万能性」、胚盤胞が持つあらゆる組織になれる能力を「多能性」と区別して言い表すケースが多いので、本書ではそのように「万能性」と「多能性」を区別して用います。

さて、話を戻して、胚盤胞と呼ばれるおよそ１００個の細胞でできた中空のボールがそのまま胎児になるわけではありません。胎児になるのは胚盤胞の内部に存在する「内部細胞塊」と呼ばれる多能性細胞の集団で、それを取り囲むボールのように存在する細胞は胎盤や臍帯《さいたい》など胎児の成長をサポートする役目を担う栄養外胚葉と名付けられた細胞です。内部細胞塊はわずか数日間だけ存在する過渡的な細胞ですが、単一の細胞ではなく様々な性質を持つ細胞の集合体です（写真１‐５）。

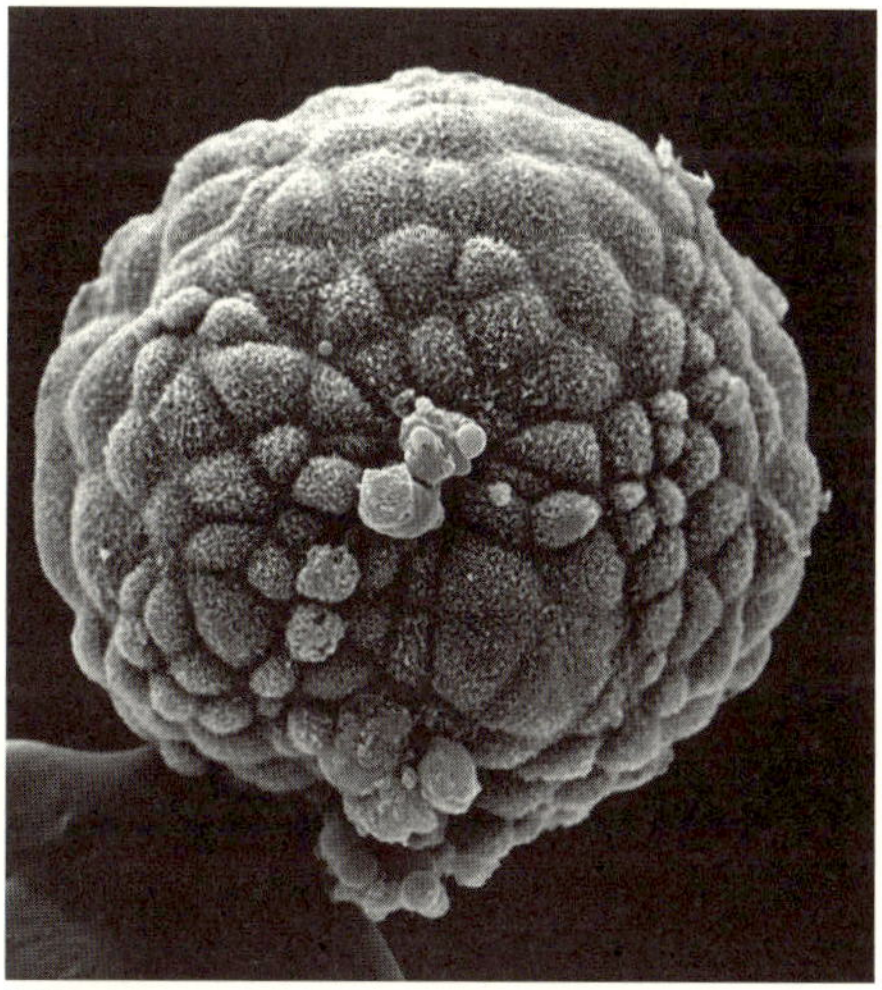

写真1-5
ヒト胚盤胞
（提供＝Yorgos Nikas, Wellcome Images）

● **様々な性質を持つ**
専門家的には「遺伝子発現パターンの異なる細胞」などと表現する。

三胚葉時代

着床した胚盤胞はただちに急速な細胞分裂を開始し、内部細胞塊はさらに三つの細胞の層に分かれます。それぞれ将来どのような臓器に分化するかが決まっていて、3種類の細胞のことを「内胚葉」「外胚葉」「中胚葉」と呼び、この三つをまとめて「三胚葉」と呼びます。外胚葉からは皮膚、神経など、内胚葉からは消化管など、中胚葉からは泌尿生殖器官、筋肉などが形成されることが決まっています。

ここまでのおさらいをすると、人間を構成する全ての細胞になることができる全能性を持つ受精卵は、まず内部細胞塊と栄養外胚葉に役割分担が起きます。次に内部細胞塊は将来変化する臓器の種類に応じて、三胚葉と総称される三種類の細胞に分かれます（図1‐6）。

人間の身体を形づくるプロセスは、太い幹から中くらいの太さの枝が出て、さらにその先に細い枝が出る樹木のように、胎児の成長に伴って細胞の種類が次々に枝分かれしながらより細かな役割分担が生じて胎児が形づくられるのです。分化する前の細胞のことを木の幹になぞらえて「幹細胞」と呼びます。細い枝から太い幹が生えてくることがないのと同様に、ひとたび枝となって役割の決まった細胞は、幹には後戻り

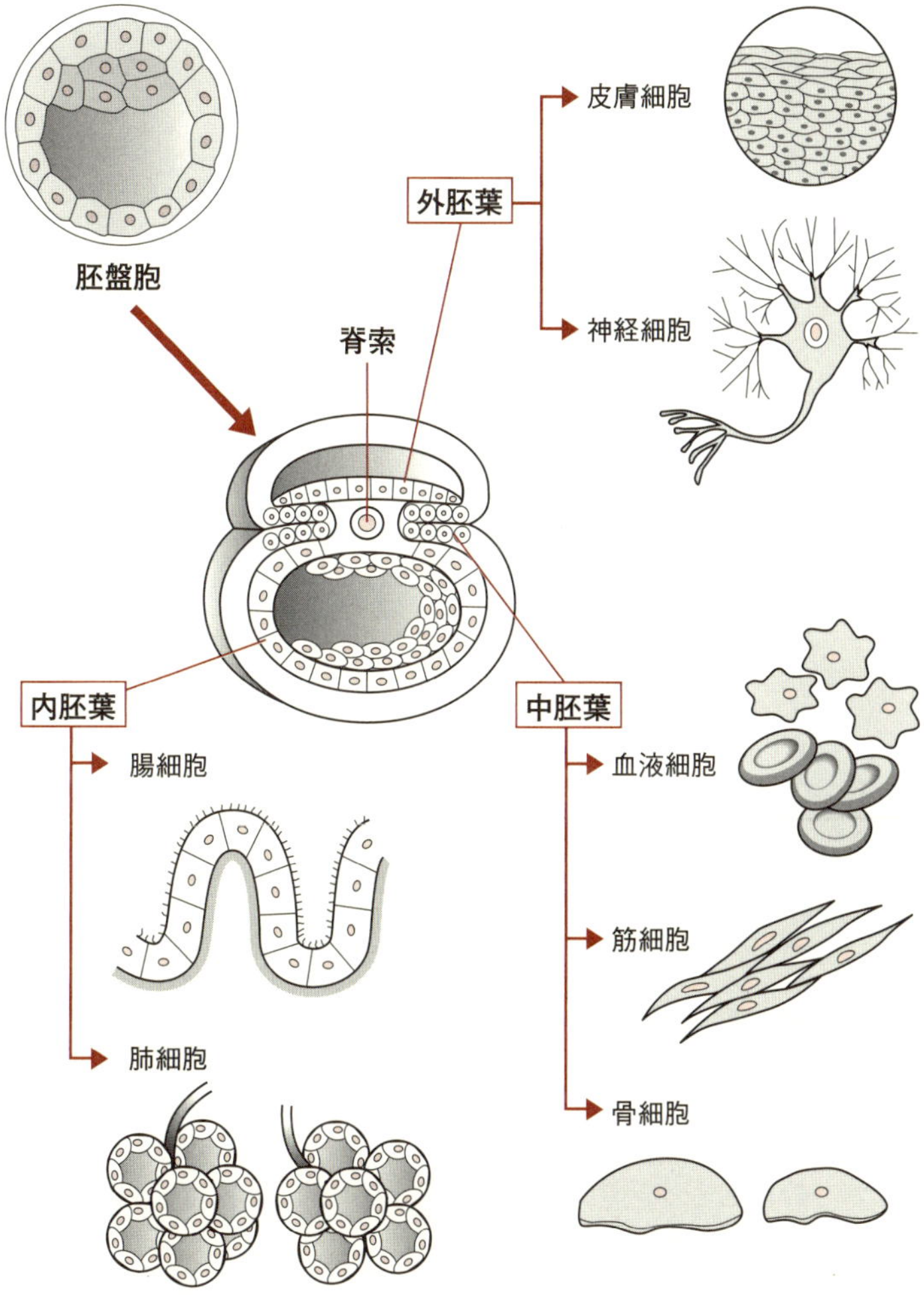

図1-6
三胚葉

「外胚葉」からは皮膚細胞や神経細胞など、「中胚葉」からは血液細胞や筋細胞など、「内胚葉」からは消化管に関連する細胞などが形成される。

のできない決まりがあります。

体細胞形成時代

さて、神経にはニューロン、アストロサイト、オリゴデンドロサイトと呼ばれる細胞の種類が、血球には赤血球、白血球や血小板があるように、臓器細胞には多くの細かな分類がありますが、順序としてはまず神経になる細胞、血液成分になる細胞など臓器ごとの大まかな細胞の役割分担が決まった後にそれぞれの臓器の中でさらにどのような役割を担う細胞になるかが次々に決定され、人間の身体が完成します。

このような枝分かれのプロセスを何度経験しても、全ての細胞は全身の設計図一式を依然として大切に保管しています。ただし、その細胞が全身の中で定められた役割を果たすために必要でない遺伝子の領域には次々とロックがかけられ参照不能となっていきます（図1‐7）。それゆえ、冒頭で紹介したとおり、皮膚の細胞はいつまでたっても皮膚ですし、皮膚が傷ついても、そもそも設計図の皮膚の細胞を作る部分以外は参照できなくなっているので、傷口を補充するために誕生する細胞も皮膚の細胞なのです。

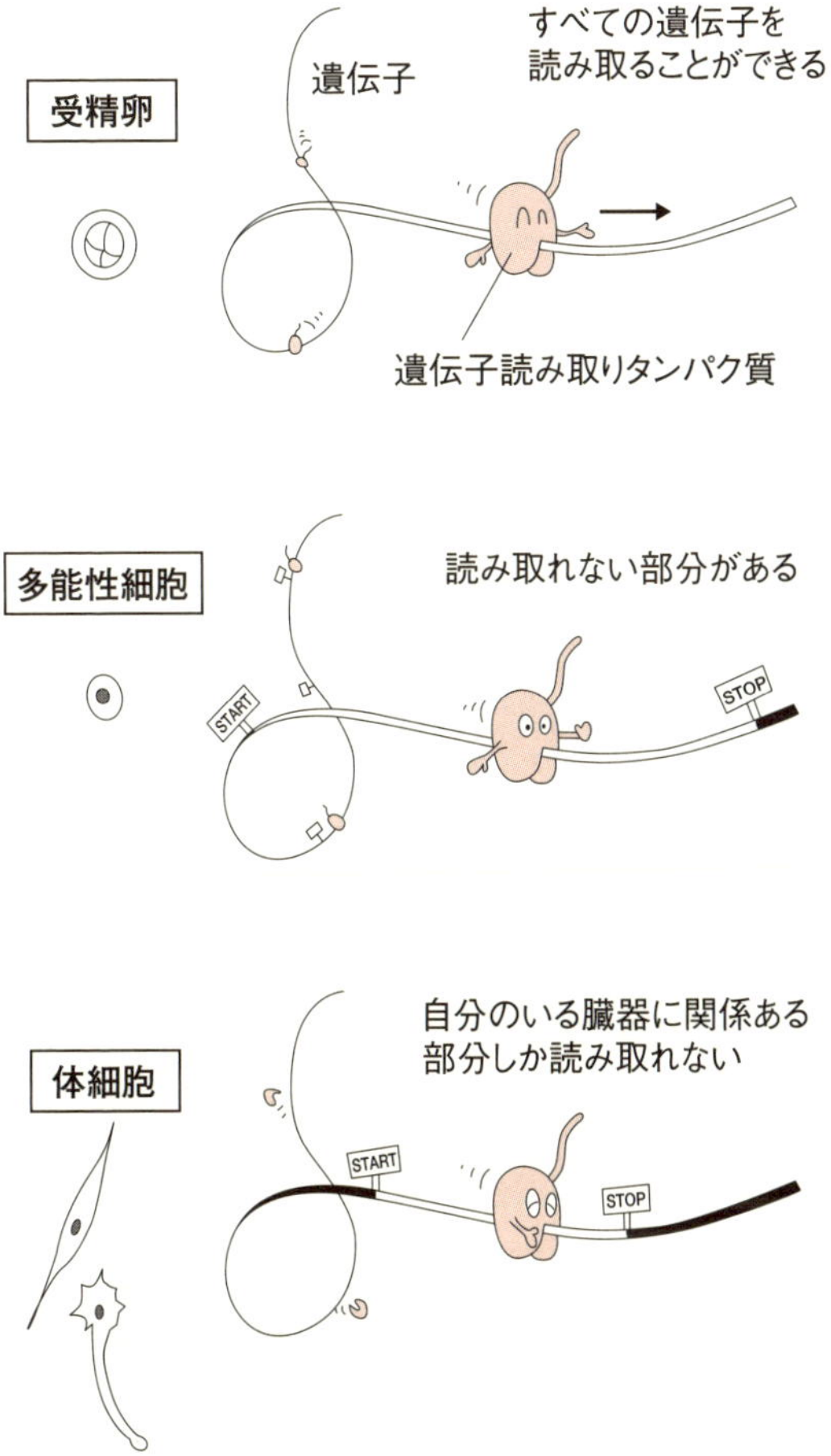

図1-7
人間における各細胞の遺伝子読み取りイメージ
読み取ることが可能な遺伝子の領域は次第に狭くなる。

胎児時代

胎児が形成される過程で様々な種類の細胞が誕生すると、やがて必要に応じて周辺の細胞と情報のやり取りをしながら活動するようになります。例えば、心臓は電気刺激が細胞から細胞へと伝わることによって規則的に収縮し、血液を送り出すポンプの役目を果たすようになります。指を動かそうと思えば思ったとおりに指が動くのは、神経細胞のネットワークが確立されることで脳からの指令が正確なルートをたどって伝わるからです。このような細胞間の連携に異常が生じると、心臓の場合ならば鼓動は乱れ、心室細動と呼ばれる状態になって突然死に到る可能性があります。

細胞同士がこのようにコミュニケーションをとれるようになるのは受精から1カ月ほどが経過した時点だと考えられています。心臓の原型が形成され、拍動を始めるのもこの頃です。

全身に目を転じると、すでに手になる細胞、脳になる細胞など大まかな役割分担はすんでいて、これから胎児の成長そして誕生へと邁進することになります。

1-3 再生医療とは何なのか

イモリは手足を失ってもやがて新しく生えてきます。これはイモリに強力な再生能力が備わっているためです。夏休みの自由研究に用いられることもあるプラナリアはもっとすごくて、全身をずたずたに切り裂かれても、その断片から全身をまるごと再生することができます（写真1-8）。これなどは非常に特殊な例ですが、私たち人間を含む脊椎動物は一般に組織の再生が苦手です。トカゲは敵に捕まるとしっぽを切り離して逃げますが、あのしっぽは最初から切り離すことができるように骨が入っていない特殊な構造になっているだけで、根元から骨ごとしっぽを切り落としたら骨は再生しません。

ところが、イモリは手足を切り落とされても再生するほど、脊椎動物の中ではずば抜けた再生能力を持っています。イモリの再生の仕組みは長い間謎になっていましたが、2007年11月にロンドン大学の王立学会特別研究員ジェレミー・ブロック博士を中心とする研究チームが切断された足の再生に関与するタンパク質を発見[①]したと発表しました。

①University College London (UCL)
http://www.smb.ucl.ac.uk/index.php

今回発見されたタンパク質はｎＡＧと名付けられており、イモリの皮膚細胞と神経細胞から分泌されて、未成熟な細胞のかたまりの生成を刺激する働きをしていることがわかりました。この細胞のかたまりは特定の器官・組織へ変化する能力を持ち、足の再生に関与しているということです。今後、哺乳類における同種のタンパク質の機能を研究することによって、生物が身体を形成するメカニズムを解明すると共に、器官に変化する細胞の誘導を研究し、将来的には再生医療への応用も検討されるということです。

人間の外見上の再生能力は、ケガをして皮膚が再生される程度の局所的なものに限られています。ただし、見た目にはわかりませんが、小腸や胃、肝臓などの細胞は増殖力が高く、消化管では健康な状態を維持するために常に新しい細胞が生まれていますし、肝臓な

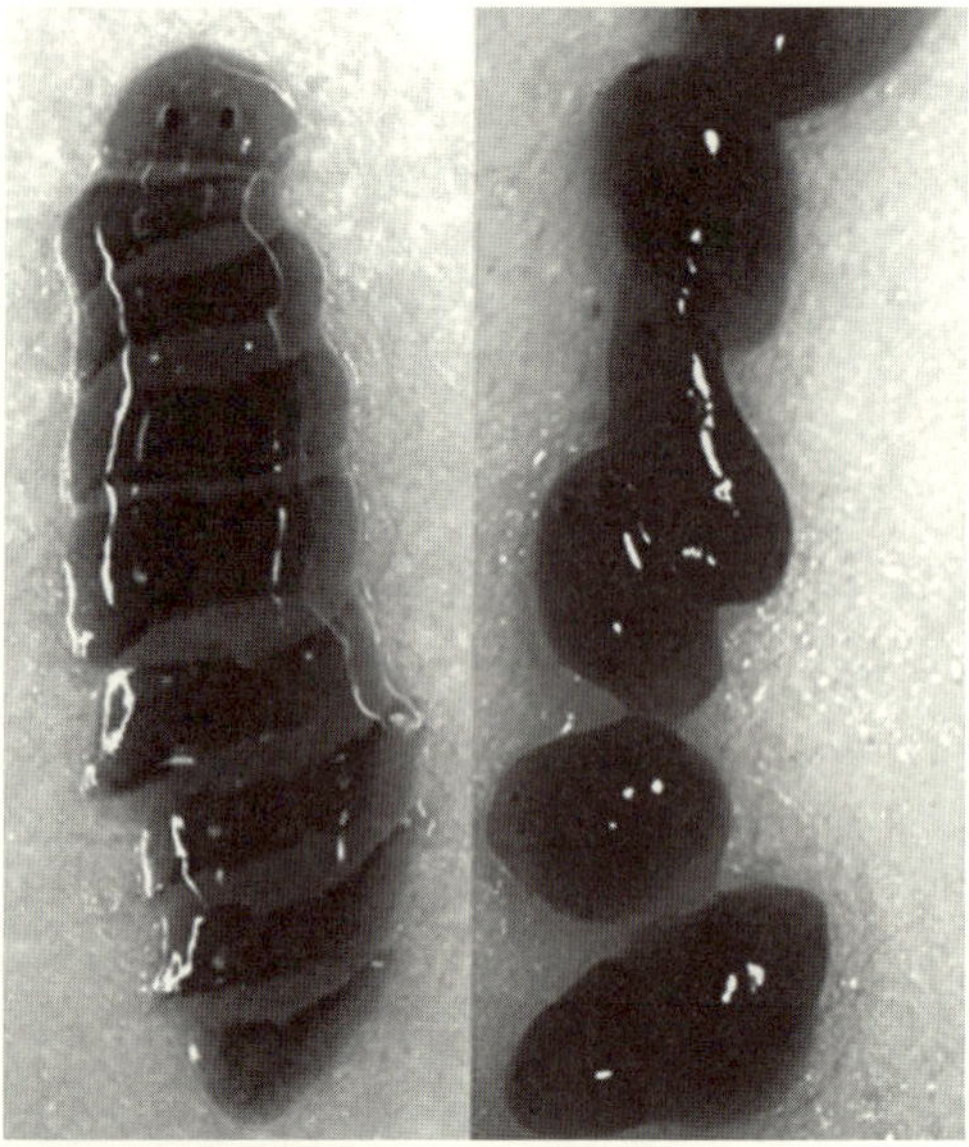

写真1-8
再生するプラナリア

左：輪切りにされたプラナリア　右：各断片から再生するプラナリア
プラナリアは川底に住む体長2cm程度の生物。プラナリアには全身の細胞を作り出すことのできる幹細胞が体中に存在しているので、輪切りに切断しても、1週間ほどでそれぞれの断片が1匹の個体となる。右の写真を良く見ると、それぞれに目が再生されていることがわかる。これまで、全身の270分の1の大きさの断片から1匹が再生されたこともある。
（提供＝理化学研究所 発生・再生科学総合研究センター）

どは障害が発生しても残った細胞が増殖してもとの状態に戻ります。

再生医療が目指す方向とは?

再生医療とは、臓器の機能低下や損傷が原因となって発症した病気を、それらの臓器をできる限り回復させることによって治療を行う治療方法で、その方向性はいくつかあります。

一つは、私たちの体がもともと持っている組織の回復力を医療技術によって支援する治療方法です。私たちのほぼ全身の組織・臓器は、小さな障害であれば障害部位の周辺の細胞や、場合によっては全身に分布した体性幹細胞と呼ばれる臓器細胞を作り出す特殊な細胞が増殖して、臓器の修復を行うことができます。そのような能力を、薬の投与や外科的処置によって活性化し患者を治療しようとするものです。さらに、重症のやけどのように障害の範囲が広い場合は、患者の治癒力が低下していたり、治癒力そのものが破壊されている場合もあるため、すでに行われている培養した皮膚細胞のシートを移植する治療を行わなければならない場合もあります。また、組織の増殖を促進する物質もいくつか知られており、それらを損傷部位に投与することによって回復を早めたりする治療も行われています。

● **もとの状態**
再生した肝臓の構造はもとの肝臓とは異なっていて、修復というよりは残った部分が肥大することによって機能的に回復しているようなので、厳密な意味での再生ではないとされている。

もう一つの方向性は、臓器や組織を体外で細胞培養によって作り出して患者に移植しようとする研究です。非常に重いケガや病気の他、遺伝子の異常が原因で病気になっている場合、患者自身の回復力にゆだねることができない疾患などの治療方法として期待されています。すでに実用化されている治療方法としては、白血病患者の骨髄移植治療などがあげられます（図1-9）。

例えば、人間の赤血球の寿命は120日ですが、血液1μℓあたり450万～500万もの赤血球が含まれていますので、毎日膨大な量の赤血球が寿命を迎えています。そのため、毎日必要な量の細胞が体内で作り続けられていますが、その役

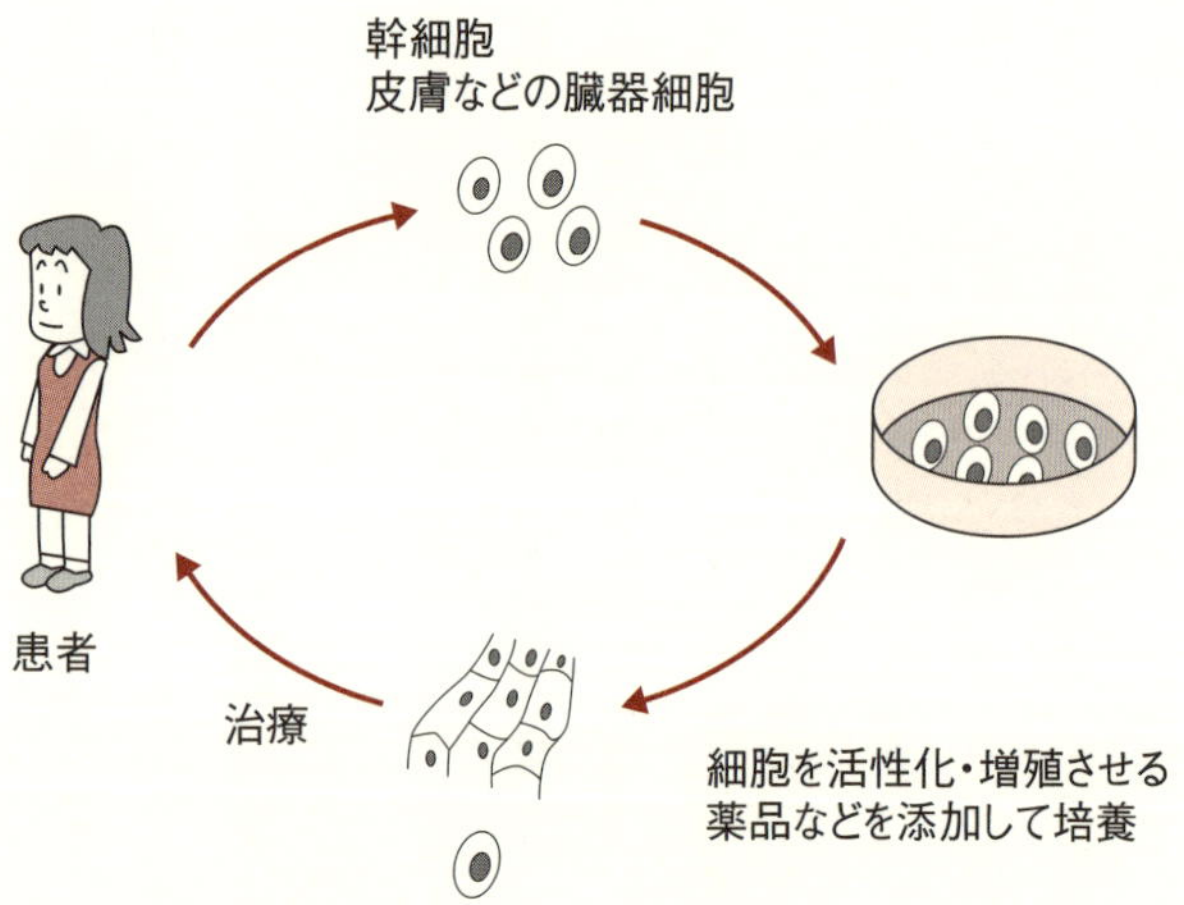

図1-9
細胞培養を用いた再生医療

● **1μℓ（マイクロリットル）**
1μℓは1mℓの1000分の1。

目を担っているのが「造血幹細胞」と呼ばれる、血液中のあらゆる細胞に変化すると同時に自分自身を複製することもできる幹細胞です。骨髄移植は、造血幹細胞の強力な増殖力と血液中に含まれる全ての細胞に変化することのできる能力、そして患者の骨髄に自ら移動して血液を作る仕組みを入れ替えてしまうほどの活動能力を利用した治療方法です。

患者はまず大量の抗ガン剤の投与や放射線照射によって自分自身の血液中の細胞を作る仕組みを人為的に破壊します。ここにドナー（提供者）から採取した骨髄細胞を移植すると、造血幹細胞が空き家になっている骨髄に住みつき、赤血球などを作り始めます。こうして、ドナーから得た新たな骨髄細胞によって患者の造血系は再構築されます（写真1－10）。

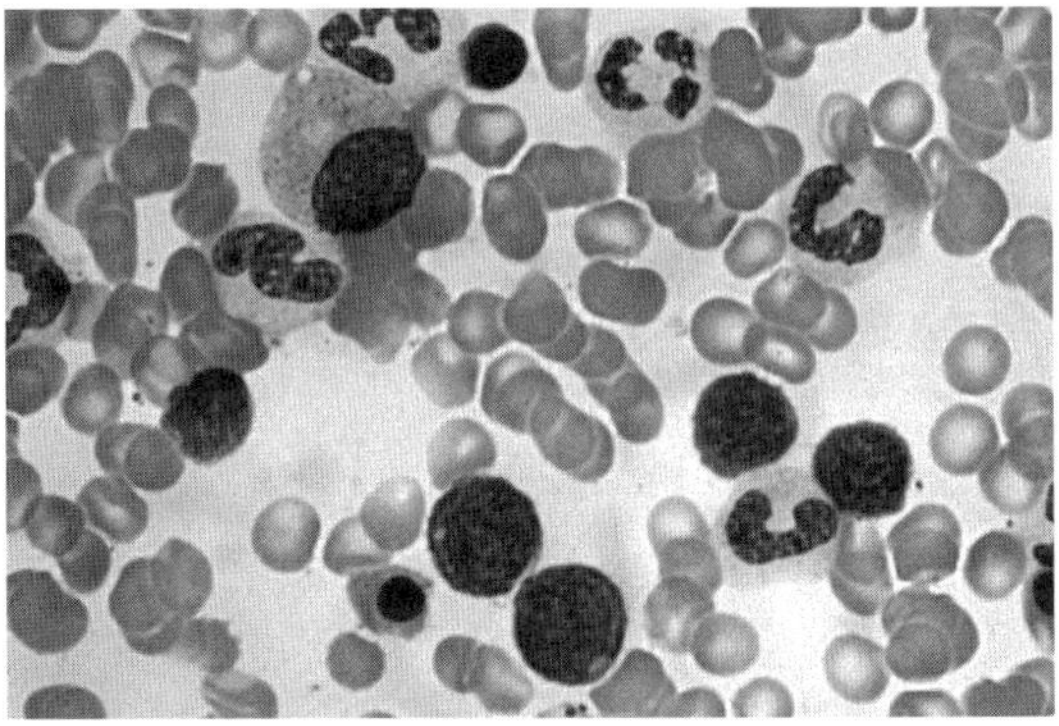

写真1-10
骨髄
健常人から採取した骨髄を分散させた顕微鏡写真
（提供＝Wellcome Photo Library, Wellcome Images）

1-4 再生医療の障壁とは

1－3で述べたように臓器移植は非常に大がかりであるため、いくつかの問題点を抱えています。その中でも最も重要な問題点は次の2点に集約されます。

(1)ドナー（臓器提供者）の不足
(2)患者の体が起こす拒絶反応

まず(1)について考えてみましょう。健康な人をドナーとする移植医療の代表ともいえる骨髄移植の場合、かつては全身麻酔をして骨髄に注射器を刺して細胞を抜き取っていたので、感染症や神経の損傷などでドナーの生命に危険を及ぼす可能性もありました。ところが、ある種の薬品をドナーに投与し続けると造血幹細胞が循環血中に出てくることが発見され、現在では全身麻酔の必要のない末梢血から造血幹細胞採取を行う手法が確立され、安全性は向上しています。しかし、そうした手法をとったとしてもドナーに負担がかかることは明確で、十分なドナー候補は確保できていません。

骨髄移植以上にドナーの確保が難しいのは、脳死者や心肺停止者の生前の意志表示による臓器提供です。日本における脳死臓器移植は、２００８年5月9日に行われた

● **末梢血から造血幹細胞採取を行う手法**
サイトカインG-CSFと呼ばれる細胞に刺激を与える物質をドナーに数日間投与すると、本来骨髄に収まっている造血幹細胞が循環している血液中に大量に現れることがわかった。

男性からの脳死臓器移植でやっと68例目となりました。移植医療を希望する患者の人数に比べてドナーの人数が著しく少ないために、何年もの間順番待ちをしなければならない場合や、結局ドナーが現れる前に患者が亡くなってしまわれる場合、あるいは、発展途上国でお金儲けのために違法に臓器が売買されるなどという現状があります。

(2)はどうでしょう。この問題の原因は、私たちの体が持つ免疫反応です。免疫反応では、ウイルスなどの外来異物の侵入から自分の体を守るために全身を巡回しているセンサー役の細胞が侵入者を見つけてその情報を発信すると、様々な防御機構が反応して異物に攻撃を加えます。移植された臓器も他人の臓器ですので、異物と見なされ防御機構の攻撃を受け、その移植医療は失敗に終わると同時に患者の生命にも危険が及びます。ただ、他人の臓器であっても自分の臓器に非常に似ていると免疫系をごまかすことが可能で、そのためにドナーと患者の相性は組織適合抗原型（HLAタイプ）に注目して慎重に検討することによって、この問題を回避することができます。

ただし、輸血における血液型がA、B、O、ABの4タイプであるのに対し、HLAタイプはバリエーションが膨大ですので、一致するドナーに出会うのは至難の業です。

●**HLA**
ヒト白血球型抗原（Human Leukocyte Antigen）の略。

1-5 失われる全能性

さて、私たちの体に全能性を持つ細胞があれば、それを患者から取り出して本人の治療に使えたかもしれませんが、そのような分化の能力は非常に早い段階で失われます。受精卵の全能性はどの段階で失われたのでしょうか。人間の身体が構築される時間の流れをさかのぼり、全能性や多能性を持つ細胞までたどり着けば、その細胞をもとに臓器の再構築を行い再生医療に用いることが可能かもしれません。

受精卵が卵割によって細胞数を増やし、子宮に着床する準備の整った胚盤胞になる過程で細胞は全能性を失います。胚盤胞では、細胞は将来胎盤になる栄養外胚葉と胎児になる内部細胞塊の2種類に分かれ、内部細胞塊はさらに多能性を維持した一群と多能性を失いある特定の組織を構成する細胞に変化する仲間に次々に枝分かれし、胎児を形成します。つまり、内部細胞塊は人間の多能性細胞を確実に入手できるチャンスといえます。このとき、内部細胞塊を取り出して培養皿の中で育てようとするとどうなるのでしょうか？

そのような研究は古くから行われており、その目的は次の二つです。

(1)内部細胞塊が分化するときの様子や、そのときに機能している遺伝子などを調べて、生命が誕生する仕組みを研究する。
(2)内部細胞塊の分化を人為的にコントロールして再生医療へ使用できる臓器細胞を作る。

内部細胞塊は本来、胎盤を通じて母胎から栄養分を受け取りながら成長しますので、細胞を生かし続けるためには培養皿に様々な栄養分などを添加して、子宮内と同じような環境を作ってやる必要があります。環境を整えるために何が必要かはすでにわかっていて、最適な環境で内部細胞塊を育てると、あたかも自分が子宮の中にいるかのように分裂を続けます。けれど、決して胎児になることはありません。しかも、分裂してできた細胞は臓器細胞の性質を持つ無秩序な細胞の集団となり、次々に多能性を失っていきます。

ところが、内部細胞塊の成長をコントロールするフィーダー細胞と総称される細胞を布団のように培養皿に敷き詰めて、さらに特殊な成分を添加すると、内部細胞塊に含まれる一部の細胞は培養皿の中で、多能性を持ったまま増殖を続けることがわかりました。この内部細胞塊から取り出して培養し、「多能性」と「増殖」の二つの能力を維持している培養細胞を「ＥＳ細胞」と呼び、次世代の再生医療の担い手の一つとして、現在世界中で研究が進められています（写真1－11）。

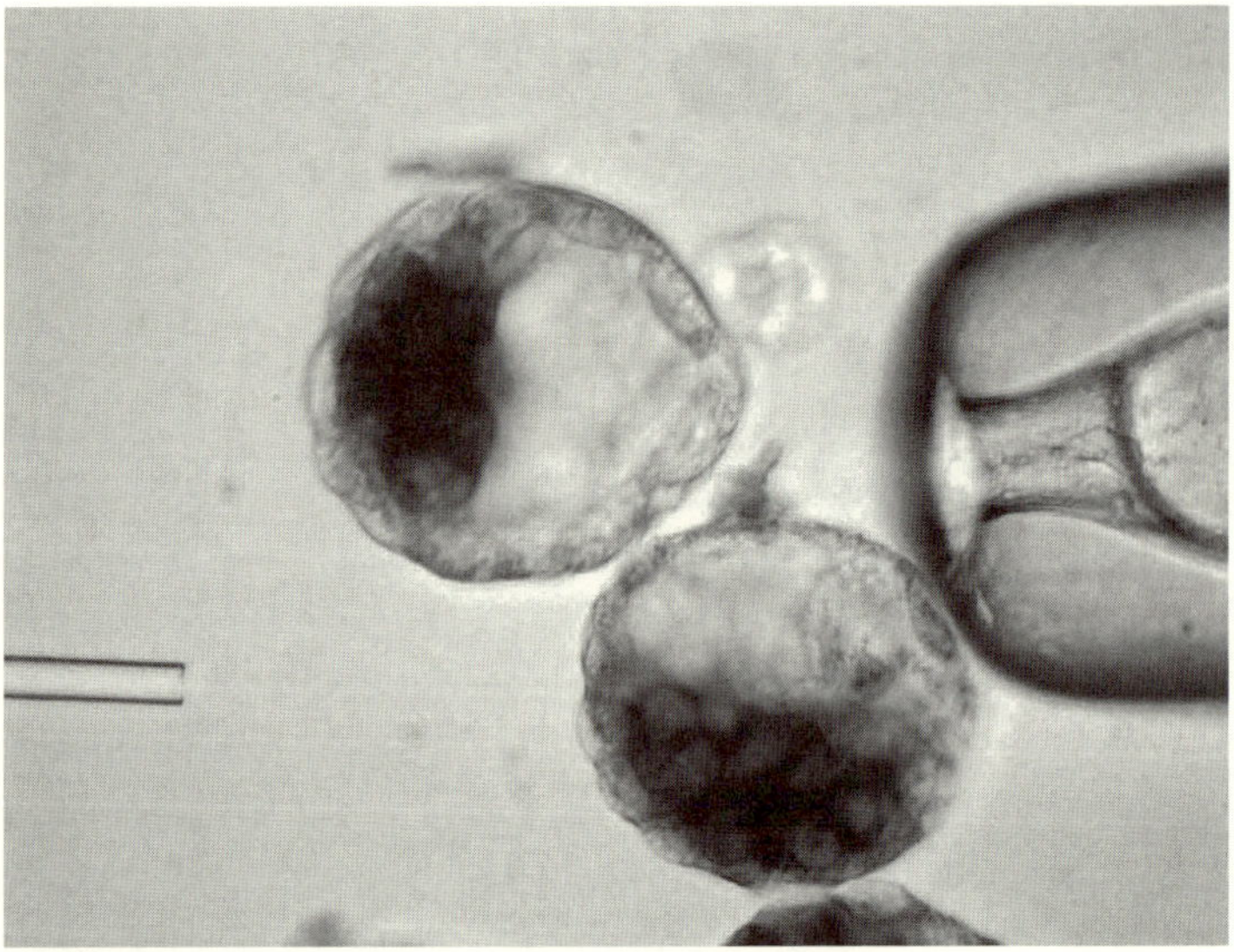

写真1-11
マウスの胚盤胞
色が濃く見える部分が内部細胞塊。
（提供＝マックスプランク研究所　Michele Boiani博士）

1-6 胚性幹細胞（ES細胞）とは

ES細胞は、動物の1個の受精卵がおよそ100個の細胞に分裂した時期に形成される胚盤胞と呼ばれる球状の細胞のかたまりの内部から、内部細胞塊と呼ばれる一群の細胞を取り出して特殊な環境で培養することによって得られる多能性細胞です。内部細胞塊は、将来胎児になる準備が始まった直後の細胞です。マウスの場合は約40個の細胞の集団ですが、それらは均一な細胞ではなく、それらの細胞のうちどの細胞がES細胞になるのかもよくわかっていません。

ES細胞は、試験管内で培養条件を調整することによって全ての組織を構成する細胞を作り出すことができる多能性を持ち、さらに、ほぼ無限に増殖させることも可能です。そのような性質のためES細胞は再生医療への応用が注目され、ES細胞の性質を調べる研究や臨床応用の研究が数多く行われています。倫理上の問題から人間では確認されていませんが、マウスの内部細胞塊から作り出したES細胞は試験管内で培養した後、マウスの受精卵が成長した胚に移植した上で仮親の子宮に戻すことによって、ES細胞由来の遺伝子の混じった細胞を含んだ仔マウスを誕生させることができます。この仔マウスはある確率でＥＳ細胞由来の遺伝子を持つ生殖細胞を持ちますので、ＥＳ細胞由来の卵子と精子を試験管受精させ、全身がＥＳ細胞の持つ設計図で作られた孫マウスを作ることができます。得られたマウスは生命科学領域の研究に非常に有効に利用することができます。

ＥＳ細胞はすでに世界中の研究者の間に広く普及しており、ＥＳ細胞を培養したり、その性質を調べることができる研究者向けの実験キットも市販され、容易に入手できます。このような実験の行いやすさと、ＥＳ細胞の遺伝子を操作することによって、遺伝子を人為的に改変した仔マウスを誕生させることができ、遺伝子の働きを個体で確認できるため、哺乳類が受精卵から誕生する仕組みや、病気の遺伝子に関連する研究に広く利用されています（図１‐12）。

ＥＳ細胞と乗り越えられない問題

このように応用研究が進展しているＥＳ細胞ですが、抱えている大きな問題があります。それは倫理上の問題です。ＥＳ細胞の研究を行ったり、医療への応用を考えると、今後さらに多くのバリエーションのＥＳ細胞を新たに作り出す必要があります。

ＥＳ細胞は、受精卵が成長してできた胚盤胞から将来胎児になる細胞を取り出して培

●研究
１回の不妊治療で、１０個くらいの卵子を取り出し体外受精を行う。その中から最も状態のよい受精卵を子宮に戻し、残りは液体窒素の中で凍結保存する。保存した受精卵は、１回目の治療がうまくいかなかった場合に使用したり、兄弟がほしい夫婦には2人目以降の子供として使用することになる。それでも使用されなかった受精卵はやがて廃棄される。日本には、本書執筆時点で3株のES細胞があるとされているが、その全ては凍結保存されていた余剰の受精卵から作り出されている。

養します。つまり、受精卵にとっては、ＥＳ細胞の作成に利用された時点でその生命は絶たれることになります。人間の場合は、不妊治療に成功した患者の不要となった凍結受精卵を定められた規則に基づいて譲り受け研究を行いますが、これらも子宮に戻せば人間に成長する可能性を持つ細胞です。ＥＳ細胞の研究を続ける限り、新たな生命を絶ち続けなければなりません。このことが原因となって、アメリカを中心とする特に西欧では、ＥＳ細胞の研究や新たな細胞株の作成を禁止している国も多くあります。

さて、ＥＳ細胞研究の歴史を振り返ってみると、ＥＳ細胞に関連する最初の報

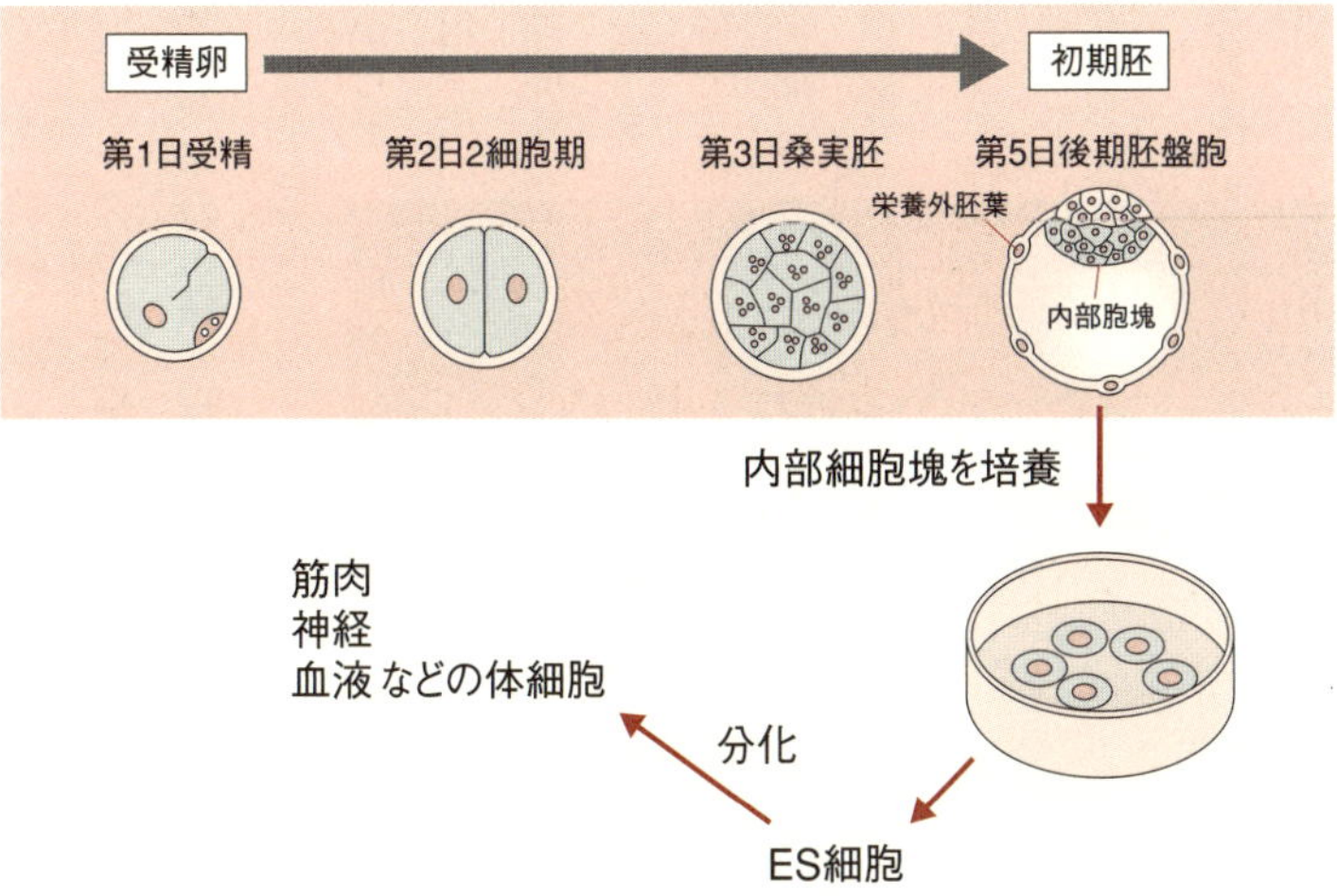

図1-12
ES細胞の作り方

告が行われたのが1981年、英国ケンブリッジ大学のエバンズ博士とカウフマン博士によるものでした。このとき報告されたのはマウスの内部細胞塊から取り出して作成したES細胞（写真1-13）で、この細胞が全ての組織・臓器を形成する細胞へと変化する能力「多能性」を持つことが明らかにされました。

すでに紹介したイモリやプラナリアの研究から予測されるように、1980年代以前には、何かの条件を満たせば遺伝子は初期化されて、受精卵が細胞分裂によって個体を作り出す一連のプロセスを再度たどることは、自然現象として知られていました。また、私たち人間を含め生物には、臓器の細胞に変化しつつ自分自身も複製する幹細胞が全身にちりばめられていることがわかっています。

そのように、組織の再生は当然あるべきものであることはわかっていたにも関わらず、1981年に発表された論文は研究者を驚かせるに十分な内容でした。というのも、その論文に記されていた

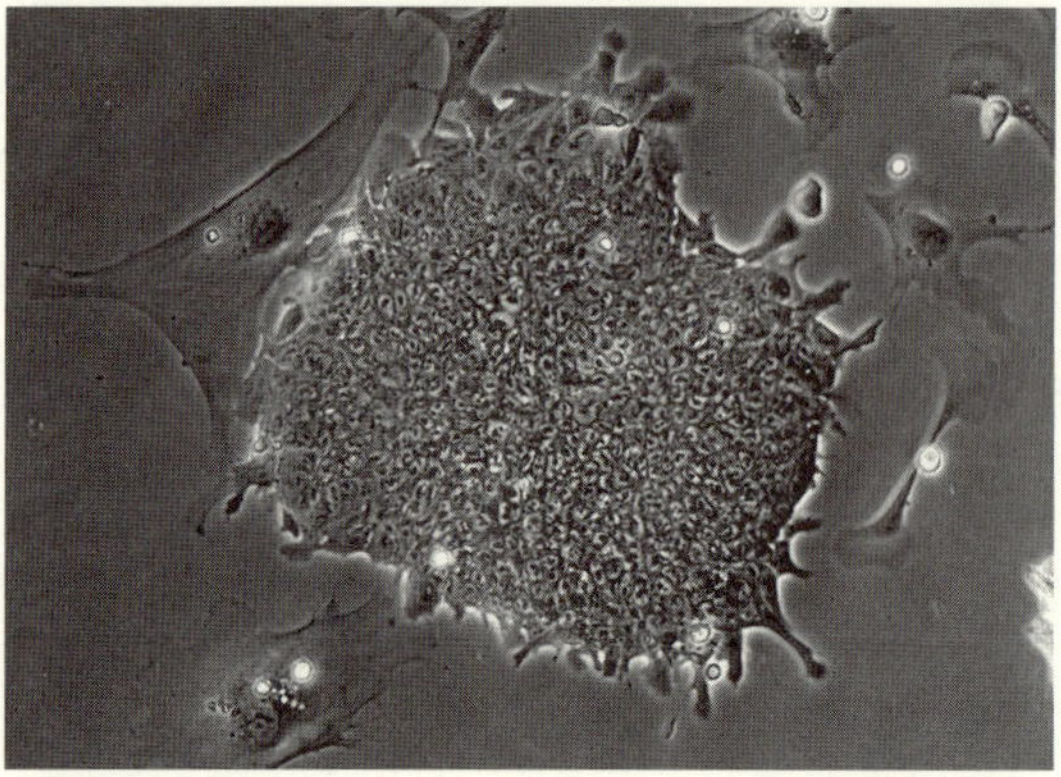

写真1-13
マウスES細胞

フィーダー細胞を使用せずに培養されているマウスES細胞の集団（コロニー）。コロニー周辺で突起を伸ばしているように見える細胞は分化を開始している細胞。

（提供＝Jenny Nichols, Wellcome Images）

のは、従来体内でしか機能しないと考えられていた幹細胞を、人工的に作った栄養液の中で機能させる具体的な方法を発見したという内容だったからです。しかも、その由来は微生物やカエルなどの下等生物ではなく、人間と同じ哺乳類であるマウスの細胞でした。

この発表は、人間のES細胞の作成とそれを用いた生命現象の解明や難病治療に役立つ再生医療が実現可能なものであることを示唆していました。さらに、難病に苦しむ患者やその家族も、人間のES細胞から作り出した人工臓器がまもなく実用化され、疾患にまつわる多くの負担から解放されるのかもしれないと期待を寄せました。人工臓器の実用化に数十年の年月を要するであろうことは研究者たちは当然のこととして想定していましたが、意外なことに人間のES細胞を作ることがまず難問であることに、研究者たちはすぐに気づきました（写真1-14）。

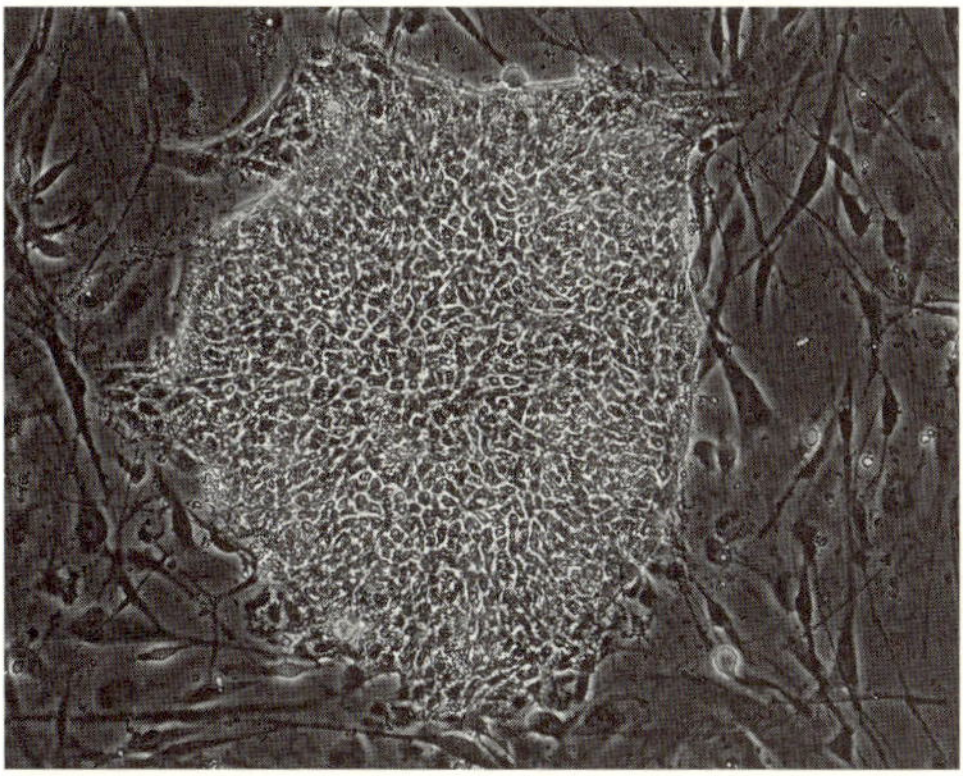

写真1-14
ヒトES細胞

画像中央の丸いかたまりがヒトES細胞の密集した状態。その周囲はフィーダー細胞。

（提供＝理化学研究所　発生・再生科学総合研究センター）

マウスと人間、両方のＥＳ細胞が得られた現在、その両者を比較してみると、見た目や活性化している遺伝子、細胞の培養方法など、同じ哺乳類でありながら両者は全く異なっていたことが結果として理解されています。

例えば新しい医薬品の研究過程では、研究の初期段階で人間のかわりにマウスに薬を飲ませて薬が効くかどうか、飲んでも安全かどうかを検討しています。また、マウスと人間は、一見よく似た細胞分裂の過程を経て胎児が形づくられますが、ＥＳ細胞のもとになる細胞分裂開始直後の受精卵で機能している遺伝子は全く違うものでした。けれど、当時は人間の受精卵が胎児への歩みを始める仕組みや、胚での細胞分裂の様子、関与しているメカニズムなど、ＥＳ細胞の作成に重要なポイントがほとんど解明されていませんでしたので、多くの研究者たちがマウスの手法を改良して人間のＥＳ細胞を作ろうとしていました。

マウスからサル、そして人間へ

人間のＥＳ細胞の作成に始めて成功したのはウィスコンシン大学のジェームズ・トムソン、つまり、京都大学iＰＳ細胞研究センターの山中教授と同日にヒトiＰＳ細胞の論文を発表したその人でした。ジェームズ・トムソンはマウスに関する豊富な経験と実績を持っており、人間とマウスの細胞は全く異なっていることをよく認識していましたので、どのような栄養を与えれば人間の細胞を培養皿の上で生かし続けることができるのか、それを考えました。

まず彼はマウスよりも人間に近いサルのES細胞作成に取り組みました。それには4年を要し多くの失敗を繰り返しましたが、ここでの失敗の経験は後に人間のES細胞を作成する研究において非常に役立つものとなりました。多くの実験と努力によってサルのES細胞の作成に見事成功し、人間と同じ霊長類における受精卵の成長の様子やそのときに必要な栄養分などに関する知見が数多く集まりました。それらをもとに、人間のES細胞作成のための研究がいよいよ着手されました。

人間においても細胞を培養皿の中で維持し、分裂させるための栄養成分の決定は重要ですが、幸いなことに人間に関しては、この頃不妊治療のための体外授精技術が著しく進展し、その技術を人間のES細胞に応用することで良好な結果を得ました。

ES細胞の作成には、人間の着床前の胚が用いられます。不妊治療のための体外受精や顕微鏡受精を行う治療時には複数の受精卵が作成されますが、それらの中から最も状態のよいものを母胎に移植し、残りは凍結保存されます。治療が功を奏し、夫婦が出産に成功したために不要となった凍結胚は、通常は廃棄処分されます。このような胚を「凍結余剰胚」と呼びます。これらを定められたインフォームドコンセントのプロセスを経て同意を得た上で研究用に入手することになります。

このようにして困難ながらも入手可能な人間の受精卵は、受精後の卵細胞が卵割と呼ばれる細胞分裂を開始した直後の状態です。このときの論文の記述によると、入手した時点で細胞は8個に分裂していたといいますので、卵割を3回行った状態で凍結保存されていた胚でした（写真1-15）。この胚からES細胞を作るために、研究者らはそれらを慎重に解凍し、栄養分を添加した液体を入れた培養皿に移して細胞分裂を再開させました。実際には受精卵の多くは凍結した時点で死んでしまうのですが、運良く生き残った受精卵が得られていれば、数日間の培養によって当初は顕微鏡でしか見えなかった細胞が髪の毛の直径よりも大きく0・1㎜程度となります。

この時点で細胞数はおよそ100個になっています。この状態の細胞のかたまりが胚盤胞ですが、胚盤胞は無秩序な細胞の集合体ではなく、写真1-16のように、実際に人間に成長する内部細胞塊とそれを守るようにボール状のシェルターにも見える構造を形成する栄養外胚葉にすでに役割分担ができています。栄養外胚葉は、着床後に胎盤と臍帯に変化します（図1-17）。

●インフォームドコンセント
特に、患者への投薬や手術などの医療行為や新薬を開発するための臨床試験への協力者が、治療や臨床試験の内容について、その目的、内容、期待されている効果や起こり得る副作用などについて、よく説明を受け理解した上で同意すること。

ＥＳ細胞を作るために、研究者らは胚盤胞にガラスでできた注射器の針を挿入して内部細胞塊のみを取り出し、あらかじめ最適な条件を検討しておいた成分を添加した培養皿で培養を開始しました。細胞に与える成分をどのようにするかは非常に重要で、組成の検討に失敗すると細胞に様々な障害を与え遺伝子に変異が起きたり細胞が死んだりすることがわかっています。ジェームズ・トムソンの研究スタッフはこれら多く

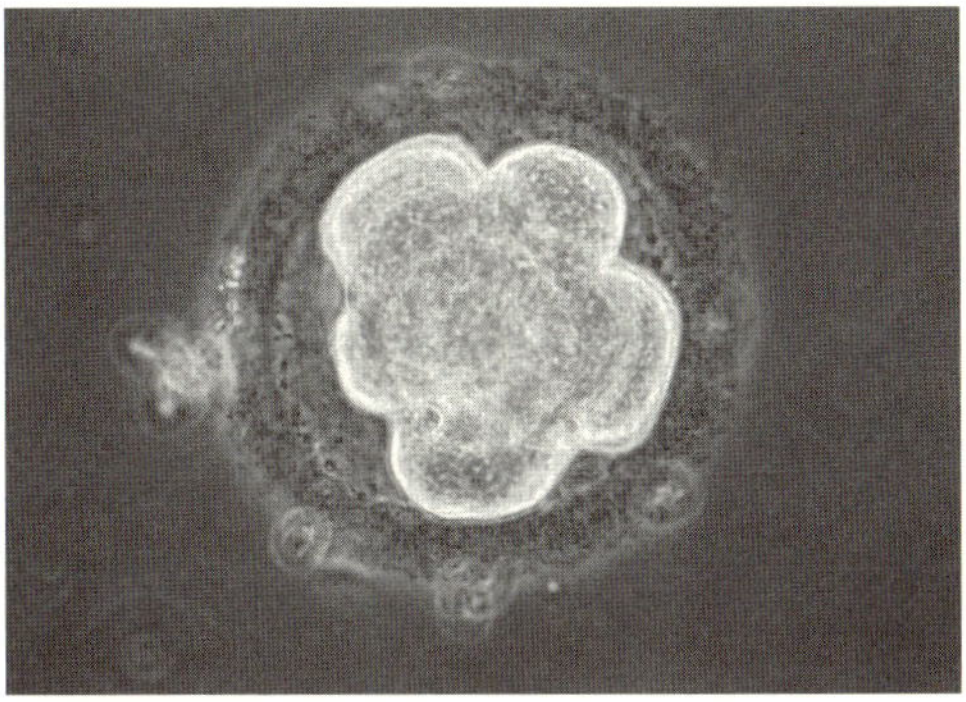

写真1-15
細胞期のヒト胚
〔提供＝M. Johnson, Wellcome Images〕

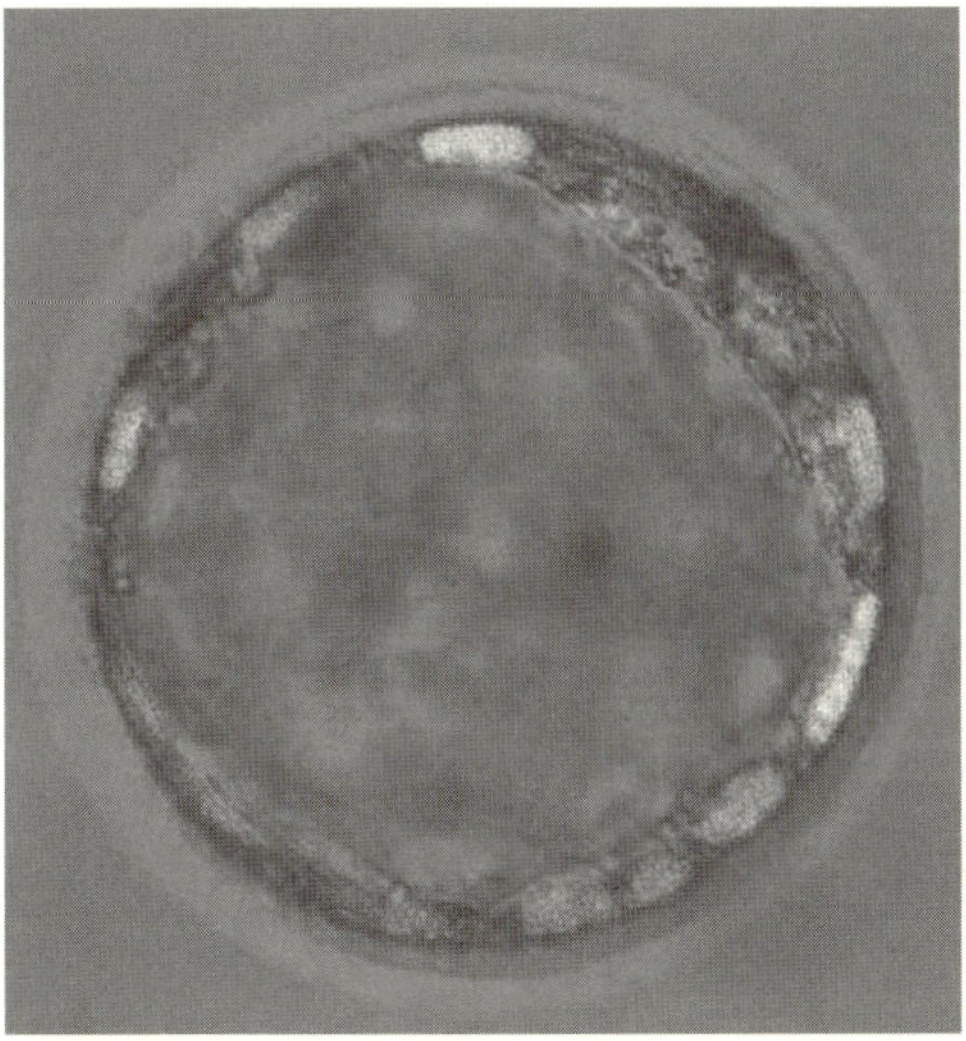

写真1-16
胚盤胞
〔提供＝理化学研究所（Laboratory for Pluripotent Cell Studies RIKEN Center for Developmental Biology M.S.)〕

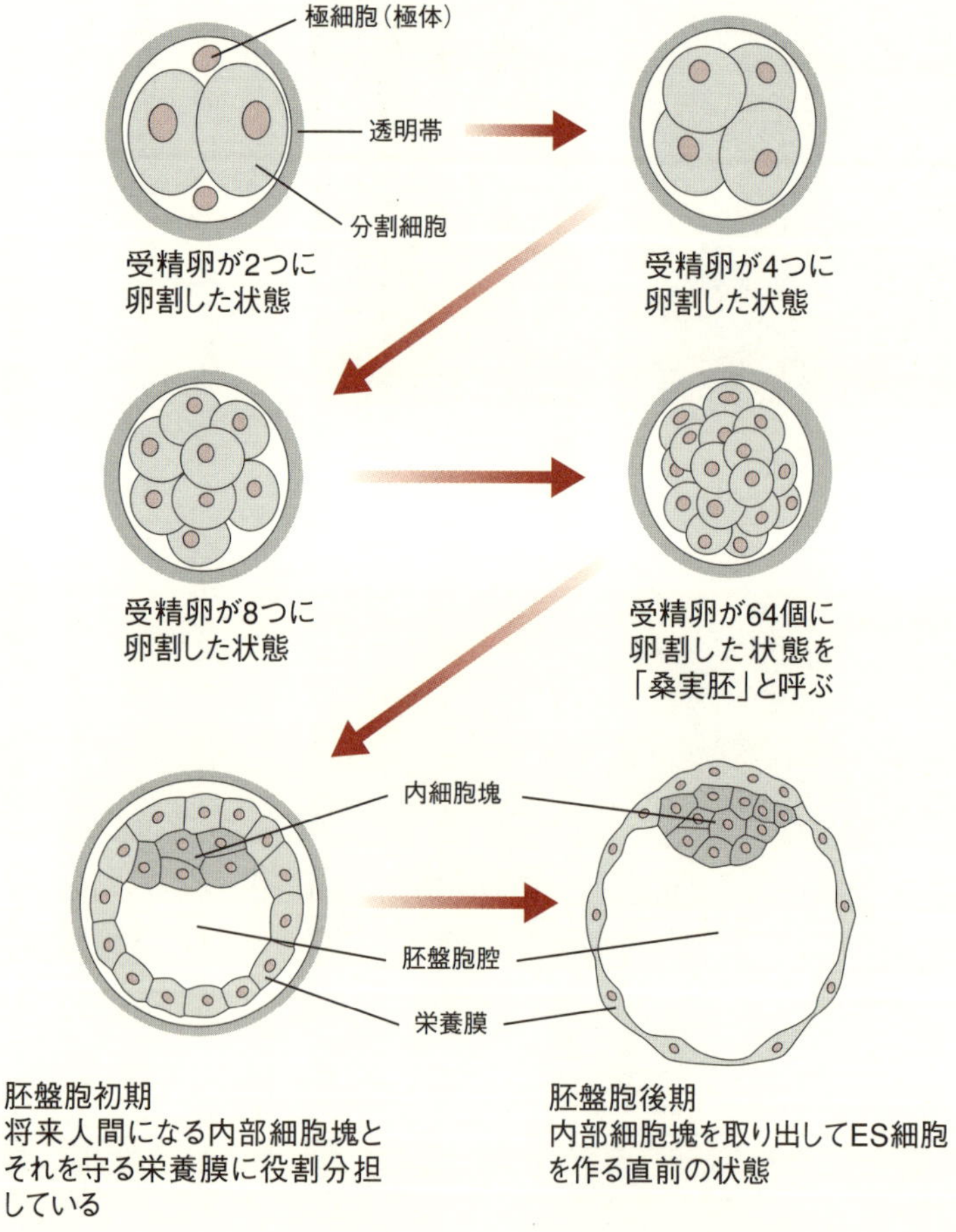
極細胞（極体）
透明帯
分割細胞
受精卵が2つに
卵割した状態
受精卵が4つに
卵割した状態
受精卵が8つに
卵割した状態
受精卵が64個に
卵割した状態を
「桑実胚」と呼ぶ
内細胞塊
胚盤胞腔
栄養膜
胚盤胞初期
将来人間になる内部細胞塊と
それを守る栄養膜に役割分担
している
胚盤胞後期
内部細胞塊を取り出してES細胞
を作る直前の状態

図1-17
受精卵が胚盤胞になるまで

の難問を解決し、内部細胞塊から取り出した人間の細胞を、自分自身を複製する能力と染色体の正常さを保ったまま、8カ月以上も培養を続けることに成功しました。

次にこの細胞が多能性を持つことを証明しなければなりません。実験動物の場合は、通常の受精卵との細胞融合を行ってキメラ動物を誕生させ、実際に個体で臓器を作ることができることを示すことで証明としますが、人間では倫理上不可能です。したがって、この細胞を実験用のマウスに移植してテラトーマ（奇形腫）形成を試みました。

マウスに人間の細胞をそのまま移植したのでは免疫系による拒絶反応が起き、実験は失敗してしまいます。そこで、遺伝子操作によって免疫系を無効にした実験用のマウスを用意し、そのマウスの皮膚の下に細胞を注射で移植しました。すると、移植した人間の細胞は急速に分裂し、皮膚、筋肉、軟骨など様々な人間の組織を構成する細胞がぐちゃぐちゃに混じったテラトーマができたということです。テラトーマ形成が確認できたことによって、今回作成した細胞は多能性を持つES細胞であると確認ができたことになります。

●テラトーマ形成

ES細胞は自然な状態では次々に細胞が成長して臓器の細胞に手当たり次第に成長しようとする傾向がある。培養皿の中では、それらの成長を抑制する作用を持つ他の細胞や薬品を添加することによってES細胞の状態を維持している。ところが、それらの抑制物質のない、例えば動物の体内などではES細胞の本来の能力が発揮されて臓器の細胞ができあがる。医療目的で臓器の細胞を作成する際には、それぞれの臓器細胞に変化するために必要な環境を整え、細胞分裂の方向性を人為的に調整するが、そのような調整を行わなければ、いろいろな臓器に好き勝手に成長する。医療の現場ではこれは困ったことだが、研究の段階では逆にこれが細胞が様々な臓器に変化する能力を持つことを示すことになる。そこで、キメラの作成によって多能性が確認できない人間の場合、この性質を利用して得られた細胞の多能性を評価する。

ES細胞の〝便利さ〟

研究者たちが注目しているES細胞の特徴は、マウスES細胞がキメラマウスと呼ばれる複数の遺伝子が混在したマウスを作ることができる点です。つまり、普通に妊娠して細胞分裂が進行しているマウスの胚盤胞にES細胞を注入すると、ES細胞も胚盤胞の中で分裂を開始し、もともとの細胞とES細胞が混じり合った状態できちんと役割分担して仔マウスが生まれます。このとき、仔マウスの全身の細胞1個1個についてみると、ES細胞が分裂してできた体細胞と、本来の両親から受け継いだ体細胞がモザイク状に混じり合っていることがわかります。この混じり方はランダムに生じていますので、ある確率で生殖細胞がES細胞からできていることもあります。するとES細胞の遺伝子を持つ精子、または卵子ができることがあり、それらの受精によって全身がES細胞由来の遺伝子でできたマウスを作ることができます。

ES細胞の遺伝子に何らかの加工を加えても、それが生命の発生に影響を与えるものでなければ、そのままマウスの細胞に組み込まれて子孫に引き継がれることがわかっています。つまり、人間による遺伝子の改変が行われた仔マウスを作り出すことも可能です。研究者が調べたい生物の機能がどのような遺伝子によって制御されているかがわかれば、その遺伝子を組み込んだり、破壊したりすることによって目的の遺伝子に変化の生じたマウスを誕生させることができます（図1‐18）。このマウスが、どのような特徴を持って成長するか、あるいはどのような生物的機能に変化が生じるかを調べることによって、生命の仕組みを研究したり、病気の治療薬や発症の仕組みを研究する上で非常に有用です。

ただ、ＥＳ細胞に頼らなくとも、これまでの技術でも同様のマウスを作り出すことは可能でした。それがトランスジェニックマウスというものですが、これは人為的に作成したＤＮＡ断片をマウスの受精卵の中に入れるものです。この方法で希望するマウスを作り出すには数千匹の手術を行う必要があり、狙い通りになるかどうかは仔マウスが生まれてみないとわからないという問題がありました。ところが、ＥＳ細胞ならば遺伝子の導入を培養皿の中で行い、狙い通りの遺伝子組み換えができているＥＳ細胞を選び出した後に胚盤胞に組み込んで出産させることができますので、動物愛護の観点からも最低限の動物の犠牲で実験を行うことができ、また研究効率の点でも改善は著しいものです。

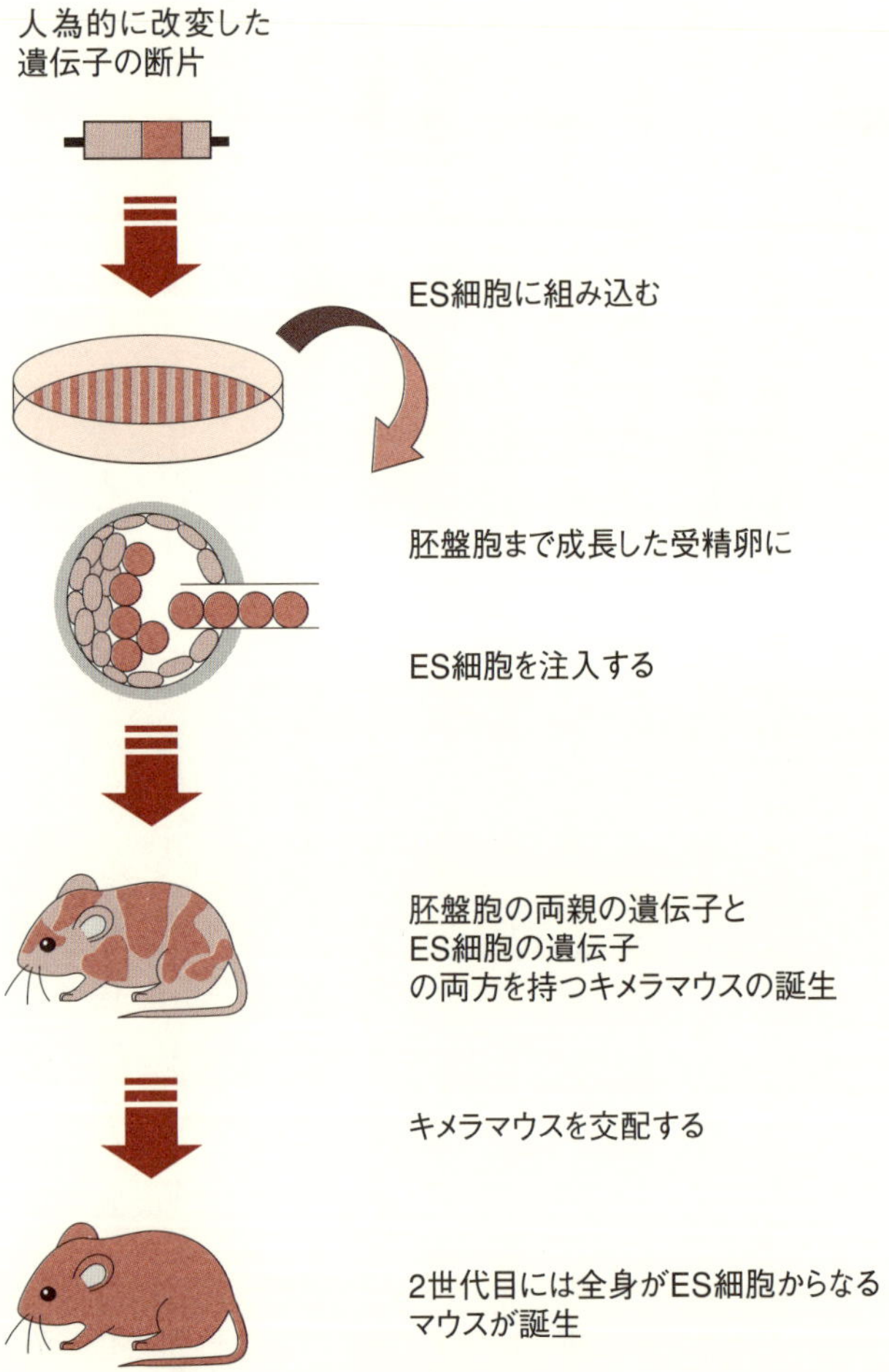
人為的に改変した
遺伝子の断片
ES細胞に組み込む
胚盤胞まで成長した受精卵に
ES細胞を注入する
胚盤胞の両親の遺伝子と
ES細胞の遺伝子
の両方を持つキメラマウスの誕生
キメラマウスを交配する
2世代目には全身がES細胞からなる
マウスが誕生

図1-18
ES細胞を用いたキメラマウスの作り方

人為的に遺伝子を組み換えたマウスを作成して生命現象を研究する方法は、この図に示したES細胞を用いた手法が確立される以前からいろいろな方法で行われていた。しかし、それらの手法はいずれも自分の狙い通りの遺伝子を持つマウスができるかどうか運任せに近いものだった。胚盤胞とES細胞を融合することによってマウスを誕生させる手法を用いた場合は、培養皿の中の細胞を調査し、狙い通りの遺伝子を持つES細胞を選び出して、そこからマウスを誕生させることができるので、動物愛護の観点からも研究効率の観点からも非常に優れた研究手法だ。

ヒトES細胞作成技術の樹立

マウスでES細胞の樹立に成功したのは1981年のことでしたが、1995年になると米国ウィスコンシン大学のトムソン博士がアカゲザルとマーモセットのES細胞樹立に成功したと発表しました。ヒトES細胞が不妊治療のクリニックで廃棄される胚盤胞から樹立されたのは、さらに3年が経過した1998年②でした。

不妊治療のための体外受精で作成された胚は最も状態のよいものが治療に用いられ、残りは凍結保存されることになっていますが、そのほとんどが凍結時に死んでしまいます。トムソン博士は幸運にも凍結した胚を生きたまま解凍することに成功し、あらかじめ検討を行っていた栄養分の入った培養皿に移し、約100個の細胞からなる胚盤胞にまで育てました。そこからラットやサルで行ったのと同様に、内部細胞塊を慎重に取り出し、別の培養皿に移して培養を開始しました（写真1-19）。

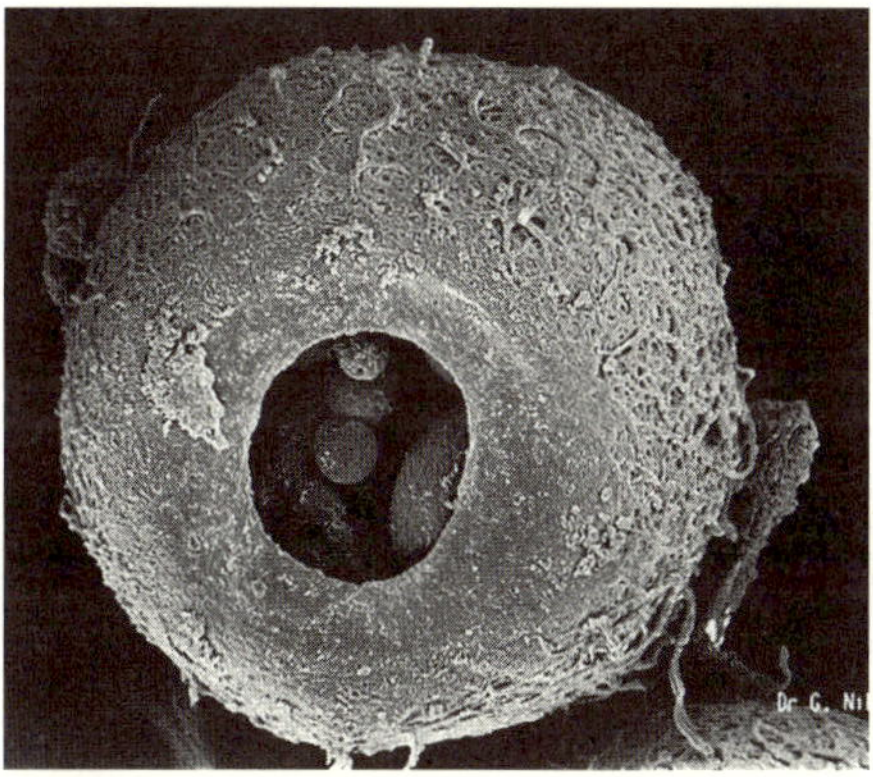

写真1-19
穴を開けたヒト胚盤胞
受精3日目のヒト胚盤胞電子顕微鏡写真。内部細胞塊を取り出すために薬品処理で穴が開けられている。穴の奥に見えるのが内部細胞塊。
（提供＝Yorgos Nikas, Wellcome Images）

②James A. Thomson, *et al.*, "Embryonic stemm cell lines derived from human blastocysts", Science, 282(5391), pp.1145-1147, (1998)

栄養分だけを添加した培養皿でそのまま培養してしまうと内部細胞塊は勝手な分化をしてしまってES細胞は作れなくなるのは、マウスの場合と同様です。そこで、取り出した細胞を未分化の状態のまま増殖だけさせるために、フィーダー細胞と総称される、細胞の増殖を制御する成分を出す細胞を培養皿に敷き詰め、その上にヒトの内部細胞塊を乗せました。

トムソン博士の緻密な研究により、この細胞はその後増殖を続け、数カ月にわたり幾度にもわたる細胞分裂を繰り返した後も、内部細胞塊から取り出したときの形態や遺伝子の状態を保持していることも報告されました。この細胞が多能性幹細胞であることを確認するためにトムソン博士らが採用した方法も、実験用マウスでのテラトーマ形成でした。免疫系を破壊して人間の細胞を受け入れるように遺伝子改変したマウスの皮膚に細胞を移植したところ、見事狙い通りにテラトーマができたということです。この実験によって、あらゆ

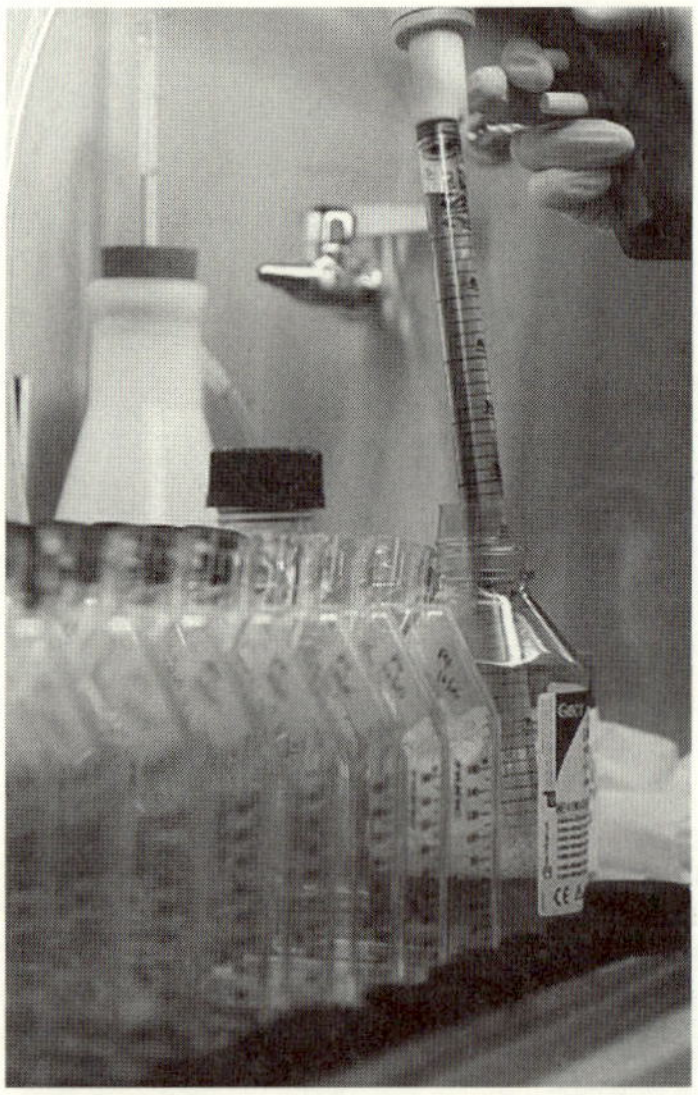

写真1-20
幹細胞研究の様子

セーフティーキャビネットと呼ばれる、換気が工夫され研究者を感染から守る実験器具の中で、細胞を培養する成分を操作している様子。

● **細胞の増殖を制御する成分を出す細胞**
ヒトES細胞の実験で用いられた細胞は、ガンマ線照射や抗生物質によって処理されたマウス胎仔由来の繊維芽細胞だった。

る臓器に変化する多能性を持ちつつ無限に増殖するヒトES細胞の作成に成功したと断言できることとなりました。その後、オーストラリア、シンガポール、日本と世界各国の研究者らが相次いでサルやヒトES細胞株の樹立に成功したと発表しました。

ヒトES細胞についてはすでに樹立の段階を過ぎ、世界各国で実用化を目指した研究が進められています。動物に人間の疾患と同じ状態を作り出したモデル動物におけるES細胞治療の成功例が相次いで報告され、複数の研究チームによってパーキンソン病や急性期脊髄損傷の臨床試験準備が進められているようです（写真1-20）。

“全能”ではないES細胞

詳しくは2-6（182ページ）以降で紹介しますが、ES細胞は培養の条件を変えたり、特殊な薬品にさらしたりすることによって様々な臓器の細胞に成長し、これを患者の体内に戻すことによって臓器の修復や置き換えによる難病治療が可能であることが実験動物を用いた研究でわかっており、まもなく人間での臨床試験も始まります。

ES細胞は様々な臓器細胞に変化させることができますが、内部細胞塊が培養皿の中で胎児にならないことから予想されるとおり、ES細胞も培養を続けたからといって胎児にはなりません。では、ES細胞を子宮に戻すとどうなるでしょうか？　不妊治療で受精卵を子宮に戻して赤ちゃんを誕生させるように、ES細胞は子宮の中で胎児に成長を始めるのでしょうか？

実は、ES細胞を子宮に戻しても胎児を形成することができません。なぜならば、胎児を形成するには受精卵から分かれた内部細胞塊と栄養外胚葉が必要ですが、ES細胞は内部細胞塊に由来する細胞であるため、胎児の生育に必要な栄養外胚葉の素質をすでに忘れています。子宮にも内部細胞塊から栄養外胚葉を作り出す能力はありません。このことから、ES細胞が持つ能力は「全能性」ではなく「多能性」であることがわかります。

ES細胞を子宮に戻しても栄養外胚葉がないので胎児にならない……ということは、栄養外胚葉があったならES細胞はどうなるのでしょうか？

マウスにおける実験では、ES細胞を胚盤胞へ移植すると、その胚盤胞は正常に成長し仔マウスが生まれます。そのようにして誕生した仔は、もともと存在していた内部細胞塊、つまり本来の両親由来の細胞と、移植したES細胞由来の細胞の両方の細胞が混在しているキメラとなります。

ES細胞≠体性幹細胞

さて、ここまでは生命が誕生する時間の流れの中の受精卵から胎児への変化のお話しでした。誕生した後の人間の組織再生能力を担っているのは、ES細胞ではなくて「体性幹細胞」と呼ばれる細胞です。ES細胞は人為的に培養皿の中で内部細胞塊から作られた細胞の名称で、体内には存在しません。ケガなどで損傷した皮膚が再生されて傷が自然に治癒するのは人間の組織再生能力の表れですが、この場合は皮膚の体性幹細胞が「皮膚が損傷したぞ」いう情報をもとに細胞分裂し、必要な細胞に成長し、同時に幹細胞そのものが枯渇しないように自分自身の複製も行います。

体性幹細胞の居場所、つまり損傷などの穴埋めができる臓器は、かつては骨髄、血液、精巣などの短期間で次々に細胞を生み出す必要のある臓器や、消化管のように細胞がダメージを受けやすい過酷な環境で、その臓器の機能を維持するために活発に細胞分裂している臓器に限られるだろうと考えられていた時期もありました。ところが、最近の研究では、目、肝臓、脳、心臓など全身のあらゆる場所に幹細胞が静かに存在して出番を待っていることがわかっていて、かつて「幼少期に完成した後は減るだけだ、1日に何万個も神経細胞は死んでいる」などと、勉強しない人への脅し文句に使われていた脳細胞でさえ幹細胞が存在し、記憶や学習に伴って神経細胞が誕生していることがわかっています。

これらの体性幹細胞が持つ分化する能力は、ES細胞同様に「多能性」と呼ばれることが多いものの、その実態はES細胞とはかなり異なっており、分化する先は自分が所属している臓器にほぼ限られていますし、精子のもととなる精母細胞のように1種類の細胞のみを供給することが役目の幹細胞もあります。というのも、これらの細胞は、幹細胞とはいえ太い幹から何度かの枝分かれをして、それぞれの枝の末端に近い場所に存在している細胞だからです。ひとたび枝分かれして枝の先端に近づいてしまうと、隣の枝にジャンプで飛び移ることはできません（いえ、本当はジャンプで飛び移ることができるのですが、それは特殊な例ですので、後ほど158ページで紹介します）。したがって、そこにあ

写真1-21
幹細胞の集合住宅？

適当な日本語がないため本文中には培養皿と表現しているが、幹細胞の培養はこのようなフラスコで行われ、積み重ねた状態で適温に保った培養装置に入れられている。写真のフラスコは1本のフラスコがワンフロアだが、フラスコによっては1本のフラスコの中がさらに5層（5階建て？）にわかれているものもあり、それらが培養される様子は、まさに幹細胞の集合住宅だ。

る幹細胞に要求される能力は、自分がいる枝の分岐点から先にある臓器細胞を作り出す能力だけですので、他の枝に関係する遺伝子にはロックがかかっていて見ることができなくなっているのです。

また、ＥＳ細胞は実験室での培養中はあえて臓器の細胞にならないように、細胞の増殖を抑制する細胞と共に培養することでコントロールされていますが、例えばマウスのＥＳ細胞をマウスの皮膚に移植すると、そのような分化を抑制する役目をするものがなくなりますので、てんで好き勝手に細胞分裂を開始し、様々な組織細胞の無秩序な混合物である奇形腫（テラトーマ）を作ります。一方で体性幹細胞はテラトーマを作らないこともわかっており、このことは体性幹細胞が変化しうる臓器細胞に制限があることを示しています。

では、医療上の応用に制限があるか？　といえばそうではなく、体性幹細胞には多くのバリエーションがあり、中には非常に広範な臓器細胞に変化する能力を持っているものがあります。つまり、体性幹細胞と一口にいっても太い幹に近いところにいる細胞もあれば、枝の先っちょで揺れている細胞もあるということです。

太い幹に近いところにいる体性幹細胞の例として、骨髄にごくわずかに存在している「間葉系幹細胞」と呼ばれる体性幹細胞があります。間葉系幹細胞はすでに人間を対象とした再生医療に広く使われている実績があり、軟骨、脂肪、心臓、神経、肝臓の細胞などに分化することが確認されていて、ES細胞に近い多能性を持っていることが最近の研究でわかっています（図1-22）。また、体性幹細胞を特殊な成分を含んだ栄養液の中で培養すると、胚盤胞に移植すればキメラを誕生させるほどの多能性を再獲得した細胞を得ることができることもわかっています。

遺伝子のロックを外す「iPS細胞」

これまでの話から予想されるとおり、全身のあらゆる細胞の持つ遺伝子は不要な部分は参照できないようにロックされているものの、全身の設計図一式を大切に保管しています。そのロックを解除する方法を見つけてその条件を整えて細胞を育ててやれば、ES細胞同様の能力を持つことができる可能性があります。以前より科学者は

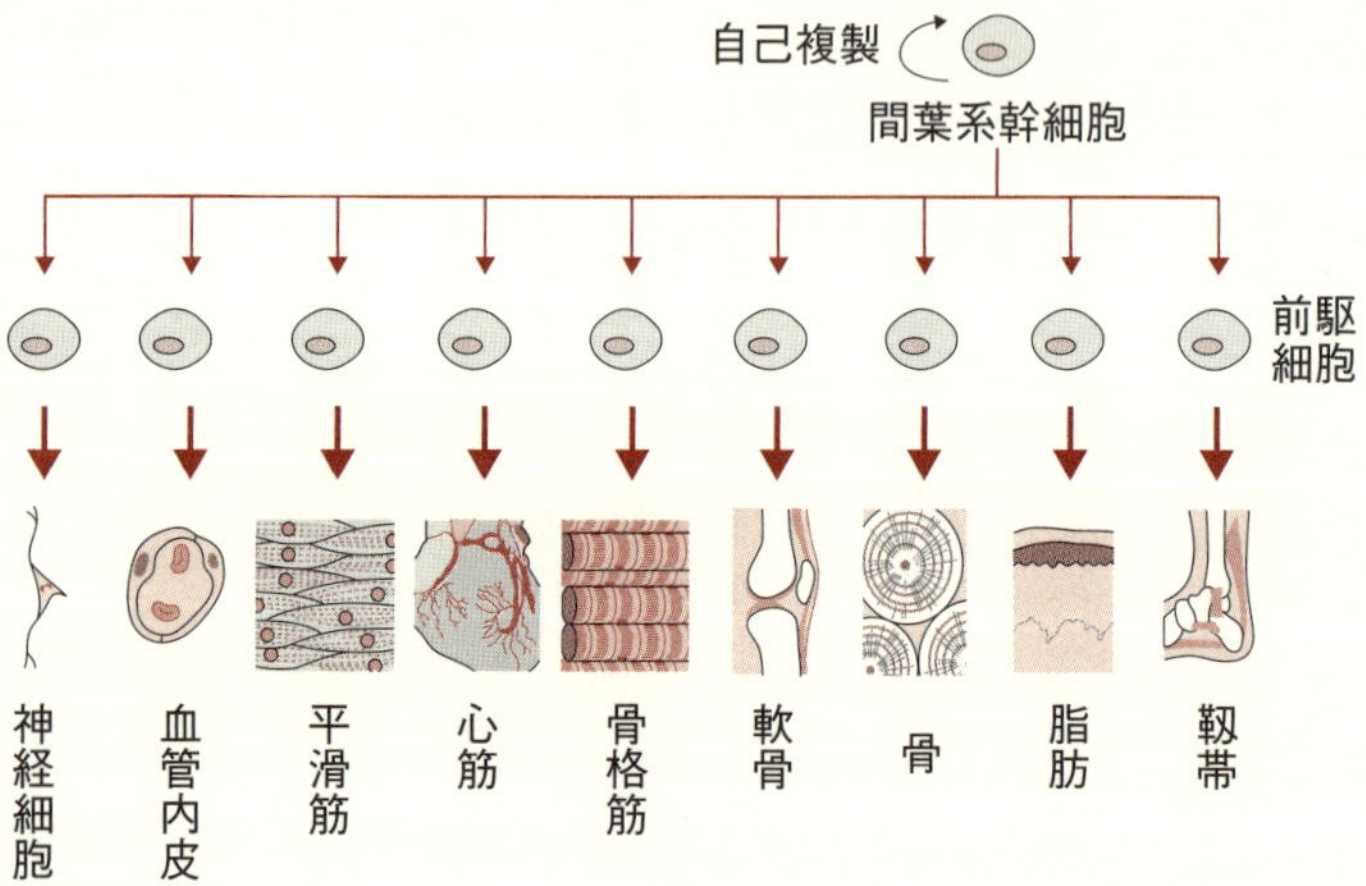

図1-22
間葉系幹細胞
〔『幹細胞とクローン』（羊土社）より改変〕

この可能性に気づいてはいましたが、なかなかその条件を見つけ出せずにいました。

ところが、この数年でこの領域の研究は一気に進展し、メカニズムの詳細は今でも完全に解明されてはいないものの、ロックを解除する方法が発見され始めています。

そしてついに、幹細胞の性質さえロックされた臓器を構成する細胞に成長してしまっている体細胞において、ロックを解除する方法が発見されました。それはある種の遺伝子を細胞に導入することが答えだったのですが、そのような方法によって作り出された、ES細胞に非常に近い性質を持つ多能性細胞が、今最も注目されている人工多能性幹細胞（iPS細胞）です。

iPS細胞は様々に培養条件を変えることによっていろいろな臓器細胞を作り出すことができる多能性を持ち、胚盤胞の内部細胞塊のような入手が困難な材料を必要とせず、患者の細胞を採取して作り出すことができますので、非常に有望な再生医療技術に発展する可能性を秘めています。

ES細胞は若年性糖尿病、パーキンソン病、心疾患などの細胞移植医療におけるドナーとして有望だと考えられています。しかし、拒絶反応回避はES細胞の移植において重要な問題です。この問題を回避する方法が、患者自身のすでに分化した細胞核の初期化によるES細胞同等の能力を持つ·iPS細胞の作成なのです。

1-7 iPS細胞——乗り越えられない壁を越えた技術

ES細胞やiPS細胞のような、あらゆる臓器に変化することのできる多能性と呼ばれる特殊な性質を持つ細胞を得ることは、再生医療において最も強力なツールを手にすることといえます。

ES細胞は、胎児のもとになる内部細胞塊を取り出して作るという倫理上の制限から、基本的に患者の細胞で作り出すことはできません。ところが、iPS細胞はその細胞の由来にほぼ制限がなく、すでに患者の臓器細胞から作り出すことも成功[3]しており、あらゆる臓器細胞から作り出すことが可能な多能性細胞です。例えば、皮膚のような摘出による提供者のリスクが小さい細胞からiPS細胞を作り出し、それを患者に戻すことによって治療を行うことは再生医療における究極の到達点です。

ES細胞のもとになる内部細胞塊はほとんどロックのかかっていない遺伝子を持っていますので、必要な栄養分を与えるだけで多能性幹細胞を得ることができましたが、iPS細胞のもとになる体細胞は、ロックがかかって参照できなくなっている遺伝子を何かの方法でロック解除して全ての身体の設計図を参照できるような状態に変化さ

③米ハーバード大幹細胞研究所チャド・コーワン准教授らのチーム（2008年4月7日新聞報道）

せる、つまり初期化しなければなりません。

かつては、遺伝子の初期化は不可能なものと考えられていましたので、まだロックのかかっていない内部細胞塊を用いて病気の治療に用いる多能性細胞を作り出すことが行われていました。ところが、1996年に誕生し1997年に発表された世界初の体細胞クローン哺乳類である「クローン羊ドリー」(写真1-23)の誕生によって、遺伝子のロックを解除できる、つまり遺伝子の初期化をすることができる可能性があることが示されました。

患者の体細胞に存在している遺伝子を初期化する方法に関する研究は、人間での実験に先立って実験動物の皮膚の細胞などを用いて長年多くの研究者によって検討が行われ、いくつかの方法が順次発表されました。iPS細胞の作成に成功する以前に細胞初期化の方法として検討されていたのは、クローン羊ドリーで用いられた技術である卵母細胞への核移植や体細胞とES細胞の細胞融合などです。また、患者から採取した細胞を初期化し

写真1-23
ドリー
〔提供=The Roslin Institute, Royal (Dick) School of Veterinary Studies, University of Edinburgh〕

● **初期化**
リプログラミング、再プログラム化、初期化などがほとんど同じ意味で使われているが、本書では読者が最もイメージをつかみやすいと思われる「初期化」と表現する。

ようと思えば、骨髄細胞、精母細胞、単為生殖胚などの自発的な細胞初期化も起きることがわかっていました。

ところが、これらの方法はいずれも必要とする細胞を入手することに倫理的な問題があったり、初期化が運まかせのため治療に用いるに十分な量の細胞を得ることが難しかったり、様々な問題を抱えていました。そのため、さらに画期的な初期化手法が求められていました。

そこに登場したのがｉＰＳ細胞です。まずは、マウスの繊維芽細胞に遺伝子の機能や細胞の分裂に関連する4つの転写因子と呼ばれる遺伝子の機能調節に関わるタンパク質の遺伝子を導入することによってｉＰＳ細胞を作り出すことができることが示されました。続いてサル、ヒトのｉＰＳ細胞が作成されたものの、ｉＰＳ細胞はまだ研究途上のため、ただちに病気の治療に用いることはできません。けれど一刻も早くこの優れた治療方法を患者に提供するために、少ない体細胞でより多くのｉＰＳ細胞を得るための初期化成功率の向上や、初期化因子の果たす役目を明らかにすること、初期化において細胞の核で起きている変化を解明すること、そして何より重要な、ｉＰＳ細胞を人間に移植しても安全であることを確認することなどが重要課題として挙げられ、その解決に向けて取り組まれています。

1-8 細胞初期化研究の歴史

遺伝子操作技術が確立される前から、すでにマウス体細胞を用いた実験において、ES細胞に似た多能性幹細胞を誘導する方法は3種類報告されていました。それは「骨髄細胞の長期培養による自然発生的な多能性獲得」「未受精卵の単為生殖」「試験管内での精母細胞の培養」です（図1‐24）。

核移植による多能性の獲得に成功した最初の報告は1952年のことで、カエルを用いた研究の成果でした。カエルの卵は非常に大きく取り扱いや入手が簡単で、しかも誕生までの期間が短く結果が

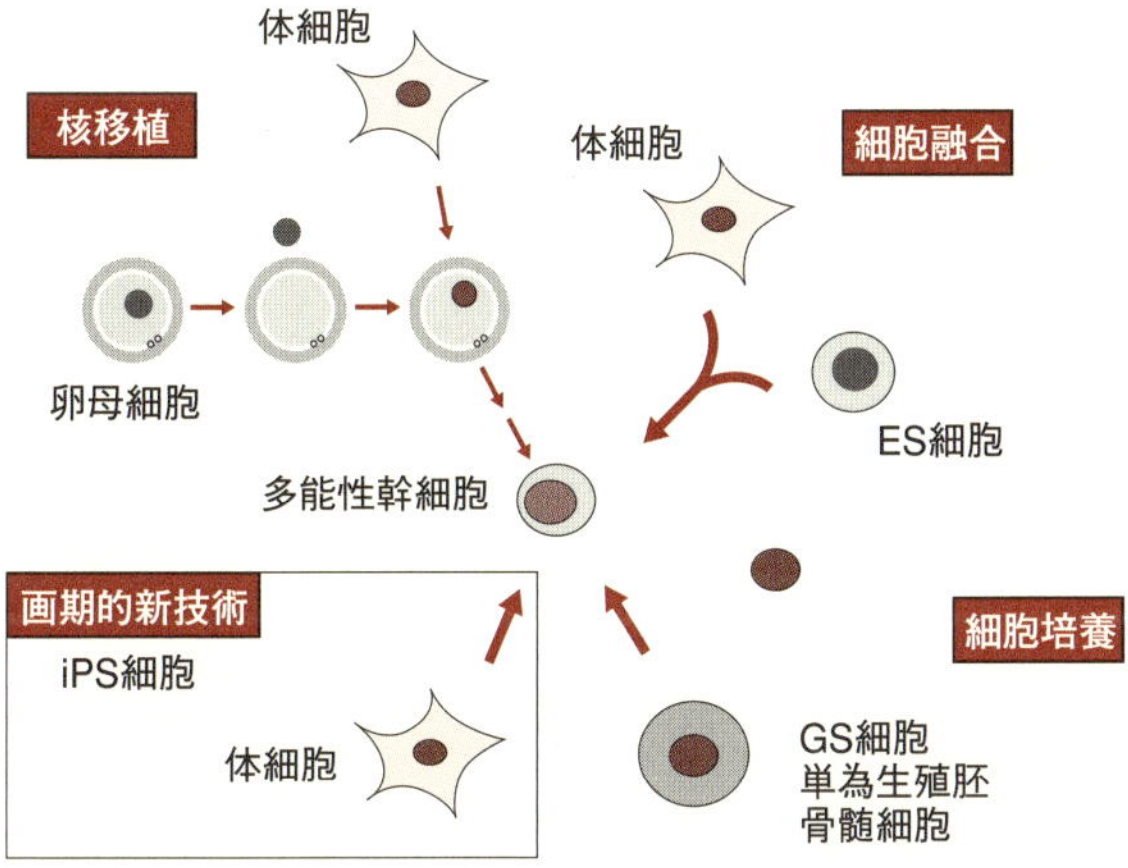

図1-24
マウスの体細胞に多能性を人為的に誘導する3つの方法

Title: Strategies and New Developments in the Generation of Patient-Specific Pluripotent Stem Cells
Author: Shinya Yamanaka
Publication: Cell Stem Cell
Publisher: Elsevier Limited
Date: 7 June 2007

早くわかるので、初期のこのような研究にはしばしば用いられていました。このとき、胚胞形成段階の細胞から取り出した核を、あらかじめ核を除去しておいたカエルの卵に導入したところ、正常にオタマジャクシが誕生することが発見されました（図1-25）。その後、1996年にアフリカツメガエルの卵から核を除去し、アフリカツメガエルのオタマジャクシの小腸細胞から取り出した核を移植したところカエルが誕生し、そのカエルは繁殖能力を持っていました（図1-26）。一方、オタマジャクシのかわりに、大人のカエルの体から細胞を取り出し、その核を移植してもオタマジャクシは誕生するものの、大人のカエルへと成長はしませんでした。

哺乳類の卵細胞は、カエルの卵と比較すると小さく核移植は困難でしたので、ここから約20年の歳月がかかります。1975年、ウサギの卵子から核を除去し、ウサギの桑実胚から取り出した細胞核をこの脱核したウサギの卵子に移植したところ、桑実胚段階まで細胞分裂が進行したとの報告が成されました。けれど、このときはそれが精一杯で、哺乳類の細胞の核を使ってカエルのように親を作り出すことはなかなか成功しませんでした。その後も哺乳類の種を変えて、受精卵が何度か細胞分裂した胚に細胞の核を移植する研究が報告されましたが、大人の細胞の核を移植するクローン動物の作成は非常に困難であることのように思われました。

● **核を除去**
細胞から核を取り除くことを「脱核」という。

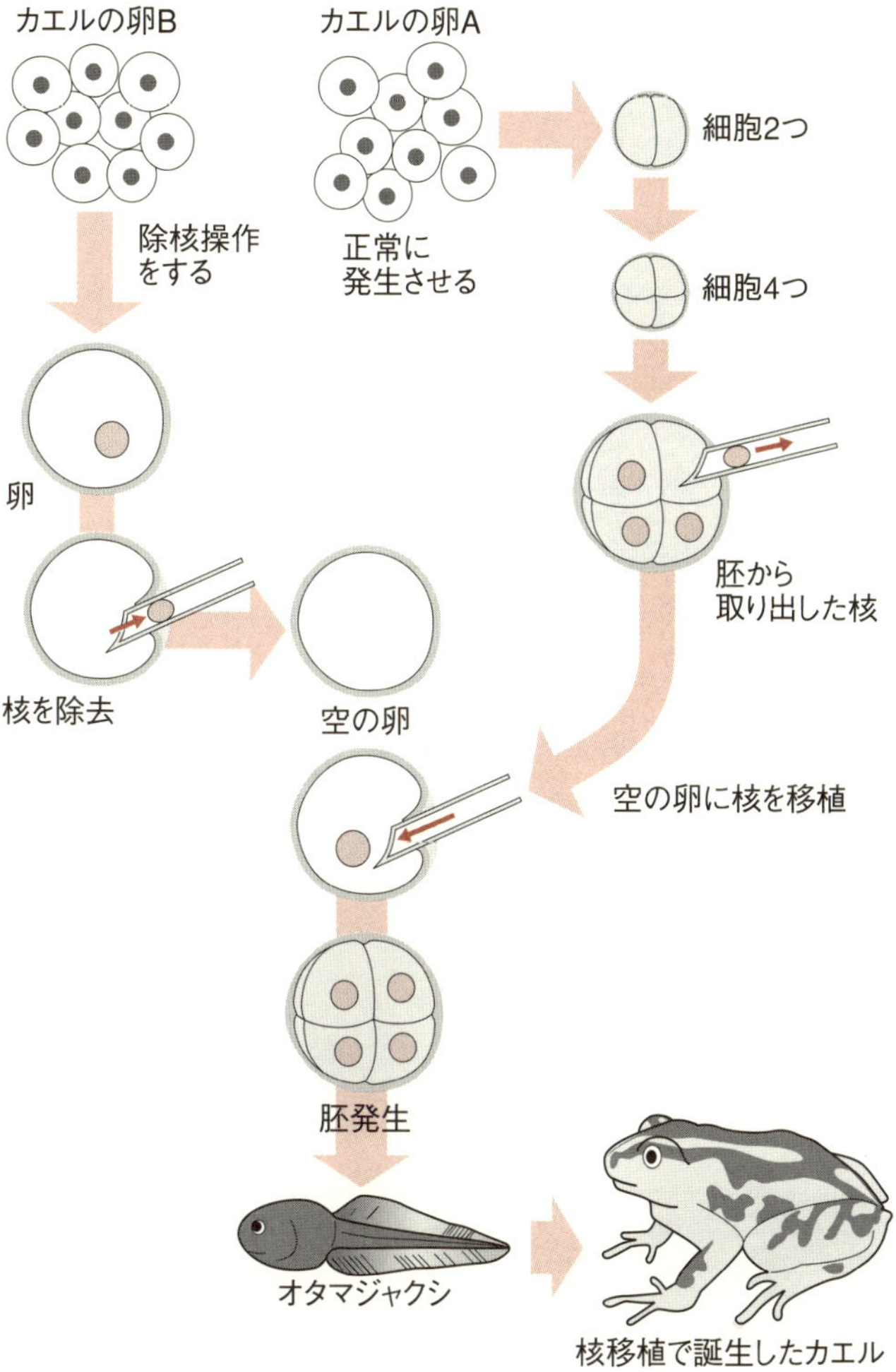

図1-25
胚細胞核移植カエルの作成

この難関のブレイクスルーは、1997年のクローン羊ドリーの発表でした。ドリーは、大人の羊の乳腺細胞由来の細胞核を未受精卵に導入し作り出されました。このドリーは世界初の体細胞クローン哺乳動物です。ひとたび成功すれば、それと同様の方法を用いることによって、体細胞クローンは牛、マウス、ヤギ、ブタ、ネコ、ウサギなどで次々に成功しました。ところが、成功率は皆高くなかったため、研究者たちは、体細胞からクローンを作り出すには何かまだ気づいていない解決すべき問題が潜んでいる、と考えていました。

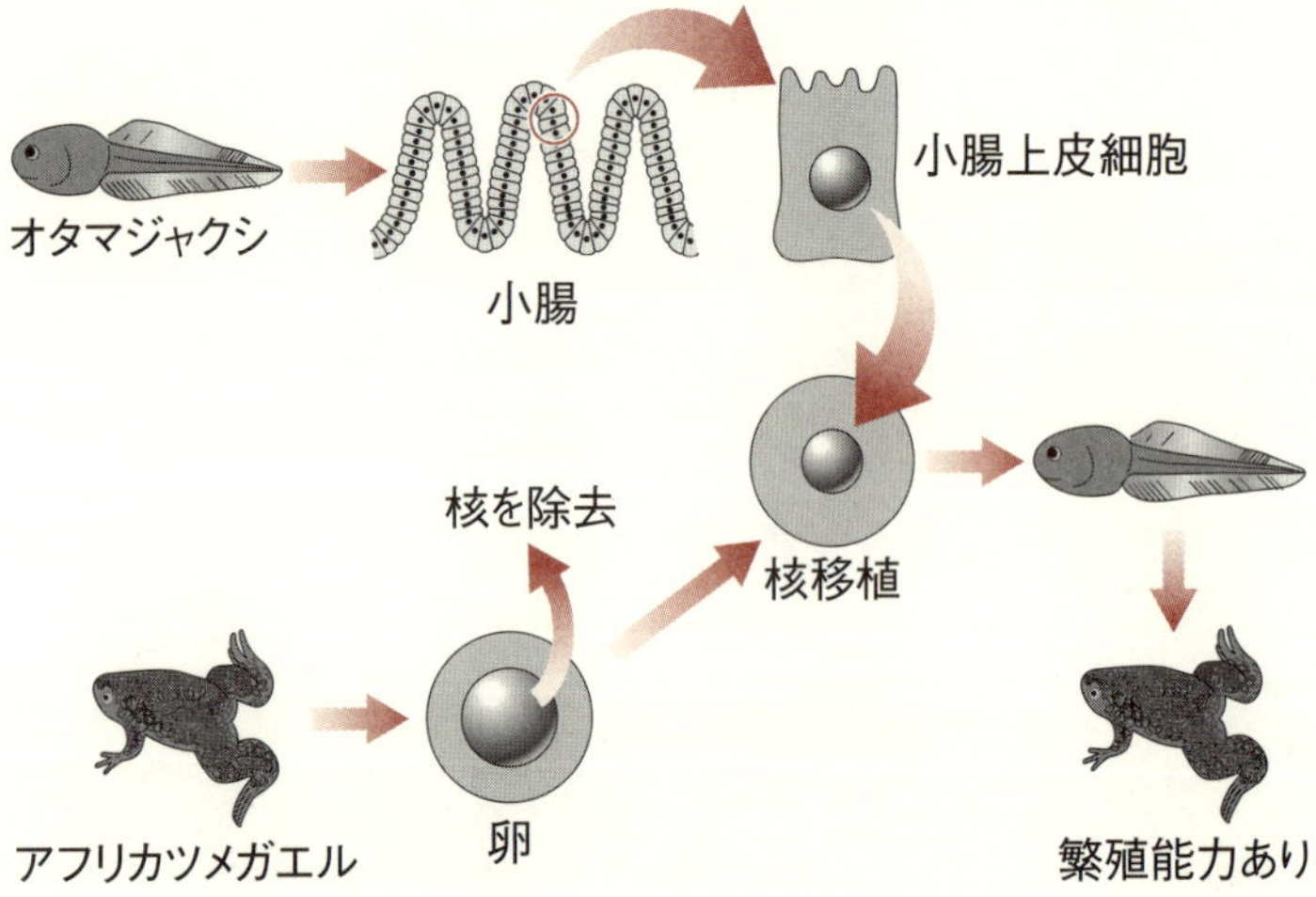

図1-26
オタマジャクシの小腸細胞由来核によるカエルクローン
〔『幹細胞とクローン』（羊土社）より改変〕

体細胞からクローン……の難しさ

一方で、造血幹細胞から作り出される白血球の一種であるBリンパ球からマウスを誕生させることに成功した研究者もいました。

ドリーのような体細胞からのクローンの作成と、リンパ球を使うこのプロセスは手法が根本的に異なっていましたが、その違いが体細胞クローンの成功率の低さの原因を示唆していました。というのも、Bリンパ球からマウスを作り出すには、未受精卵にBリンパ球の細胞核を移植し、胚盤胞まで育てます。このような他人（他動物）の核を持つ胚盤胞を「クローン胚」といいます。次に、クローン胚の内部細胞塊からES細胞を得て、さらにこのES細胞を使ってマウスを作り出すという2段階のプロセスが必要でした。つまり、遺伝子がすでに初期化されているES細胞が介在することが成功の秘訣だということになります（図1‐27）。

体細胞から直接のクローンの成功率の低さと、ES細胞でいったん遺伝子を初期化したクローンの成功率の高さから考えると、細胞の分化の程度がより初期状態に近いほど細胞初期化効率が高い、という関係は、哺乳類における一般的な現象だと考えることができました。

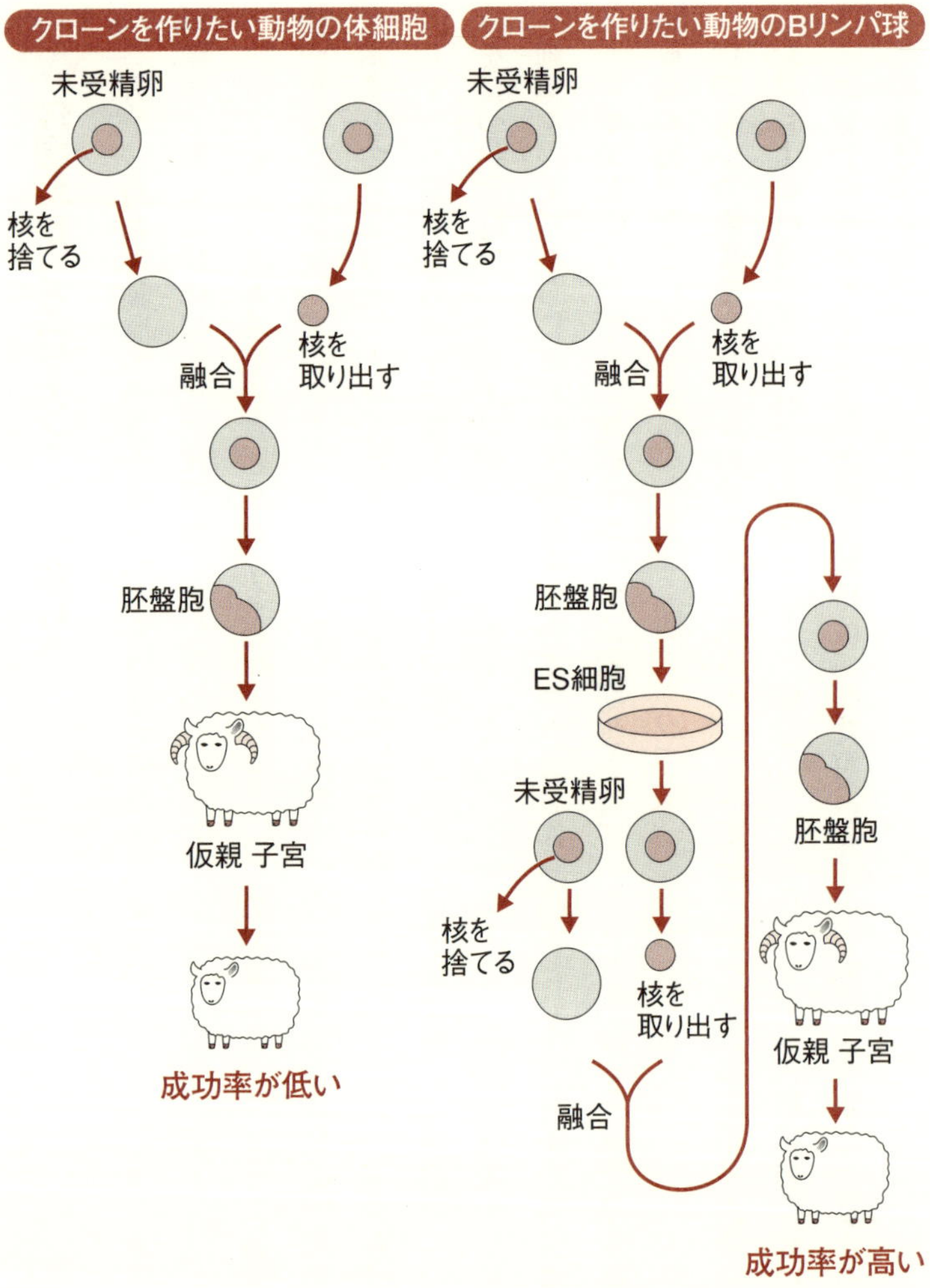

図1-27
体細胞クローンの流れと成功率

クローンES細胞を経由してクローン動物を作成すると成功率が高い。

このように、大人の細胞から取り出した核を使ってクローンを作成することに取り組んでいた研究チームは、次々に立ちふさがる難問に悪戦苦闘をしていましたが、この研究はどのような困難があろうとも取り組む価値がありました。というのは、核を病気の患者から取り出し、それを移植した多能性細胞を作り出すことができれば、そこから患者の遺伝子と同じ遺伝子を持った臓器細胞を作り出すことができ、それを臓器移植に用いれば患者の免疫系による拒絶反応を回避できるものと期待されていたからです。その成功は2005年にもたらされたかに思われました。

捏造問題で再認識された壁の高さ

2005年、韓国ソウル大学の黄禹錫《ファン・ウソク》教授の研究チームが、患者の皮膚細胞から核移植ES細胞を作り出すことに成功したと発表しました。世界中の研究者はその成果に驚き、先を越されたと思いつつも、これによって様々な移植医療の問題が一気に解決し、多くの難病に苦しむ患者を救うための次世代の医療技術の開発が加速するだろうと考えました。

ブレイクスルーとなる研究が発表されると、それは多くの他の学者によって文献をまねた実験が行われますが、それを追試と呼びます。追試の目的は、その研究を検証すると同時に、その先進的な実験手法を自分たちの研究チームとして習得する意図もあります。ところがヒトクローンES細胞の追試はことごとく失敗し、やがてその論文が捏造であったことが発覚しました。

韓国の研究チームは2000個以上の人の卵子を使用して実験を行いましたが、全ての実験に失敗していたのです。また、この膨大な量の卵子の入手に関しても研究室の女性研究員から買い取ったり、提携した病院できちんとした手続きを経ずに入手するなど、倫理的に問題があることが発覚し、研究は振り出しに戻ってしまいました。

ただ、黄禹錫はクローン動物作成に関してはその業績が世界的に高い評価を受けている人物でしたので、そのようなクローンのベテランが指導する研究室で2000個もの卵子を使った研究が全て失敗に終わったということに対し、多くの研究者は「あぁ、やはりヒトクローンES細胞を作ることは、自分たちが気づいていない何か大きな問題があり、それを解決しない限り不可能なのかもしれない」と自分たちの目の前に立ちはだかる障壁の大きさを思い知らされたといいます。その障壁は細胞の初期化に関わる何らかの因子であろうことは皆気づいていましたが、その実態はとなると、少なくとも両生類やマウスとは違う何かであろう、ということしかわかっていませんでした。

いくつかのタンパク質が細胞初期化に関わっていることは、カエルの卵母細胞を使った研究でわかっていました。それらの性質を明らかにすることが人間における細胞初期化に何が必要なのかを知る手がかりになるものと思われました。

これらの重要なタンパクの一つにＩＳＷＩと呼ばれるものがあります。これは移植された核と卵母細胞の細胞質の間で行われるタンパク質のやり取りに関わっています。その他、Ｂｒｇ１と名付けられたタンパクはＯｃｔ-３／４と名付けられた遺伝子が効率よく働くために必要です。Ｏｃｔ-３／４は、未分化細胞で特徴的に機能している遺伝子からタンパク質を作り出すプロセスを活性化する作用を持つ転写因子で、後に患者の遺伝子を持つ体細胞由来の多能性幹細胞、すなわちｉＰＳ細胞の登場に大きく関わってくる因子です。ＩＳＷＩとＢｒｇ１はクロマチンリモデリングＡＴＰアーゼと呼ばれる酵素の仲間に含まれており、核の初期化に極めて重要な役割を担っていると考えられています。

このように、非常に断片的ではありますが、細胞の初期化に必要なパズルのピースは少しずつ集まっているように思われました。

1-9 ＥＳ細胞との細胞融合による細胞初期化

ある時、胸腺細胞とマウスＥＳ細胞を融合すると、胸腺細胞由来の遺伝子が多能性を持つことが発見されました。このように、体細胞とＥＳ細胞を融合して作り出した細胞を、免疫拒絶反応を起こさないように遺伝子操作したマウスに移植したところテラトーマ（奇形腫）を生じて、これらの細胞が持つ多能性は動物の体内でも機能することが確認されました。胸腺細胞とＥＳ細胞のハイブリッド細胞においてＯｃｔ－３／４を含むいくつかの遺伝子に関連する領域は、ＥＳ細胞の遺伝子とそっくりな形にアセチル化やメチル化など後天的な修飾を受けていました。このことは、ハイブリッド細胞とＥＳ細胞の遺伝子の機能は同じような制御を受けた状態にあることを示していました（図１－28）。

ハイブリッド細胞がＥＳ細胞とよく似た性質を持っていることは、少なくとも体細胞遺伝子の一部はＥＳ細胞と細胞融合することによって初期化することが可能であることを示していました。初期化された体細胞でどのような遺伝子が活性化しているかを網羅的に調べる分析や免疫反応を利用した分析を行ったところ、体細胞の遺伝子は

●テラトーマ（奇形腫）
詳しくは45ページの脚注と次ページを参照。

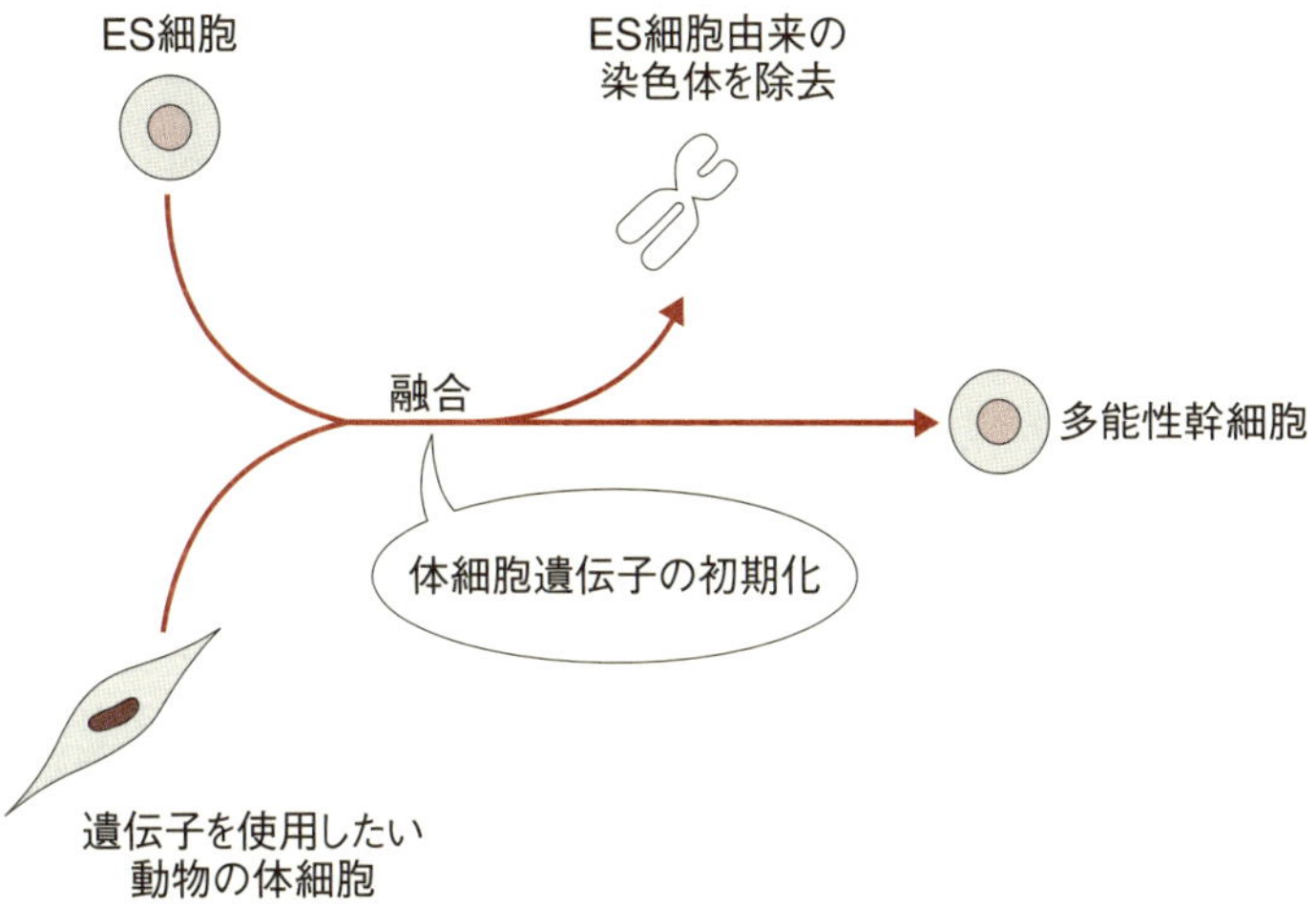

図1-28
細胞融合による多能性幹細胞の作成
ES細胞と体細胞を融合すると体細胞遺伝子の初期化が起きる。このままでも細胞は多能性幹細胞だが、ES細胞由来の染色体を除去すれば完全なクローンになる。

テラトーマ

ギリシア語で「怪物」の意味。1954年、アメリカジャクソン研究所のリロイ・スティーブンスがあるマウス系統の精巣にテラトーマができやすいことを発見したことをきっかけにして研究が進展した。

テラトーマと病気のガン細胞との明らかな違いは、　ガン細胞は限られた種類の細胞が大量に増殖しているのに対し、テラトーマでは本文にあるように雑多な細胞がひとかたまりになっている点である。しかも、それぞれの細胞がある程度組織になっていて、細胞のかたまりの中には歯や毛、筋肉などが含まれていて、あたかも体をバラバラにして詰め込んだような不気味な状態になっていて驚かされる。生殖細胞由来の腫瘍であると解明されるまでは双子の片方が誕生した側の体に取り込まれたという説も真剣に論じられていた。

マウステラトーマの細胞は分化能を維持したまま培養皿の中で生き続けるため、発見当時の基準では生命の発生に関する研究材料として非常に優れており、胚性癌腫細胞（EC細胞）と呼ばれている。しかし、EC細胞は染色体の数に異常があるため、1980年代になってES細胞の技術が進展すると研究対象はES細胞に完全に移り変わった。

なお、手塚治虫の『ブラックジャック』に登場するピノコは、テラトーマからブラックジャックによって人間の形に再構成されたものと思われる。

確かに広範に初期化されていることが確認されました。遺伝子が初期化されていることの最終的な証明は、ハイブリッド細胞からES細胞由来の全ての遺伝子を除去しても多能性が維持されていることによって確認されました。

ただ、ハイブリッド細胞をそのまま細胞移植手術に用いても、ハイブリッドの名のとおり、ES細胞由来、つまり内部細胞塊を提供したドナー由来の染色体が含まれていますので、移植手術における拒絶反応の問題はES細胞から組織を作り出した場合と何ら変わっていませんでした。特定の染色体から遺伝子を選び出して除去する技術はすでに確立されていましたが、ES細胞由来の染色体を一辺のかけらも残さず除去することは技術的に困難です。

この研究からわかったことは、ES細胞は体細胞由来の遺伝子を初期化する〝何か〟を持っていることは間違いないということです。したがって、体細胞をES細胞と融合するのではなく、ES細胞の中から遺伝子の初期化に関わっている因子を取り出して体細胞を初期化しようとする研究が始まりました。

ところが、ES細胞との融合による細胞初期化のメカニズムはほとんどわかっていません。初期化に関わる重要な因子が細胞の中のどこにあるのかという基本的な問題でさえ、核の中にあるという報告と細胞質にあるという報告の両者が混在していてよくわかっていない状況でした。

神経細胞とES細胞を融合して初期化された細胞の遺伝子を調べたところ、Nanogと呼ばれる転写因子が過剰に機能していることがわかりました。Nanogは、分裂を開始した直後のマウス受精卵やES細胞で活性化していることが知られています。普通はES細胞の増殖にはいくつかの成分を培地に添加してやる必要がありますが、ES細胞でNanogが過剰に活性化していると、それらを添加しなくても細胞の増殖が進行することが知られています。また、ヒトのES細胞においても通常は必ず必要なフィーダー細胞と呼ばれるES細胞の増殖をサポートする細胞が、Nanogが過剰に発現しているとそれら無しに増殖できることが知られています(図1-29)。また、遺伝子操作によってNanogを欠損させた胚は組織の崩壊が起きることが知られています。Nanogを欠損したES細胞も作ることはできますが、多能性が低下しある特定の組織にしか分化できなくなります。また、細胞の安定性が低下し外部の影響でダメージを受けやすくなるという報告もあります。

このような一連の研究によって、一つずつ遺伝子の初期化に関わっている可能性のある因子が見いだされ始めていました。

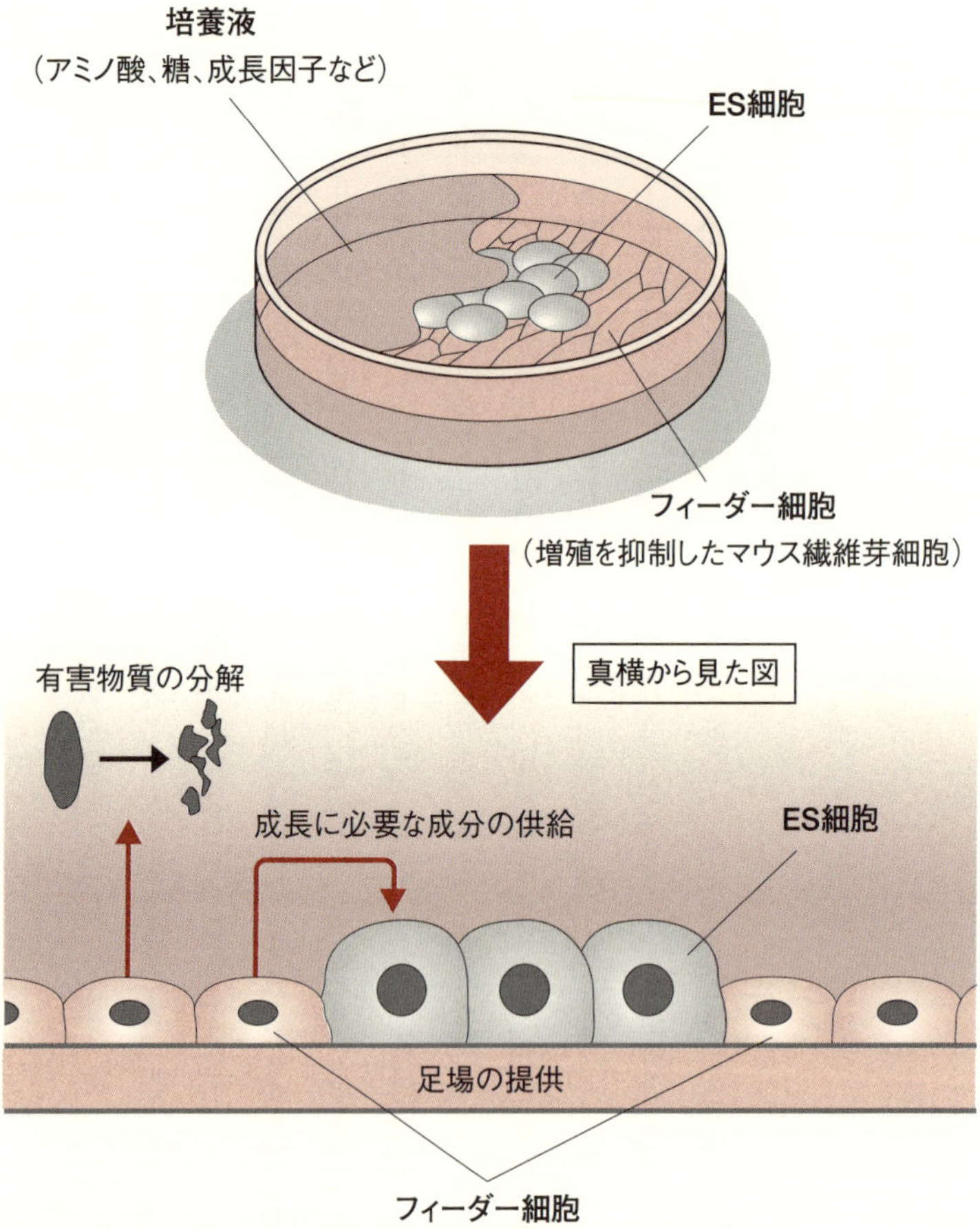

図1-29
フィーダー細胞の役割

実際の培養では、培養皿の底にフィーダー細胞を敷き詰めるように培養する。フィーダー細胞は比較的大きく平らな細胞。その上にES細胞を培養するが、ES細胞はもっこりと盛り上がった感じで表面はつやつやとした細胞だ。培養皿の中は培養液で満たされていて、培養液は実際には赤くて透明な液体である。赤色はpH指示薬の色で、培養液が酸欠になっていないか、へんな物質が生成して pH が異常になっていないかを見た目でチェックするための物。

上図は培養皿を斜め上から見た図で、色の付いた培養液を左上に描いて、右下は培養液を取り除いたようなイメージにしてある。下図は培養皿を横から見た図。ES細胞の培養はフィーダー細胞の上で行うが、ES細胞が成長すると図のようにフィーダー細胞を押しのけて培養皿に直接くっついて成長するとされている。

1-10 Fbx15−iPS細胞の誕生

哺乳類の受精卵が細胞分裂して内部が空洞のボールのような形になった胚盤胞の中から取り出された内部細胞塊は、将来胎児に成長する細胞です。内部細胞塊を培養皿の上に取り出してある特殊な条件で培養すると、将来様々な臓器の細胞に変化する能力を秘めたまま限りなく増殖を続けるES細胞を得ることができます。このことを世界で初めて報告したのがエバンズとカウフマンによる論文[4]で、1981年のことでした。その後1998年にヒトES細胞がパーキンソン病などの疾患の治療に有効である可能性が示されました[5]が、そこには大きな二つの問題がありました。

一つは倫理上の問題、もう一つは拒絶反応です。これらの問題を回避する方法として有効であると考えられたのは、患者自身の細胞を使って治療に必要な臓器細胞を得ることでした。

ES細胞と体細胞を細胞融合すると細胞の初期化が起きるということは、マウスでの実験で知られていました。このことは、ES細胞は多能性を誘導する因子を持って

④Evans M.J. and M.H. Kaufman, "Establishment in culture of pluripotential cells from mouse embryos", Nature 292, pp. 154-156, (1981)

⑤Thomson *et al.*, "Embryonic stem cell lines derived from human blastocysts", Science 282, pp. 1145-1147, (1998)

いる可能性を示唆しています。このような多能性を誘導する因子は多能性の維持にも重要な役目を担っていると予想されましたので、ES細胞の全遺伝子の中から、体細胞では機能しておらずES細胞で特徴的に機能している遺伝子を選び出してその役目を調べれば、その中にはES細胞をES細胞たらしめている多能性に関与する遺伝子が見つかることが期待できます。そして、その遺伝子はES細胞の誘導にも関わっている可能性が高いと予想されます。

2000年前後に活発に行われていた幹細胞研究において、体細胞の遺伝子を初期化しているのは、転写因子と呼ばれる遺伝子から必要な設計図が読み出される仕組みを調節しているタンパク質で、Oct-3/4、Sox2、Nanogなどと名付けれた複数の因子による共同作業であるらしいことが示唆されていました。

時間を逆回しにする因子を探し出せ！

iPS細胞の発明者、京都大学iPS細胞研究センターの山中伸弥教授は「すでに何らかの組織や臓器の細胞に分化し、参照できなくなっている遺伝子の領域をあたかも時計を逆回しするように再び参照可能にし、多能性を持つ細胞に変化させるために必要な〝何か〟は、ES細胞が多能性を発揮するために必要な因子と同じであろう」

と仮説を立てました。

ＥＳ細胞の遺伝子を網羅的に解析することから始めると大変な仕事になってしまいますが、幸いマウスのあらゆる細胞で機能している遺伝子を解析しデータベース化する研究が日本で進展していました。またマウスＥＳ細胞についても、機能している遺伝子がすでに先行している研究によってリストアップされていました。それらの公開された遺伝子データを参考にして、ＥＳ細胞で特に高い活性を持っている遺伝子や細胞の増殖能を司るガン関連遺伝子などが特に重要であろうと考え、その候補をデータベースの調査によって決定する研究に着手することができました。２００４年頃には、多能性維持に必須と思われる遺伝子は24個にまで絞り込まれました。

まず、これらの因子の中で自分たちが求めているものがどれなのかを確認するために、Ｇ４１８と名付けられた抗生物質（図1-30）を使う実験を行いました。Ｇ４１８は、遺伝子が機能しているかどうかを研究する際に研究者がよく用いる薬品です。

遺伝子は、いろいろなタンパク質の設計図が適当なスペーサーを間に挟みつつ数珠繋ぎになったものです。遺伝子には領域ごとにいろいろな名前がつけられていますが、多能性を持つ細胞において様々な臓器の細胞に変化するために重要な役目を担ってい

● **スペーサー**

イントロンが正式名称。かつて、イントロンは生物が進化の過程で不要になった遺伝子の残骸を残しているのだと考えられ、単なるスペーサーにすぎないと考えられていたが、最近では様々な役割があることがわかってきた。

る遺伝子の一つを「Fbx15」と呼んでいます。多能性を持つ細胞は必ずFbx15が活動していることに着目し、この部分にβgeoという抗生物質に対する防御機能を発揮するための設計図を追加したマウスの細胞を作成しました。このような遺伝子操作を行うと、Fbx15が作動すると必ずβgeoもセットで作動し、多能性発現と抗生物質抵抗性という2種類の特徴がいつもセットで現れる特徴を持つ細胞になります。

ということは、多能性を持っていないマウス細胞ではFbx15遺伝子は眠っていますので、βgeoもいっしょになって眠っていて、その細胞を抗生物質にさらすと細胞は死んでしまいます。ところが、マウスの細胞が24種類の因子の中の有効な〝どれか〟を受け取ってFbx15が活動を開始し多能性を獲得すると、βgeo遺伝子が活

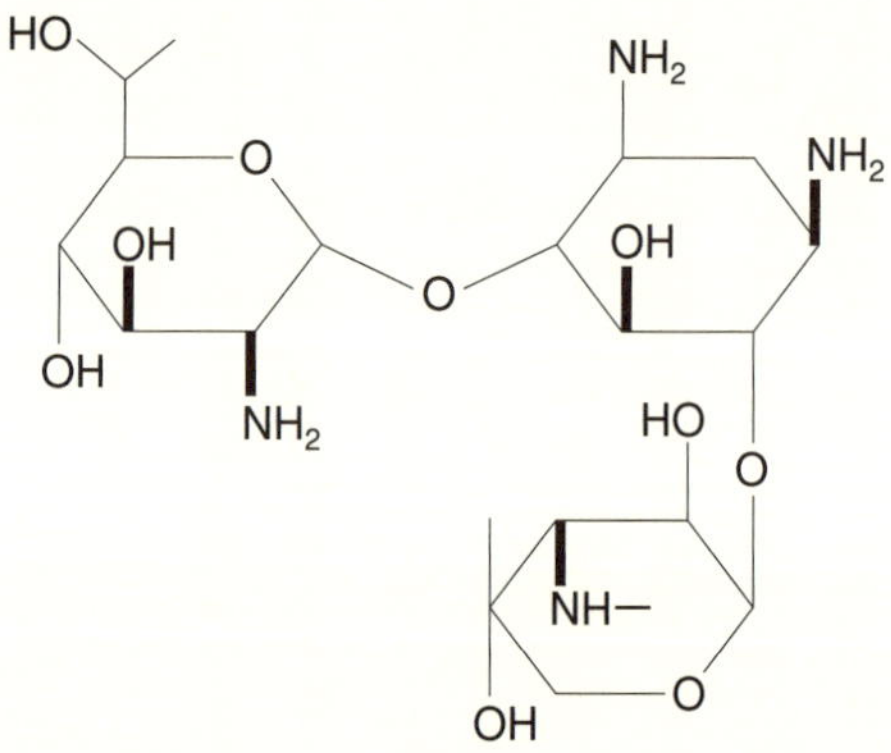

図1-30
G418の構造式

動を開始します。この遺伝子が活動すると、細胞の中に抗生物質から細胞を守るタンパク質が蓄積し、抗生物質G418から細胞を守る能力が40倍も向上して、生き残ることができるようになります。つまり、この抗生物質にさらされても生き残る細胞は、多能性を新たに獲得した細胞だということがわかるわけです。

そこでマウスの胎仔から繊維芽細胞を取り出し、遺伝子初期化の実験が行われました。繊維芽細胞は全身に存在して生物の体の形を維持する役目をしており、ケガをした箇所の修復にも使用されます。活発に増殖する細胞ですが、繊維芽細胞以外の細胞に変化する能力、すなわち多能性は失われています。

予想した24個の因子の遺伝子を一つずつレトロウイルスの遺伝子に組み込み、これを繊維芽細胞に感染させることによって、24因子をそれぞれ繊維芽細胞の遺伝子に組み込みました。そうしてできた多能性細胞候補が抗生物質G418に対する抵抗性を獲得したかどうかを評価しましたが、この方法では多能性を獲得した細胞を見つけ出すことはできませんでした。一方で、24の因子全てを組み込んだ繊維芽細胞は、見事に抗生物質G418に対する抵抗性を獲得していました。つまり、24種類の因子を選び出した狙いは的中していたけれど、多能性は24種類のうちの一つの因子によって形

●レトロウイルス
他の細胞に感染し、自分の遺伝子を感染した相手の染色体に組み込んでしまうウイルスの総称。代表的なレトロウイルスとしてエイズウイルスがある。
なお「レトロ」とは懐古趣味のことではなく「逆」の意味。

●40倍も向上
薬剤耐性遺伝子がない場合、0.3mg/mℓのG418で細胞はダメージを受けるが、抗生物質体勢を獲得すると12mg/mℓまでG418に耐えることができるようになる。

成されるのではなく、24個の中に含まれている複数の因子が関与しているということです。

この全ての因子を組み込む培養実験では複数の細胞の集団が生き残りましたので、その性質を調べるために、それらの中から12個を選んでさらに培養を続けました。すると、そのうちの5つはES細胞と非常によく似た外観の細胞の集団に成長しました。同様の実験を繰り返して確認を行ったところ、この方法で得られる抗生物質に抵抗性を持つ細胞は、見た目だけではなくその増殖に関する性質もES細胞とそっくりであることが確認され（図1-31）、この細胞群を「iPS-MEF24」と呼ぶことにしました。iPS-MEF24の遺伝子を解析したところ、多能性をすでに失ってしまった細胞にはなく、ES細胞の遺伝子で特徴的に機能している

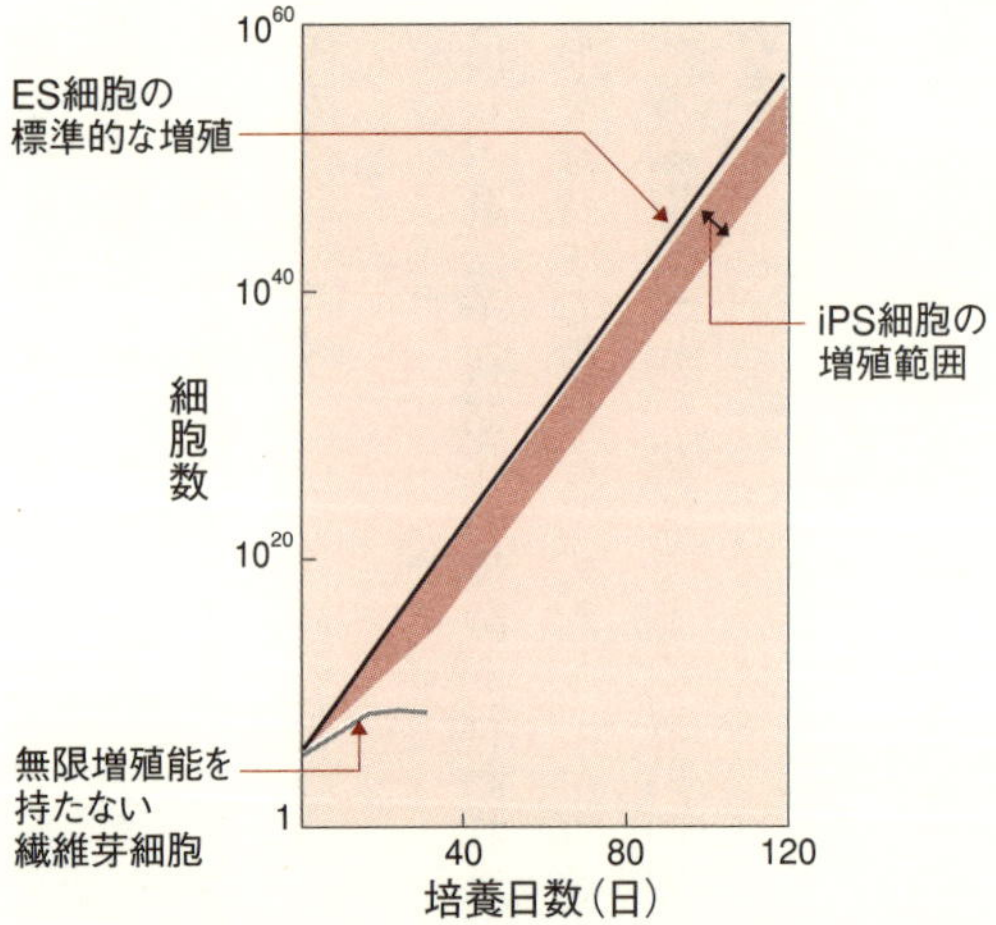

図1-31
ES細胞とiPS細胞の増殖

無限増殖能を持たない繊維芽細胞は培養開始から40日以内に増殖を停止する。一方、ES細胞は120日を超えて増殖を続けることがこれまでの研究でわかっている。この実験で得られた抗生物質抵抗性細胞は細胞の集団によって増殖の程度に差はあるものの、ES細胞とほぼ同様の速さで増殖を続ける能力を持っていることがわかった。

〔Cell, 126, pp.663-676, August 25, (2006), Fig.1-Dより改変〕

遺伝子を見いだすことができました（図1-32）。この因子は特定できていないものの、体細胞からES細胞そっくりの多能性細胞を作り出す手法をすでに得ていることはほぼ間違いないと考えられました。

次に、必要な因子を絞り込むために24個の因子から一つずつを除いた細胞の抗生物質抵抗性を調べました。この実験によってある細胞が多能性細胞として生き残れば、その細胞で除去した因子は、それがなくても細胞の多能性は実現するといえます。また、ある細胞が抗生物質で死んでしまうと、その一つの因子を除いたことが理由でFbx15が機能しなかった、つまり除いた因子は繊維芽細胞の遺伝子の初期化に必要な因子であったことがわかります。

因子に1～24番までの番号をつけ、その番号を除去して作成した繊維芽細胞を培養した結果、10種類の因子（3・4・5・11・14・

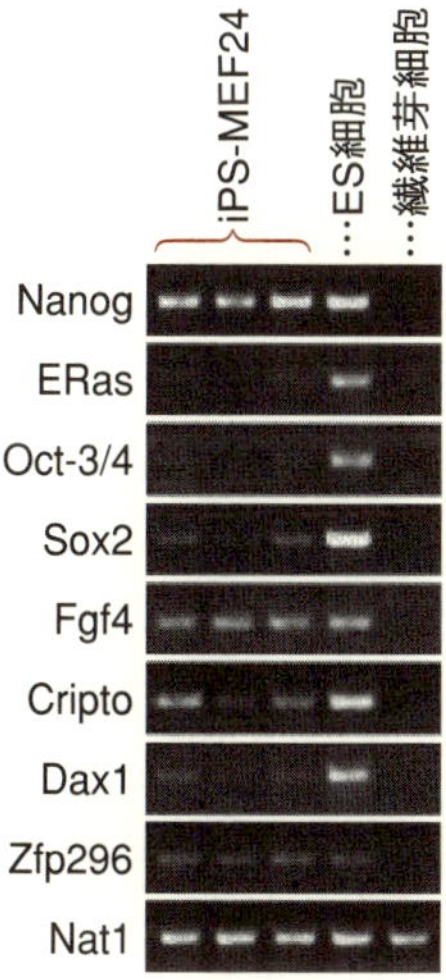

図1-32
ES細胞に特徴的な遺伝子がiPS-MEF24に含まれることの確認

遺伝子を薬品で分解し種類ごとに分けて目で見えるようにしたもの。左側のアルファベットは遺伝子の名称。ES細胞と書かれた場所を縦方向に見ると、それぞれの遺伝子に白いバンドがあり、これがES細胞にこれらの遺伝子が含まれていることを示している。繊維芽細胞にはNat1しかバンドがないが、iPS-MEF24にはES細胞に含まれる遺伝子すべてが含まれていることがわかる。なお、Nat1は実験がうまくいっている証拠となるバンドでES細胞に特徴的なものではない。

Title: Induction of Pluripotent Stem Cells from Mouse Embryonic and Adult Fibroblast Cultures by Defined Factors
Author: Kazutoshi Takahashi and Shinya Yamanaka
Publication: Cell
Publisher: Elsevier Limited
Date: 25 August 2006

15・18・20・21・22番）をそれぞれ除いたときに、細胞が抗生物質で死んでしまうことがわかりました（図1‐33）。つまり、繊維芽細胞のES細胞化に関与している因子を10個にまで一気に絞り込むことができました。

そこで、この10種類の因子を混合して繊維芽細胞に導入し、iPS‐MEF24との比較を行いました。すると、24個の因子を導入するよりもよりES細胞の特性がより強化されることがわかりました（図1‐34）。

因子をさらに絞り込むために、10個の因子から再び一つずつ因子を除去して抗生物質抵抗性を調べました。その結果、14・15・20番の因子を除去するとES細胞に変化せず、また22番の因子を除くとES細胞特有のお椀を伏せたような細胞ではなく、平らで形態が異なる細胞になって

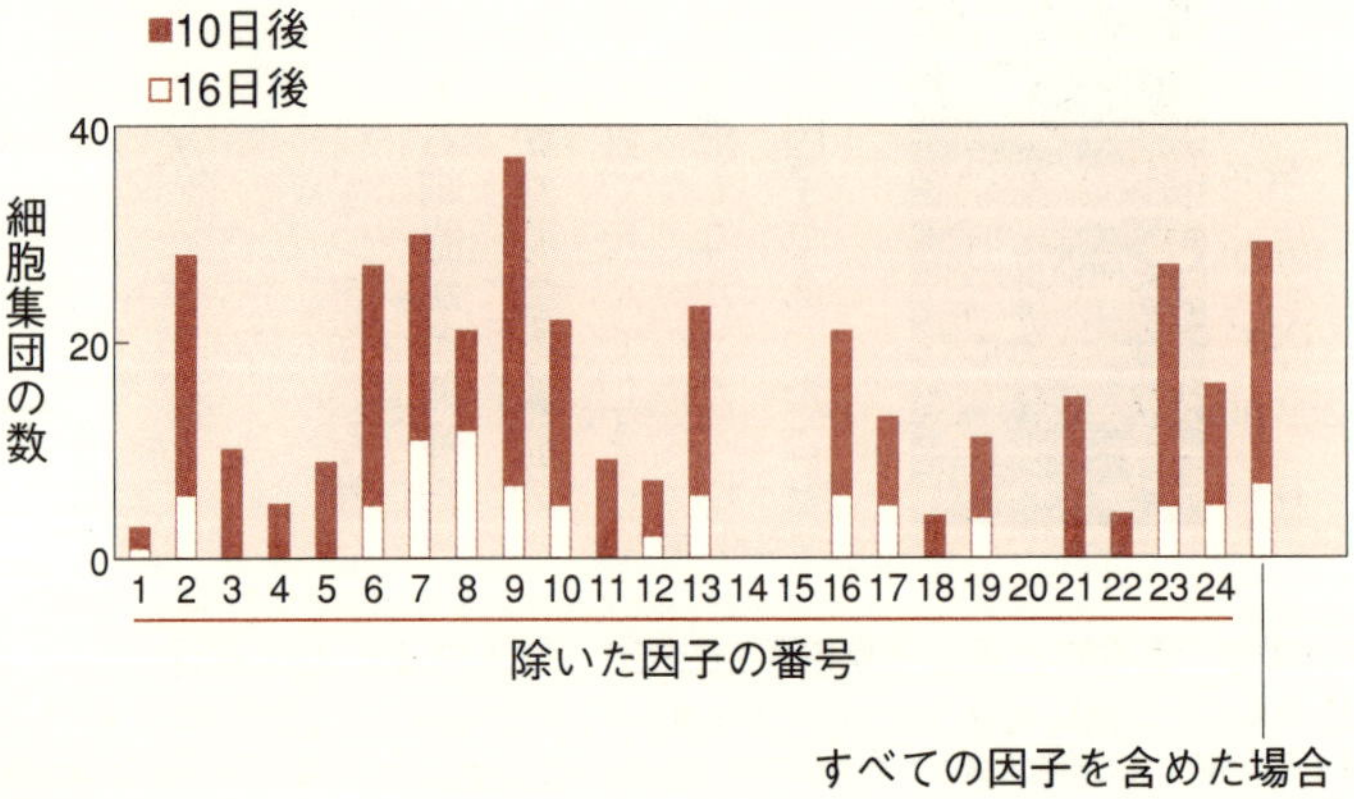

図1-33

24種類の因子の中から1種類だけを除き、残りの23種類でiPS細胞の樹立を試みた結果

棒グラフが右端と同じ高さであれば、その根元の番号の因子は不要ということになる。

Title: Induction of Pluripotent Stem Cells from Mouse Embryonic and Adult Fibroblast Cultures by Defined Factors
Author: Kazutoshi Takahashi and Shinya Yamanaka
Publication: Cell
Publisher: Elsevier Limited
Date: 25 August 2006

いることがわかりました（図1-35）。これらの番号と因子の名称は次のようになっています。

14番……Oct-3/4
15番……Sox2
20番……Klf4
22番……c-Myc

これら4つの因子が混合して導入された場合の効果を確認するために、

(1) 4つの因子を全て導入
(2) 4つのうち一つだけを除いて導入
(3) 4つのうち二つを導入

以上3通りの因子の組み合わせで繊維芽細胞に因子を組み込み、10種類全てを導入した繊維芽細胞と比較を行いました。その結果、4つの因子が全て揃っている場合が最も良好で、因子が一つでも欠けると機能が低下し、因子を二つだけ選び出して導入した場合は全く活性がないことが確認されま

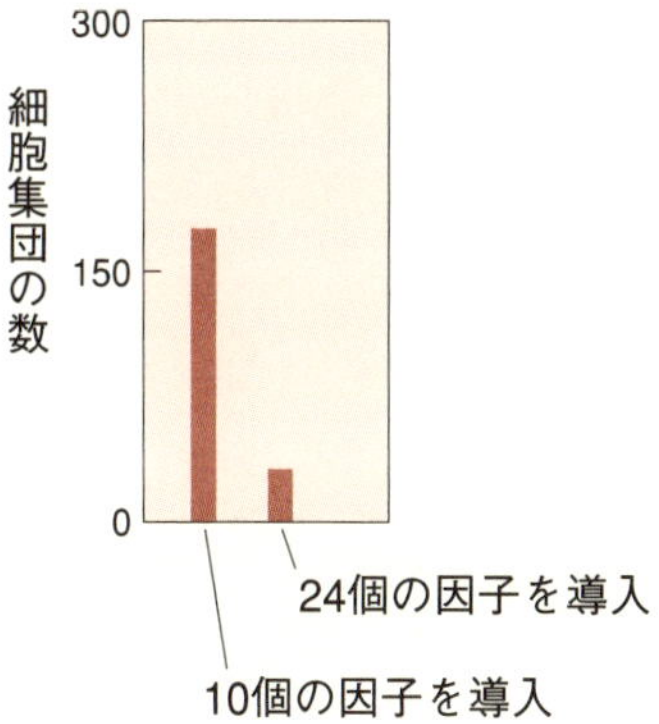

図1-34
10個の因子の効果
選び出された10個の因子をまとめて導入した場合と、もともとの24種類をすべて組み込んだ場合を比較した。

した（図1-36）。また、c-Mycを除くと見た目がES細胞と異なるものになることも確認されました。またSox2を除いて培養した細胞を顕微鏡で観察すると、本来なめらかな表面の細胞になるはずのものがケバだったようなでこぼこした表面の細胞になることが確認され、これら4つの因子はどれ一つとして欠けてはならないことも確認されました。

さらに、できあがった細胞についてどのような遺伝子が機能しているかに関する網羅的な解析を行ったところ、得られた細胞はもとの繊維芽細胞の性質ではなく、ES細胞の性質になっていることも確認されました。

最後に、この細胞が動物の体内でどのような挙動をとるかを確認するために、細胞をマウスの皮下に移植したところ、神経や軟骨、上皮細胞、筋肉、消化管などの特徴を持つ細胞のかたまりであるテラトーマ（奇形腫）を形成しました。この実験は、細胞が多能性を

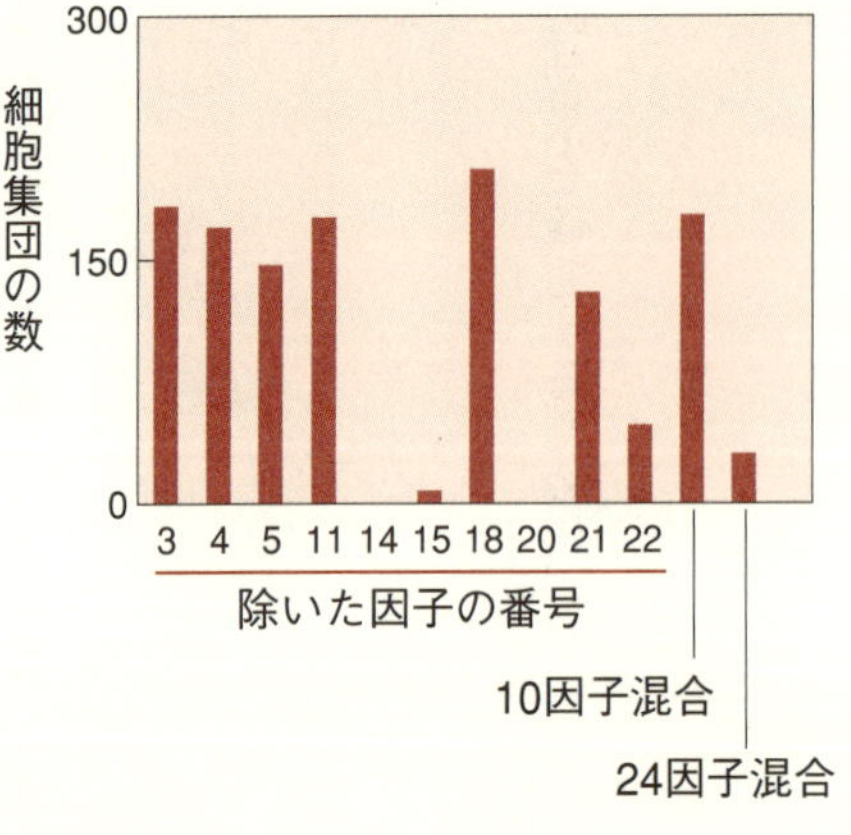

図1-35
10種類の中からさらに1種類ずつを除去して確認

14, 15, 20番の因子を除去するとES細胞に変化せず、22番を除去するとES細胞に変化するが形状が異なっていた。

ELSEVIER
Title: Induction of Pluripotent Stem Cells from Mouse Embryonic and Adult Fibroblast Cultures by Defined Factors
Author: Kazutoshi Takahashi and Shinya Yamanaka
Publication: Cell
Publisher: Elsevier Limited
Date: 25 August 2006

● **c-Mycを除くと見た目がES細胞と異なる**
後の報告で、c-Mycは培養条件を改良した場合、むしろ除いた方が質のよいiPS細胞ができることがわかっている（詳しくは108ページ参照）。

持つかどうかの指標とすることができる実験です。また、栄養液の中で細胞を培養し、細胞の機能を確認する際によく行われる染色法で確認した結果、細胞は様々な臓器の細胞に分化する能力を持っていることが確認されました。さらに、マウスを用いて仔マウスの誕生に関する実験が行われました。

得られた細胞をマウスの胚盤胞に注入し、仮親の子宮に戻し成長させた結果、移植された胚盤胞の受精から数えて13・5日目の胎児においてキメラになっていることが確認されました。ただし、この胎児は誕生しませんでした。このような特徴を持つiPS細胞を、特に「Fbx15‐iPS細胞」と呼びます。

今回の一連の研究によって、ついに！　多能性を失った繊維芽細胞をリセットし万能細胞に変化させる因子「Oct‐3/4」「Sox2」「c‐Myc」「Klf4」を解明したのです。

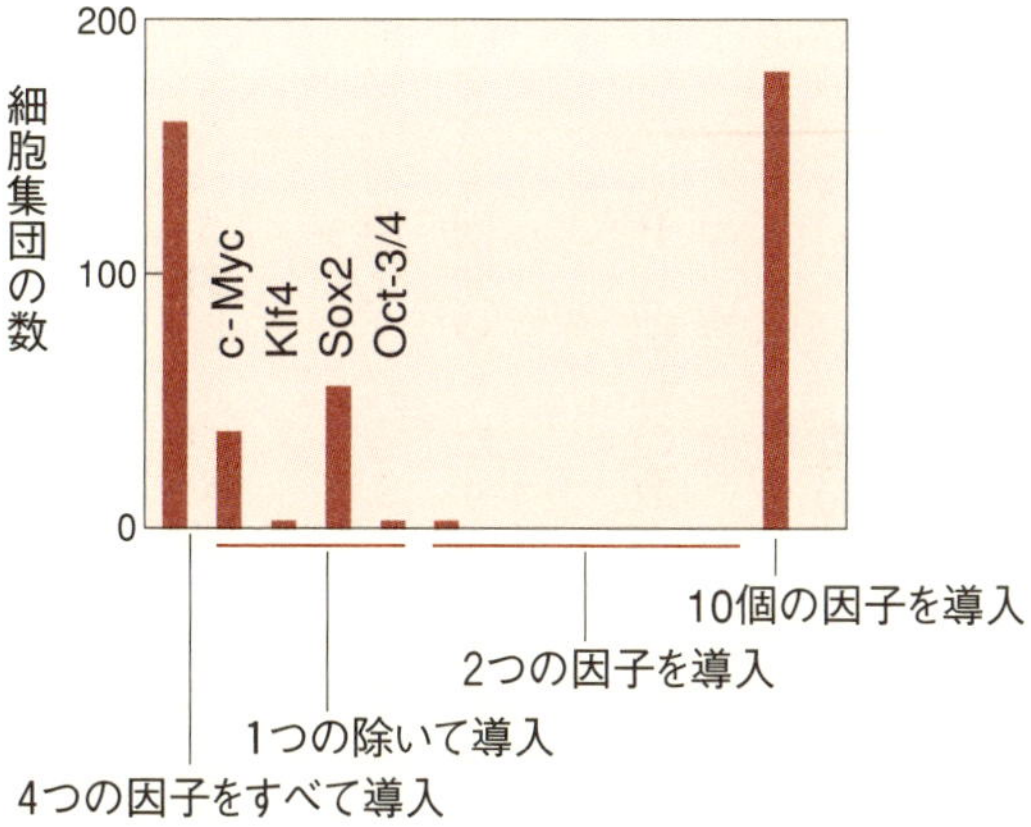

図1-36

最終的に選び出された4つの因子の効果を確認

4つの因子が全て揃っている場合は良好。因子が1つでも欠けると機能が低下し、2つだけ選び出して導入した場合は活性がなくなった。

Title: Induction of Pluripotent Stem Cells from Mouse Embryonic and Adult Fibroblast Cultures by Defined Factors
Author: Kazutoshi Takahashi and Shinya Yamanaka
Publication: Cell
Publisher: Elsevier Limited
Date: 25 August 2006

因子解明後にもなお残る疑問……

ただし、今回のマウスによる成功においても、いくつかの疑問点や解決すべき問題が残っています。それらは例えば、

(1)ＥＳ細胞と体細胞の細胞融合によっても体細胞が初期化されることがすでにわかっているが、このプロセスで機能している因子と今回発見した4つの因子が同じものなのかどうか。

(2)もともとの繊維芽細胞の数に対し、できあがったｉＰＳ細胞の数が少ない、つまり成功率が０・１％未満と非常に低い。

(3)Ｆｂｘ15－ｉＰＳ細胞とＥＳ細胞では機能している遺伝子や、遺伝子の構造的修飾に違いがある。

(4)Ｆｂｘ15－ｉＰＳ細胞からキメラ胎児が生じることは確認されたが、大人マウスにならなかった。

などが挙げられます。

ｉＰＳ細胞への転換効率については、今後臨床試験などを行うにあたっての障壁にはならないと研究者らは述べていますが、この点を解決することによってより効率の

よい iPS細胞の生産につながり、治療の成功率を高める、要する期間を短縮する、費用を下げるなどの効果が期待されます。効率が低い点に関して考えられる理由としては、原著の筆者らは次の二つをあげています。

一つは、導入する4つの因子は、それらがベストなコンディションで機能するための最適な濃度の範囲があり、しかもそれが非常に狭い範囲に限定されている可能性です。この点については、ES細胞の多能性に関する研究でOct-3/4にはそれが細胞に多能性を与えるために最適な濃度があることがすでにわかっており、しかも、その濃度から50％上下すると、その効果に影響が出ることがわかっています。そこで、未だ解明できてはいないものの、iPS細胞への転換についても、それと同様に効率が高まる濃度域が存在する可能性です。現在の研究ではその最適値に実験系が設定されていないため、たまたま周辺の環境が適値となったわずかな細胞だけがiPS細胞に変化している可能性があります。

もう一つの可能性は、iPS細胞に変化させるためには4つの因子の導入だけではなく、さらに何らかの染色体の変化が必要なのではないかという点です。これらのことを総合して考えると、Fbx15-iPS細胞の初期化は、実は部分的なものなのではないかと考えられました。

1-11 Fbx15-iPS細胞からNanog-iPS細胞への展開

Fbx15-iPS細胞では遺伝子の初期化が部分的である可能性があったため、研究者らはこの点の改良に取り組みました。遺伝子初期化に関連する因子はすでに4つが確認されていましたので、実験手法の改良は遺伝子を組み込んだ膨大な数の細胞から多能性を獲得したiPS細胞を選び出す段階に焦点が当てられました。

新たな方法では、Fbx15にかわってNanogと名付けられた遺伝子の領域に注目し、ここに抗生物質ピューロマイシンに対する抵抗性を細胞に付与する遺伝子を組み込みました。

Nanog遺伝子から作られるタンパク質は、ES細胞および子宮内の胚盤胞から胎児形成期にかけて、その多能性を維持するために必ず必要な因子であることがわかっています。したがって、Fbx15よりもNanogの方が、より多能性細胞を正確に絞り込むことができると推測されました。

このようにして選び出したNanog-iPS細胞は、機能している遺伝子の種類がFbx15-iPS細胞よりも抜群にES細胞に近いことが確認され、さらに、Fbx15

・iPS細胞では成功しなかったiPS細胞由来の臓器細胞を持つ大人のキメラマウスを育て上げることに成功し、そのマウスは子供を産むこともできました。

以上の研究成果は、たった4つの遺伝子をレトロウイルスを使ったよく知られた方法で普通に組み込むだけでiPS細胞になるという、驚くべきシンプルな試験系による成果でしたので、当然多くの研究者によって追試が行われました。そして、米国ホワイトヘッド生物医学研究所（マサチューセッツ州ケンブリッジ）、ハーバード幹細胞研究所、カリフォルニア大学ロサンゼルス校などの研究チームが相次いで追試に成功[6]し、iPS細胞はさらなる研究を続けるに値する重要な研究成果であると認識されました。

⑥Nature Vol.447, pp.618-619, /7, June, (2007)

1-12 iPS細胞作成の鍵となる転写因子

iPS細胞の作成においてしばしば登場する転写因子とは、ゲノムDNAの暗号をmRNA（メッセンジャーRNA）にコピーする作業に関わるタンパク質です。mRNAへのコピーは、生物の設計図であるDNAから生物を構成するために必要なタンパク質を作り出す一連のプロセスのうち、最初に行われる作業です。タンパク質を作るプロセスは細胞質で行われますが、設計図であるDNAは核の中に折りたたまれて収納されています。そこで、核の中でDNAを鋳型にしてmRNA、つまり設計図のコピーを作り、それが細胞質に移動してタンパク質合成が行われます（図1-37）。そして不要になった設計図は分解処分されます。

複雑に入り組んだ建物の建設現場でも、その設計図が保存されたコンピューターを雨ざらし日ざらしの工事現場で大勢の職人さんが寄ってたかって使用しては、いつかはコンピューターは壊れてしまい設計図が読み出せなくなって建物は造れなくなってしまうかもしれません。そのために、設計図のあるコンピューターは環境の整った部屋に置いておき、それぞれの職人さんが必要な設計図をプリントアウトして持ち出せば設計図は安全ですし、設計図が雨で汚れてももう一度プリントアウトすればまっさらな設計図を再び使うことができます。生物の細胞はこれと同様の非常に理にかなった緻密な方法を進化の過程で身につけているのです。

さて、転写因子とは核の中でＤＮＡにある決まった法則に従って結合するタンパク質の一群のことで、人間の場合は約１８００種類が知られています。転写因子はＤＮＡからｍＲＮＡへ設計図を転写する際の制御を行って、転写を促進したり抑制したりします。

このメカニズムを、わかりやすく先述の建設現場に置き換えてみます。建設現

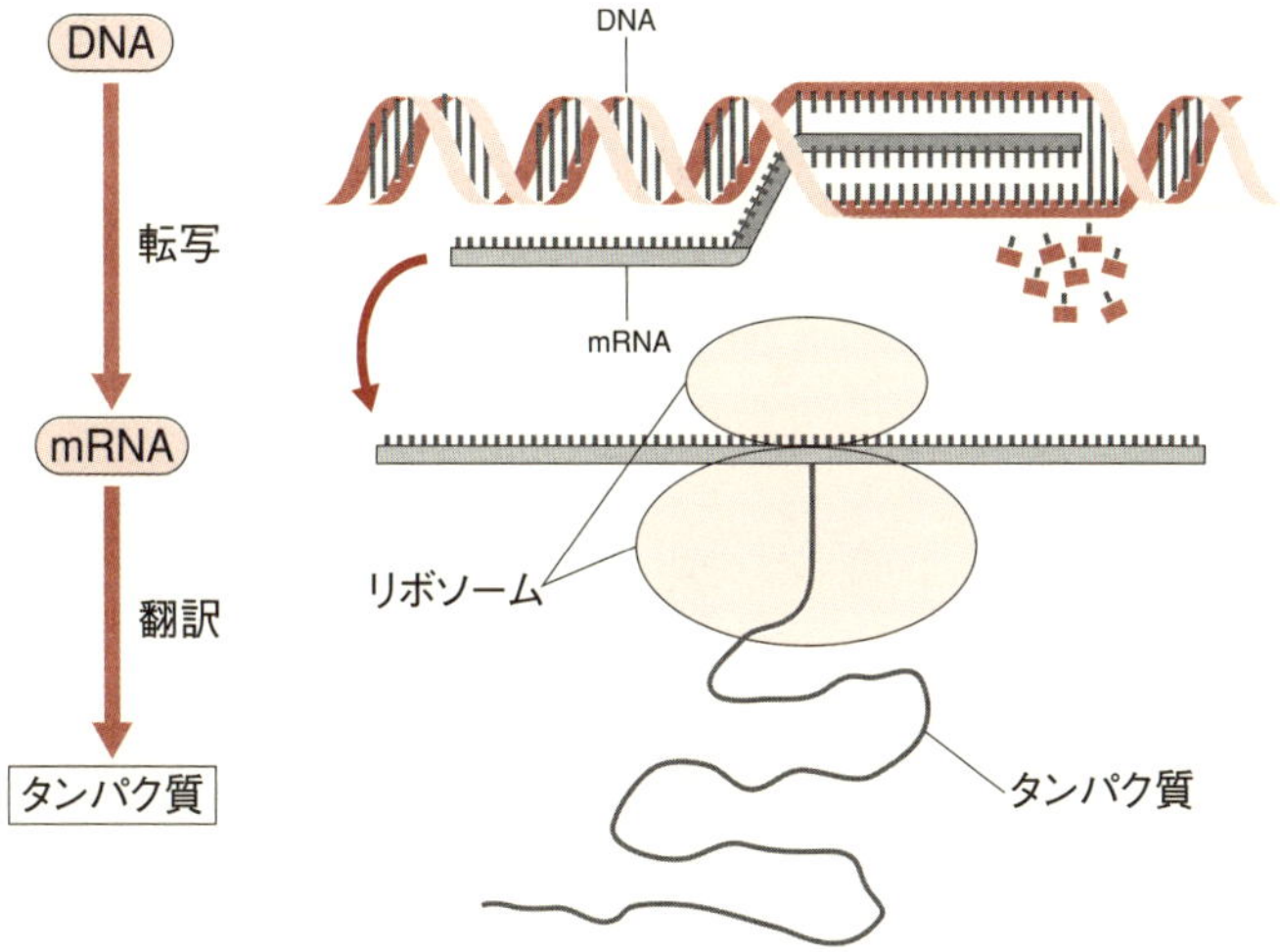

図1-37
DNAからタンパク質を作るプロセス
生物の遺伝情報は、細胞の核内のDNAからmRNAへいったん転写され、それが細胞質にあるリボソームに運ばれ、タンパク質へ翻訳されることで機能する。

場には、コンピューターからの図面の読み出しを管理して、一人ひとりの職人さんにその日の作業内容にあった設計図を必要な枚数だけプリントアウトする係のような人がいます。仮にこの人の名前を〝ケントさん〟と仮定しましょう。

ケントさんは工事現場全体の作業の進捗状況やトラブルの発生状況を把握しており、現場担当者は毎日ケントさんの所に、その日に自分が行う作業に関する設計図をもらいに来ます。ケントさんの指示は絶対ですので、現場担当者は渡された図面に忠実に従った仕事をします。ビルが3階までできていれば、ケントさんは4階の図面を渡します。

ところがある日、ケントさんは二日酔いで現場に出てしまい、現場担当者全員に作業1日目の地ならしの図面を配ってしまいました。現場担当者はケントさんに忠実ですので、その日は4階までできていたビルを地ならしして、明日からどのようなビルでもできるような更地を作ってしまいました。

この例では、〝転写因子〟はケントさん、〝分化した体細胞〟は4階建てのビル、〝iPS細胞〟は更地ということになります。

ケントさんがどう働くかでビルになるか更地になるかが決まるように、転写因子がどのように行動するかは生物に非常に大きな影響を与えます。1個の受精卵が正しく細胞分裂しながら成長する過程も、転写因子によって制御されています。転写因子はタンパク質ですので、転写因子自身の設計図も染色体にあります。そのため、オス特有のY染色体に存在する転写因子は性別の決定にも大きく関わっています。また、立派に成長した後も、周辺の環境の変化などによって、これまであまり使っていなかったようなタンパク質が必要になったような場合には、転写因子によってその合成がコントロールされ、生物が周辺環境へ適合するプロセスにおいても大きな役目を担っています（図1-38）。

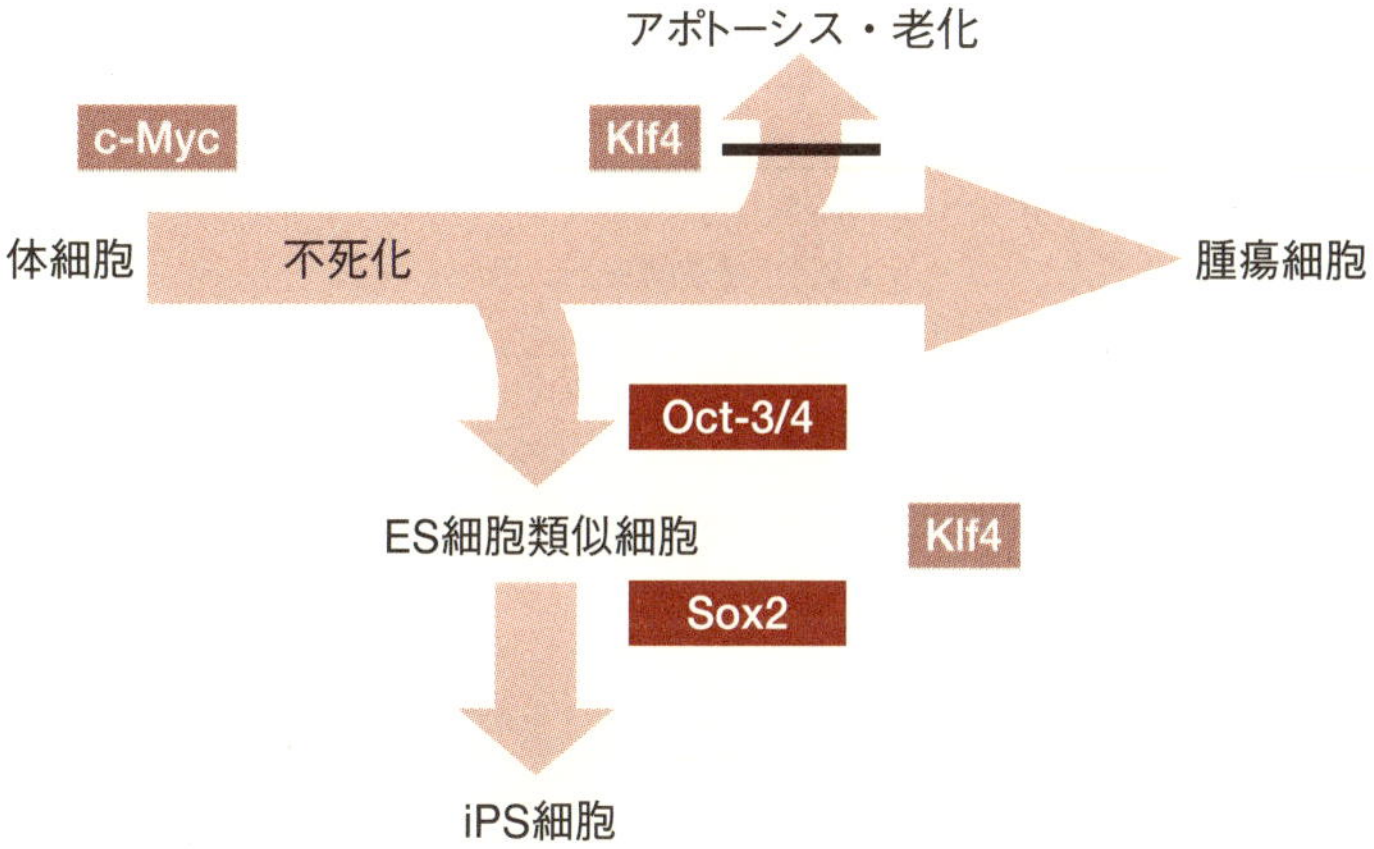

図1-38
4つの因子の役割

「おいおい、ちょっと待て」というのが仕事のOct-3/4

マウス・iPS細胞の作成で重要な役割を担った転写因子「Oct-3/4」は、ES細胞の他、受精卵や内部細胞塊のような組織細胞に変化する前の細胞で、特徴的に機能している遺伝子です。マウスES細胞での研究によると、細胞を未分化の状態で維持する役目を担っているようです。

iPS細胞は、実験動物の皮膚に移植するとテラトーマを容易に形成することからもわかるとおり、臓器細胞になりたくてなりたくて仕方ないようです。でも、それを「いやいや、ちょっと待て、今の姿のままで待っていろ」と指示する役目

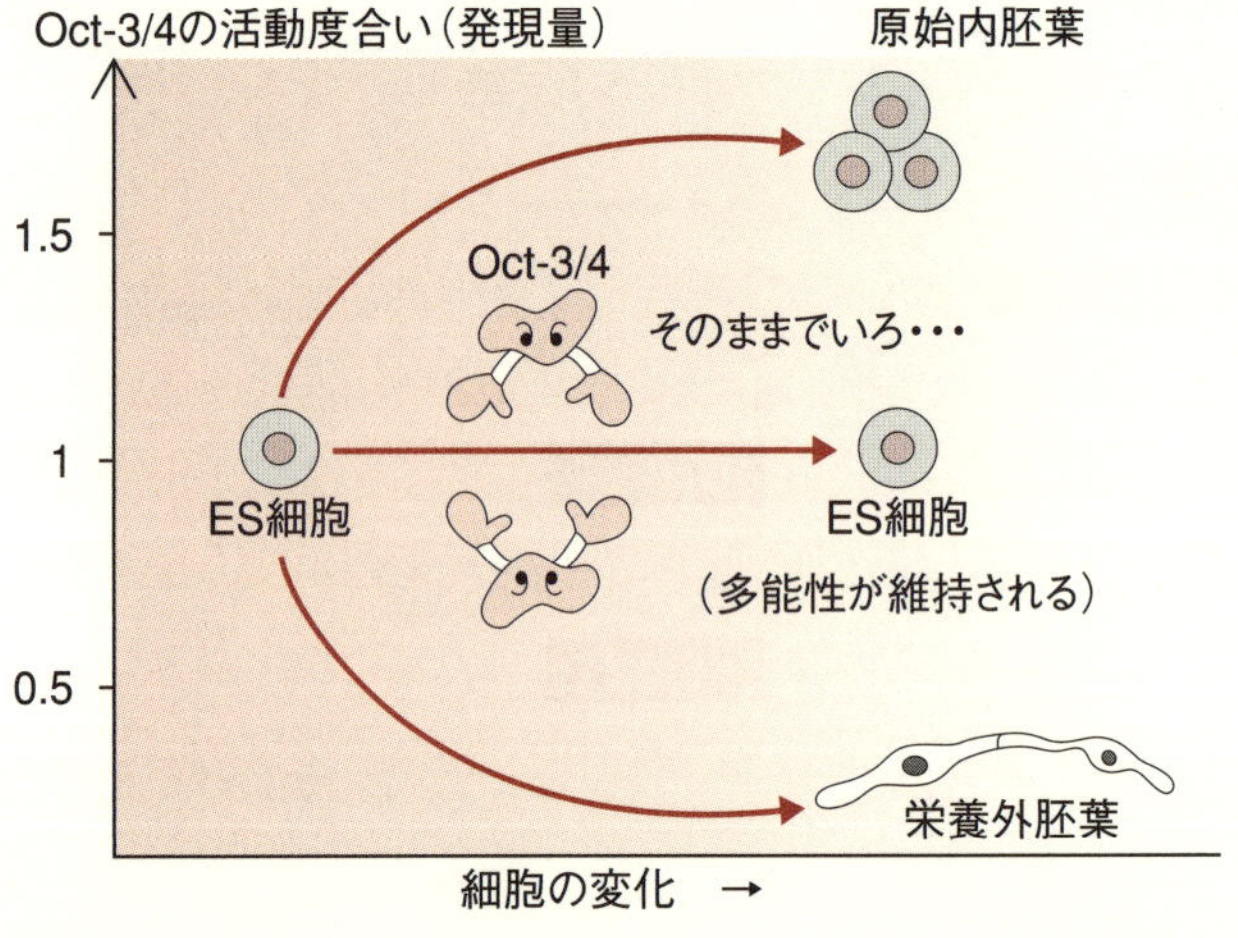

図1-39
Oct-3/4の活動度合と多能性の維持
Oct-3/4の発現量は、ちょうど良い範囲から外れるとES細胞の多能性を維持できない。

を担っているのがＯｃｔ－３／４だといえます。

臓器の細胞に変化する前のＥＳ細胞では、Ｏｃｔ－３／４の存在量が厳密にコントロールされていて、かつそれは多くても少なくてもだめで、もしその機能の活動度が通常量の１・５倍、または半分に変化すると、ＥＳ細胞は臓器細胞へと変化を開始することがわかっています（図１－39）。多能性幹細胞を試験管内で増殖させる際にも、Ｏｃｔ－３／４がどの程度活性化されているのかが成功率や維持の可能性に大きく影響を及ぼす可能性があります。

内部細胞塊の形成に必要なＳｏｘ２

「Ｓｏｘ２」も多能性を決定する重要な転写因子です。

Ｏｃｔ－３／４とＳｏｘ２は相互作用しながら多能性に関与する遺伝子の活性を高め、細胞の分化に関与する遺伝子のレベルを下げて分化を抑制することが、マウスとヒトのｉＰＳ細胞において確認されています。けれど、すでに分化してしまった細胞においてはＤＮＡのメチル化などが障害となって、Ｏｃｔ－３／４もＳｏｘ２も本来のターゲットとしているＤＮＡに結合することができません。

ここで推測されるのが、「ｃ－Ｍｙｃ」と「Ｋｌｆ４」が何らかの作用をすることによってＯｃｔ‐３／４とＳｏｘ２がＤＮＡに結合することができるようになる、というメカニズムの存在です。

Ｏｃｔ‐３／４は、内部細胞塊や生殖細胞などの多能性持つ細胞でのみ活性化している因子です。Ｏｃｔ‐３／４とＳｏｘ２の遺伝子を機能しない状態に改変したマウスでの実験などから、Ｏｃｔ‐３／４は胎盤や臍帯のもととなる栄養外胚葉への分化を抑制し、Ｓｏｘ２は栄養外胚葉を含む複数の細胞種への分化を抑制していることが確認され、同時に多能性幹細胞に特異的な遺伝子を転写活性化すると推測されています。また、Ｓｏｘ２は内部細胞塊や生殖細胞の他、神経幹細胞にも存在していることがわかっています。

Ｓｏｘ２が生命の発生に必須であることは、Ｓｏｘ２遺伝子を破壊したマウスは胚性致死が起きることから確認されていますが、条件設定次第ではＳｏｘ２無しでマウスが発生する実験に成功した例もあります（写真１‐40）。マウスＥＳ細胞をモデルにした研究でも、Ｓｏｘ２は多能性の維持に必ずしも必要

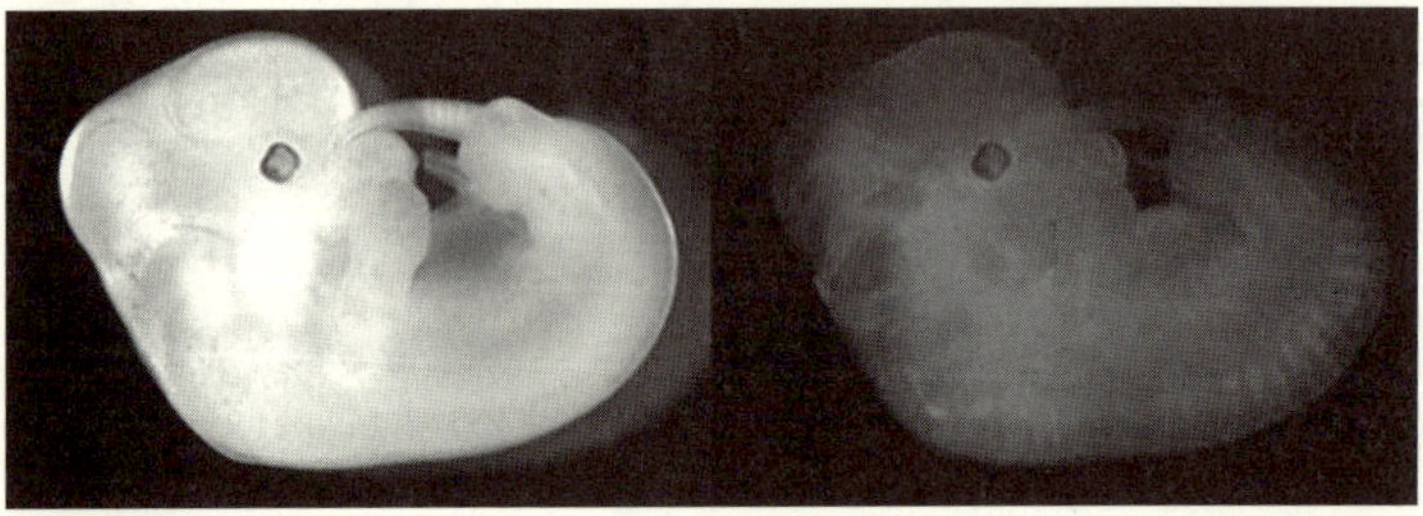

写真1-40
Sox2欠損＋Oct-3/4発現のES細胞から作成したキメラマウス

Sox2欠損による分化多能性の喪失は、Oct-3/4の発現によって補填されることがわかっている。左右の写真はともにSox2欠損Oct-3/4発現、左の写真はわかりやすいように蛍光を発する細工をしたES細胞を導入して作成したキメラマウス胚。
ES細胞が、内・中・外胚葉の全てに由来する組織に分化（蛍光）していることから、多分化能が維持されていることが分かる。
（提供＝独立行政法人 理化学研究所）

ではないことも明らかになっていて、このことは、Ｓｏｘ2を失っても他のＳｏｘ因子がその機能を補償している可能性を示唆しています。

それにも関わらず、ｉＰＳ細胞作成の必須因子に含まれていることからわかるとおり、不思議なことにＳｏｘ2を失うと多能性も失われてしまいます。

よくよく調べてみると、Ｓｏｘ2が機能しなくなるとＯｃｔ‐3／4の発現を抑制する遺伝子や、ＥＳ細胞を分化に導く遺伝子が活性化していることが発見されました。これらの結果は、Ｓｏｘ2がＯｃｔ‐3／4とは逆方向に発現維持と分化誘導遺伝子の抑制役として機能していることを示唆しています。このことは、Ｏｃｔ‐3／4を発現させたＥＳ細胞でＳｏｘ2を欠損させてもＥＳ細胞の多能性が維持される実験で確認されます。Ｓｏｘ2欠損はＯｃｔ‐3／4の人為的活性化によって相殺されるという結果は、Ｓｏｘ2がＯｃｔ‐3／4の発現維持に機能しているという予測を強く支持しています。また、Ｏｃｔ‐3／4を欠損した胚は胚盤胞までは成長するものの子宮の中で死ぬこともわかっています。それに加えて、ＥＳ細胞はＯｃｔ‐3／4やＳｏｘ2を欠損した内部細胞塊から作ることはできません。

細胞の未分化とガン化を司るＫｌｆ４

「Ｋｌｆ４」は、未分化のｉＰＳ細胞の他、皮膚、腸管、精巣など細胞を大量に作る必要がある組織で機能している因子です。

Ｋｌｆ４はｉＰＳ細胞が未分化の状態を維持するために必要であると考えられていて、細胞の増殖に関しては、ガン化を抑制する作用と促進する作用の両面を持っているとされています。この制御は、Ｏｃｔ‐３／４、Ｓｏｘ２と密接に制御が絡み合っていることが報告されています。

細胞を死なないようにするｃ‐Ｍｙｃ

「ｃ‐Ｍｙｃ」はガン遺伝子で、全身の細胞に存在しています。ｃ‐Ｍｙｃタンパク質の量が増えることは細胞の成長・増殖や不死化に関係⑦しています。したがってｃ‐Ｍｙｃの機能を低下させることは、ガンとは反対の細胞死（アポトーシス）を誘導する可能性があります。そこで人間の細胞の実験としてよく使われるＨｅＬａと名付けられた細胞にｃ‐Ｍｙｃ遺伝子からタンパク質を作る最初の転写段階を抑制する因子を遺伝子導入したところ、予測したとおりにアポトーシスが誘導されることがわかりました。

●アポトーシス
細胞のプログラム死。細胞は誕生するばかりでなく、死ぬタイミングもプログラムされていて、体を正常に保つ役割をしている。

⑦http://coe.m.chiba-u.jp/pdf/18.pdf

ところが、文献的にはc‐Mycが増加しても減少してもアポトーシスが誘導されるという相反する報告が認められています。例えば、増殖している細胞の中でc‐Mycを強制発現させたりするとアポトーシスが誘導されます。反対に、グルココルチコイドなどの化学物質でc‐Mycを妨害してもアポトーシスが誘導されます。生物がもともと持っている内因性c‐Mycを発現抑制することでHeLa細胞にアポトーシスを誘導できたことは、c‐Mycが細胞のアポトーシスを回避し、細胞増殖に深く関わっていることを示唆しています。

iPS細胞を作り出す際にはKlf4とc‐Mycが作用する環境においてOct‐3／4とSox2が必須で、もしこの両者が存在しない場合にはc‐MycとKlf4は細胞を単にガン化させるのみで多能性を獲得することがありません。そのため、現時点でガン細胞からES細胞やiPS細胞を作り出すことには成功しておらず、ここには逆回転させることができない時計があるのかもしれません。

多能性と細胞の複製能力の維持に関しては近年精力的に研究が進められていて、多くの関連する遺伝子がネットワーク状に相互作用しながら働いていることがわかってきていますが、未だにその全貌はつかめていません。

多能性幹細胞を維持していることに関わっている遺伝子は、iPS細胞の作成に必要な因子以外に、細胞内部でもともと眠っていた遺伝子の再活性化が広範に起きていることが確認されていますが、それらの遺伝子のほとんどは役割がわかっていないものばかりです。多能性の維持と同様に内部細胞塊が多能性を失って様々な組織の細胞に分化していくメカニズムについても同様にほとんどわかっていません。

これらの謎が今後少しずつ解明されるにつれて、生命発生の神秘が解き明かされることが期待されます。

1-13 ヒト由来細胞からiPS作成に成功

ヒトiPS細胞の作成は、マウスiPS細胞の作成に成功した京都大学の山中教授らが成し遂げました。

まず、マウスですでに確認されていた繊維芽細胞をiPS細胞へ初期化する4つの因子（ただし、当然今回はそれぞれヒト由来）「Oct－3／4」「Sox2」「Klf4」「c－Myc」をレトロウイルスに組み込み、市販ヒト皮膚繊維芽細胞に導入しました。6日間培養した細胞を抗生物質であるマイトマイシンC存在状態での培養に切り替え、さらに翌日、ヒトES細胞培養用の栄養液に移し替えて培養を続けたところ、25日目頃にヒトES細胞に似ている細胞のかたまりが出現したということです。

5万個の繊維芽細胞を培養して得られたヒトES細胞のかたまりは、10個以下でした。一方、この細胞のかたまりの出現に先立ってES細胞には似ていないぶつぶつした見慣れない細胞のかたまりも100個程度出現していました。

ES細胞に似た細胞のかたまりの収率を高めるために、培養を開始する繊維芽細胞の量を10倍の50万個にしたところ、このぶつぶつした細胞のかたまりは30日目には300個以上のかたまりとなって、ほぼ培養液を覆い尽くすほどになっていました。この条件では、抗生物質存在下で目的とする細胞よりも早く増殖するこの細胞に妨害されて、ヒトES細胞に似た形態の細胞を採取することは困難な状態でした。

細胞数を5万個から培養した後に取り出した細胞の形や性質は、ヒトES細胞によく似ていましたので、これはヒトES細胞と考えて間違いないだろうと思われました。

そこで、この細胞でどのような遺伝子が機能しているのかを調べたところ、すでに報

● **マイトマイシンC**
抗悪性腫瘍剤（抗ガン剤）の一つ。白血病やガンなど悪性腫瘍の治療に用いられる。

告されているヒトES細胞の指標になる遺伝子群の多くを確認することができました(図1-41)。また、ヒトiPS細胞の網羅的な遺伝子解析の結果をヒトES細胞と比較すると両者は同一ではないものの非常によく似ていました(図1-42)。

参照できなくなった設計図の復活

ところで、DNAはメチル化と呼ばれる反応を受けることがあります。DNAのメチル化は近年いくつかの遺伝的要因による疾患の原因であることがわかってきていて、

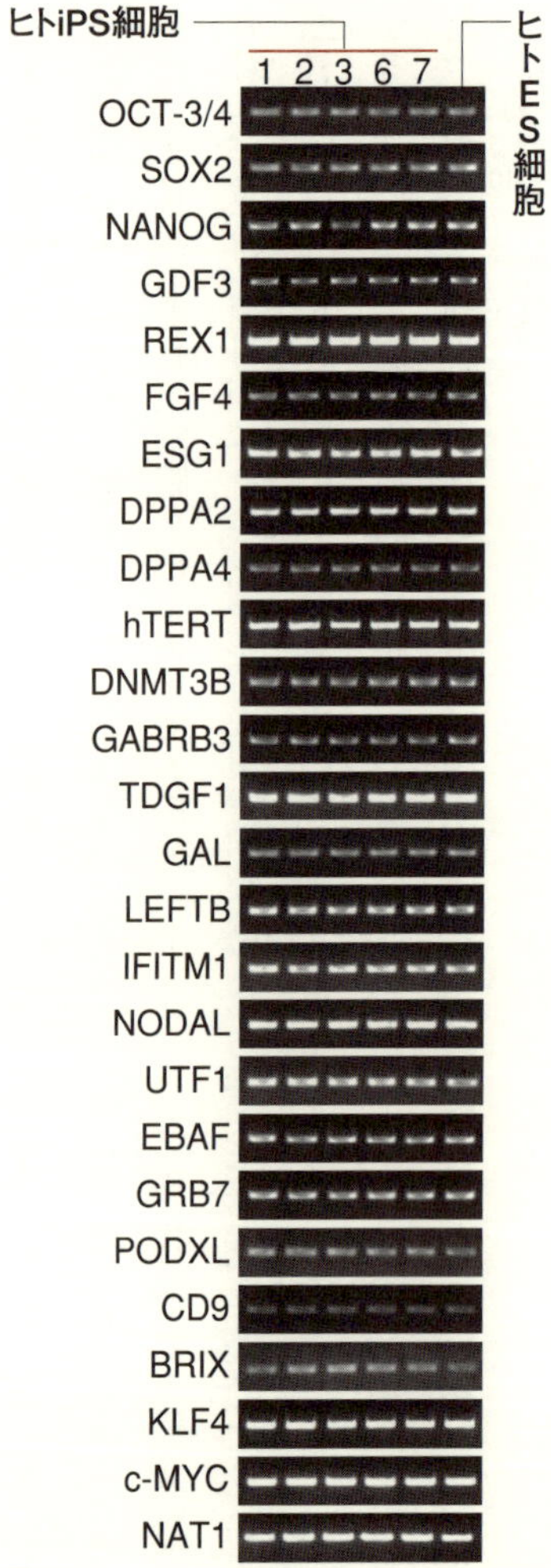

図1-41
ヒトES細胞に特徴的な遺伝子と新たに採取された細胞の遺伝子の比較

左の列に列挙してあるアルファベットはヒトES細胞に特徴的な遺伝子の名称。白いバンドがあるのはその遺伝子が存在していることを意味しており、両者のパターンが一致していることがわかる。

Title: Induction of Pluripotent Stem Cells from Adult Human Fibroblasts by Defined Factors
Author: Kazutoshi Takahashi, Koji Tanabe, Mari Ohnuki, Megumi Narita, Tomoko Ichisaka, Kiichiro Tomoda and Shinya Yamanaka
Publication: Cell
Publisher: Elsevier Limited
Date: 30 November 2007

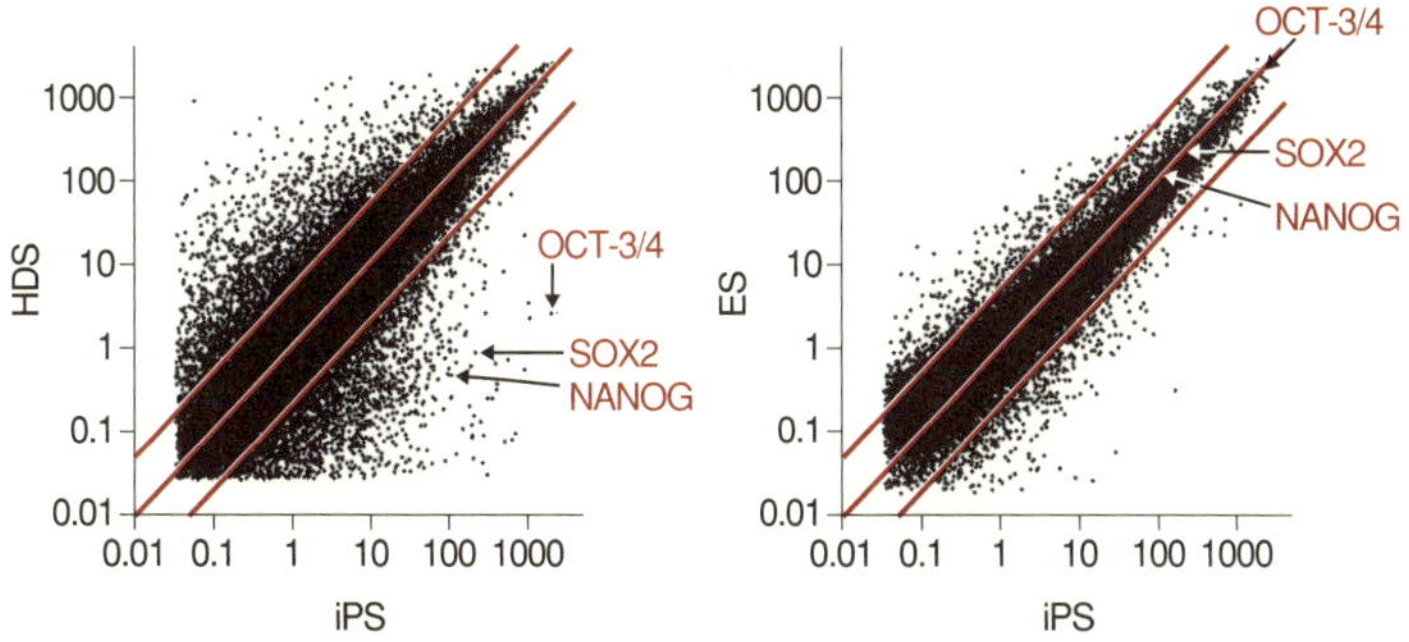

図1-42

ヒトiPS細胞、ヒト繊維芽細胞、ヒトES細胞の遺伝子発現量の比較

左：ヒトiPS細胞とヒト繊維芽細胞　右：ヒトiPS細胞とヒトES細胞

それぞれの細胞のペアに共通で機能している遺伝子1個ずつについて網羅的にその機能の度合い（発現量）を調べ、横軸にヒトiPS細胞での発現量、縦軸にそれぞれのペアの細胞の発現量を対数目盛で軸を取り比較したもの。

両者の発現量が同じならば、対角線に引かれた線の上に点が乗る。対角線の上下に外れた2本の線は、完全な一致と比較して5倍の差がある線を意味しており、この線より上または下に外れている場合は両者に5倍以上の違いがあり、明らかに異なるものであると判断できる。

ES細胞に特徴的なOct-3/4、Sox2、Nanogの3つについてみると、ヒト繊維芽細胞との比較ではいずれも5倍の線より下に点があるため、ヒト繊維芽細胞とiPS細胞は異なるものであることがわかる。一方、ヒトES細胞との比較では3つの遺伝子は対角線の線上にあり、両者は同じ性質を持つものといえる。

iPS細胞であっても、繊維芽細胞であっても細胞が生きていくために必要な遺伝子はほとんど共通しているので、多くの点が対角線に近い場所にあるが、前述の3つのような特徴的な遺伝子についてみると、iPS細胞とES細胞が同じであることは明らか。また、iPS細胞で重要な役目を担う因子は繊維芽細胞にも含まれていることがわかる。しかし、対角線のグラフよりもずいぶん下の方にあるため、遺伝子はあるけれどもほとんど機能していないこともわかる。

Title: Induction of Pluripotent Stem Cells from Adult Human Fibroblasts by Defined Factors
Author: Kazutoshi Takahashi, Koji Tanabe, Mari Ohnuki, Megumi Narita, Tomoko Ichisaka, Kiichiro Tomoda and Shinya Yamanaka
Publication: Cell
Publisher: Elsevier Limited
Date: 30 November 2007

ＤＮＡがメチル化されると設計図のコピー中にそこで引っかかってしまい、該当部分に記録されている設計図が活用できなくなります。

ヒトｉＰＳ細胞のＤＮＡにおいて、細胞の多能性に関与している領域のメチル化の程度が調べられました。具体的にはこれまで何度も登場している、Ｏｃｔ－３／４、ＮａｎｏｇやＲｅｘ１と呼ばれる遺伝子です。その結果、これらの多能性関連遺伝子はメチル化の頻度が著しく低いことが確認されました。一方で、すでに分化をしてしまい多能性を失ったヒト皮膚繊維芽細胞で同じ実験を行うと、多能性に関与する遺伝子はｉＰＳ細胞とは逆に著しくメチル化を受けていました（図１－43）。このことは、繊維芽細胞となって機能をいったん失った多能性関連遺伝子がヒトｉＰＳ細胞では機能を回復していることを意味しています。

また、細胞の増殖能力についてもヒトＥＳ細胞との比較を行いました。ヒトｉＰＳ細胞は、非常に高いテロメラーゼ活性を持っていることがわかっています。テロメラーゼとは命の回数券と呼ばれる染色体末端のテロメアに特定の配列を付加し、染色体を安定化させ細胞の分裂可能回数を増やす働きを持つ酵素です。その働きにより43～48時間の細胞分裂間隔で増殖を続けますが、この分裂間隔はヒトＥＳ細胞の数値と非常に近いものでした（図１－44）。

●**テロメア**
詳しくは137ページ参照。

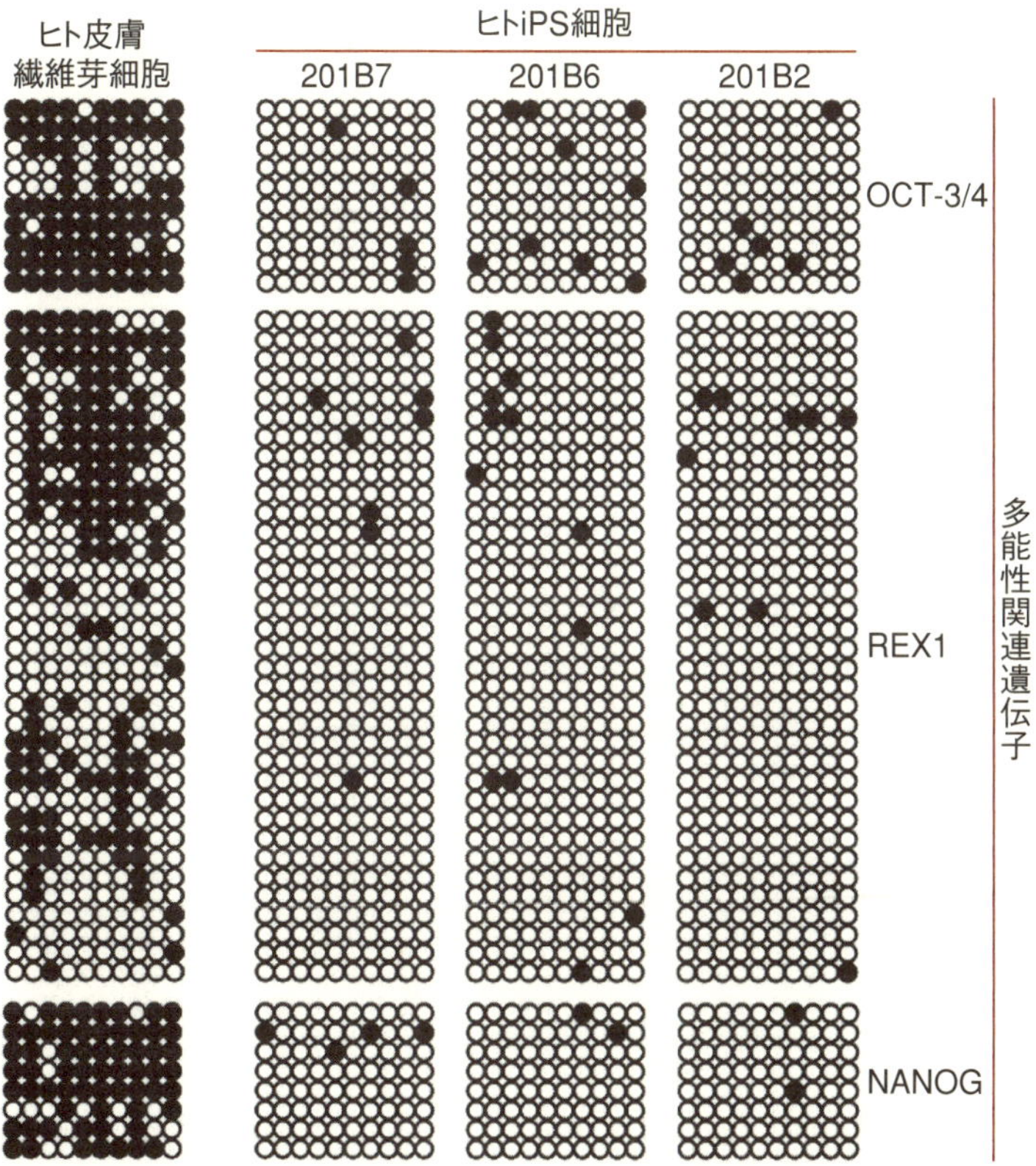

図1-43
ヒトiPS細胞とヒト皮膚繊維芽細胞における多能性関連遺伝子のメチル化の比較

多能性に関連する3種類の遺伝子について、○はメチル化されていないもの、●はメチル化されているものを示した。全体的に白く見えるのは遺伝子が初期状態で機能しており、黒く見えるのは遺伝子がメチル化によって遺伝子の働きが抑制されていることを示す。

ELSEVIER

Title:	Induction of Pluripotent Stem Cells from Adult Human Fibroblasts by Defined Factors
Author:	Kazutoshi Takahashi, Koji Tanabe, Mari Ohnuki, Megumi Narita, Tomoko Ichisaka, Kiichiro Tomoda and Shinya Yamanaka
Publication:	Cell
Publisher:	Elsevier Limited
Date:	30 November 2007

読み取り可能になった設計図は活用できるか?

得られたヒトiPS細胞が本当に様々な組織細胞に分化する能力を持っているかどうかを確認するために、まず試験管内の実験が行われました。その結果、形態的にこれらの細胞は神経細胞や上皮細胞と同様の細胞に分化し、免疫細胞化学的検討においても様々な組織の性質を持っていることがわかりました。

iPS細胞から作り出されたそれらの細胞で機能している遺伝子を調べたところ、もともとの組織細胞で優勢に機能している遺伝子を確認することができ、それとは対照的にiPS細胞時代は非常に活性の高かった多能性を担うOCT3/4などの遺伝子レベルは低下していることがわかりました。

さらに、ES細胞から神経細胞を作り出すことは比較的容易で、特殊な成分を添加して培養するだけでよいので

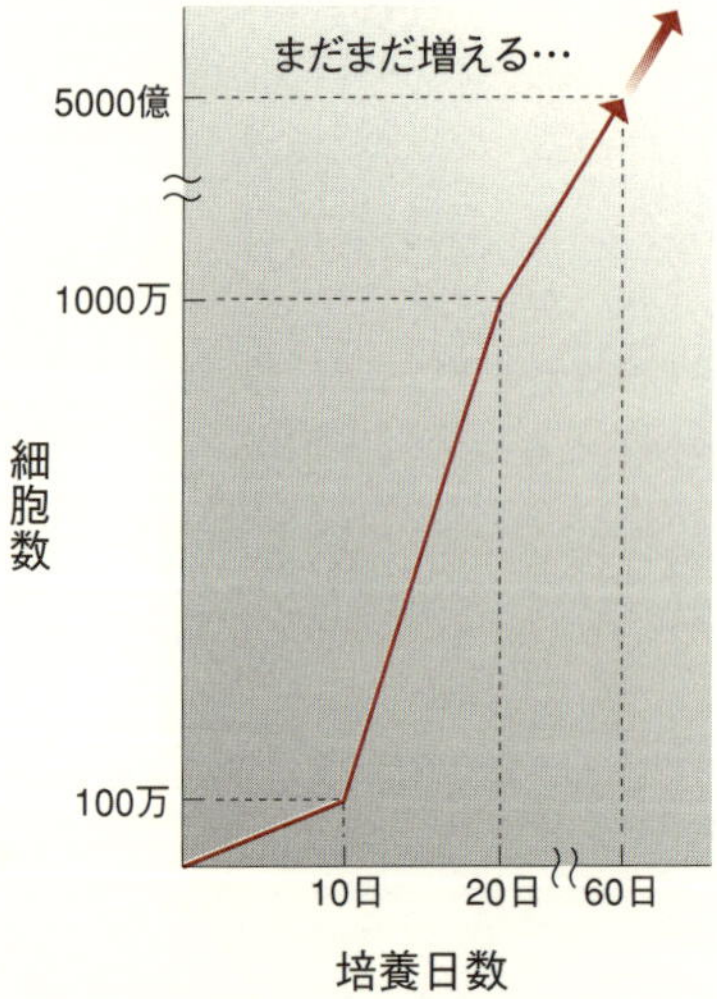

図1-44
iPS細胞の増殖能力の確認

iPS細胞の数が増え続けているので、少なくとも観察を行った期間内においては無限の増殖が可能であることがわかる。

すが、同じことをiPS細胞で行うとどうなるかを検討したところ、ES細胞同様にiPS細胞は神経細胞特有の構造に変化し、遺伝子レベルでも神経細胞で優勢な遺伝子が活性化し、多能性に関わる遺伝子レベルも低下していました。同様に、ES細胞から心筋細胞を作るときにはアクチビンAという物質をある決まった濃度で添加して培養するのですが、これについても同じことをiPS細胞で行ったところ、iPS細胞は心筋の形態に変化し、細胞のかたまりは脈動を開始しました。

　これらの多能性が動物の体内でも発揮できるかどうかを確認するため

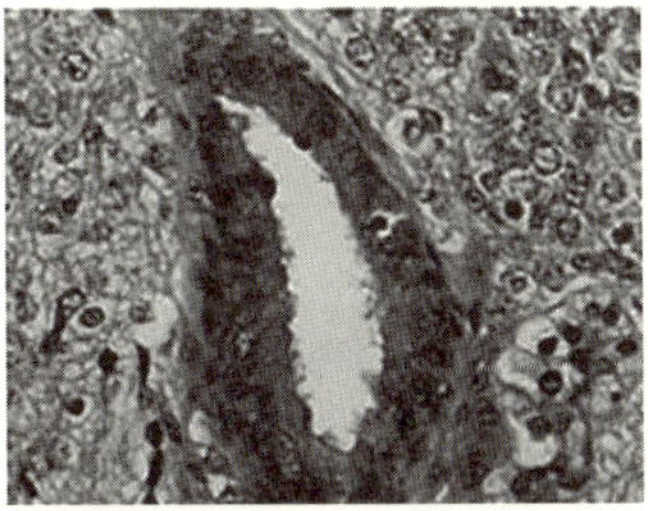

腸管様組織

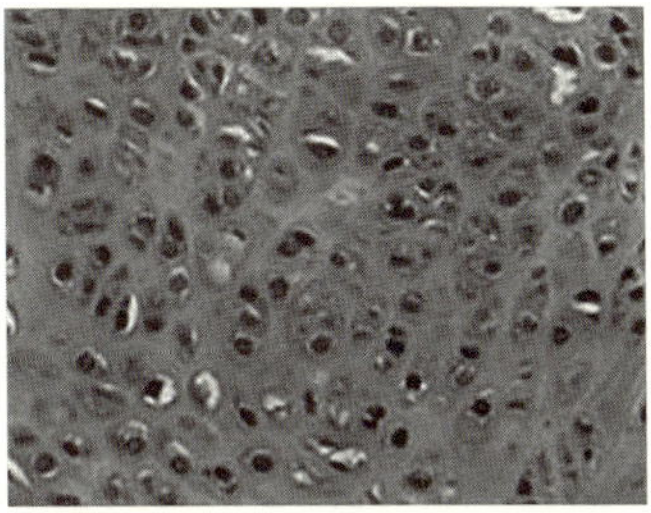

軟骨

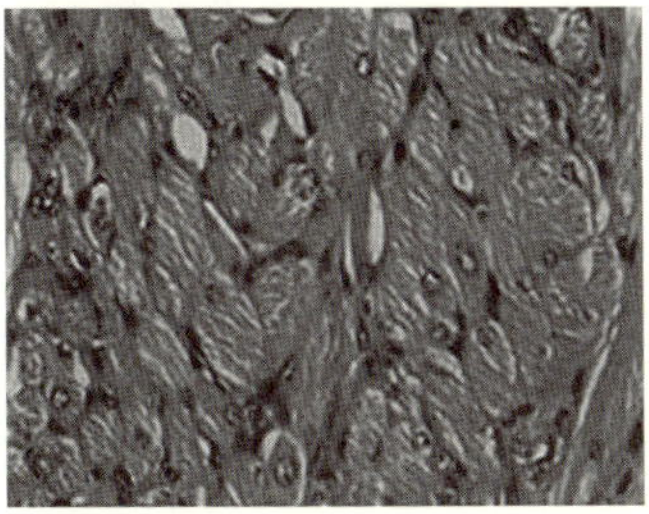

筋肉

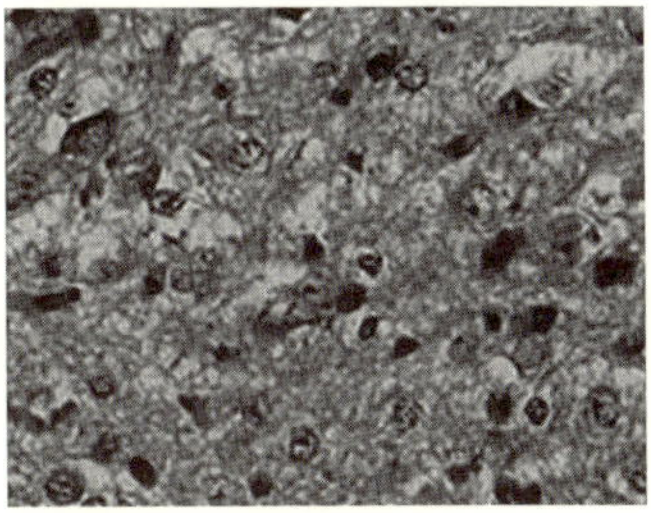

神経組織

写真1-45

ヒトiPS細胞の分化能力

ヒトiPS細胞（約500万個）を免疫が抑制されたマウスの皮下に移植することにより、2カ月後に1cm程度の腫瘍が形成された。組織解析の結果、同腫瘍は、神経、皮膚、筋肉、軟骨、腸管様組織、脂肪組織など、さまざまな組織が混在する奇形腫であった。

（提供＝独立行政法人 医薬基盤研究所）

● **アクチビンA**

卵胞刺激ホルモンの合成と分泌を促進するペプチドの一つ。中胚葉誘導能を示す。

に、ヒト・iPS細胞を人間の細胞に対して拒絶反応を起こさないように免疫系を破壊したマウスに導入する実験を行いました。その結果、消化管、筋肉、表皮、軟骨、脂肪、神経などの細胞を含むテラトーマを形成することが確認されました（写真1-45）。

1-14 c-Myc（-）-iPS細胞

98ページで述べたとおりc-Mycはガン遺伝子で、Nanog-iPS細胞から作り出したキメラマウスは約20%もの高い頻度でc-Myc遺伝子の活性化による腫瘍の発生が観察されていました。そのため、人間への臨床応用に向けてガン化リスクの少ない・iPS細胞の作成方法の改良が必要となりましたが、意外にもシンプルにc-Mycを除いた3因子によるマウスおよびヒト皮膚細胞からの・iPS細胞の樹立が成功しました。

このc-Myc（-）-Nanog-・iPS細胞の作成にあたっては、

(1)抗生物質による細胞選抜のタイミングを遅らせる。
(2)培養時間を延長する。

の併用によってES細胞や4因子iPS細胞とほとんど変わらない幹細胞を得ました。従来法であるc‐Mycを用いて作製したマウスiPS細胞から作り出したキメラマウスは、37匹中6匹が生後100週までに腫瘍の形成により死亡しました。一方、c‐Mycを用いずに作製したiPS細胞に由来するキメラマウス26匹には、生後100週までに腫瘍による死亡は認められなかったことから、c‐Mycを省略することにより安全性が向上することが明らかになりました。

c‐Mycを除外することで思わぬメリットも得られました。それは、誕生するiPS細胞の質が非常に高いことです。c‐Mycを除外すると誕生する細胞の数はおよそ10分の1にまで減少しましたが、得られた細胞のほとんどは高品質iPS細胞であるため、これまで用いてきたFbx15やNanogの遺伝子周辺に抗生物質耐性遺伝子を組み込んだ選抜をする必要がなくなってしまいました。

iPS細胞を人間の再生医療に用いる際、抗生物質耐性遺伝子などを加える遺伝子操作は問題となりますが、新たな方法では、そのような将来起きるであろう問題を回避することにもすでに成功したということになります。

1-15 もう一つのｉＰＳ細胞

京都大学の研究チームによるｉＰＳ細胞と同時に、アメリカ・ウィスコンシン大学のジェームズ・トムソン教授（James A. Thomson）のチームもヒト・ｉＰＳ細胞の作成に成功⑧しています。

別因子を使ったもう一つのｉＰＳ細胞

トムソン教授らは、２００６年にヒトＥＳ細胞に骨髄前駆細胞を融合すると骨髄前駆細胞の遺伝子が初期化されることを発見していましたので、遺伝子の初期化に関わる因子はＥＳ細胞と骨髄前駆細胞で活性化している遺伝子の中に含まれていると予想し、候補となる因子を体細胞に導入することによって作成する研究を行いました。また、彼らは京大グループが採用したガン遺伝子ｃ-Ｍｙｃは、導入すれば多能性発現に有利ではあるものの、ガン遺伝子を採用することはリスクが高いと判断し、その遺伝子を除く方針で研究を進めたといいます。

ネオマイシン耐性遺伝子を使って細胞の選抜を行った結果、Ｏｃｔ、Ｓｏｘ２、Ｎａ

⑧Science, Vol.318, 21 December, pp.1917-1920, (2007)

nog、Lin28の4つの因子を用いることによって、体細胞が多能性を回復することを発見しました。選び出された因子の二つは京都大学の研究チームと同じものでしたが、二つは異なっていました。けれど、染色体の数と形態、細胞の寿命を司る酵素であるテロメラーゼの活性、細胞の性質、特徴、表面の様子など、いずれもが多能性細胞であるES細胞と非常によく似ている点は同一でした。

トムソンらは、まず14種類の遺伝子をレトロウイルスを使って導入した細胞がES細胞とよく似た性質を持ち、免疫系を破壊したマウスの皮下に移植するとテラトーマを形成することを確認しました。このことは、14因子の全て、あるいはこの中の一部の因子が遺伝子の初期化に関わっていることを示していました。

この14種類の遺伝子からさらに選び出されたiPS細胞作成に必要な因子が、前述の「Oct4」「Sox2」「Nanog」「Lin28」の4つでした。このうち、Oct4あるいはSox2のどちらかが欠けてもiPS細胞は全く誕生しませんでした。Nanogを導入しない場合は、iPS細胞は誕生しますが、その効率が著しく低下しました。Nanogについては、マウスES細胞と体細胞の細胞融合による体細胞由来遺伝子の初期化実験においても同様の効率向上が観察されていて、ES細胞の場合にはNanogが過剰に存在することによって、細胞の初期化の効率が200倍も向上しました。Ｌｉｎ28は作成したｉＰＳ細胞の中には遺伝子が機能していないものも含まれていることが確認され、ｉＰＳ細胞の作成に必須ではありませんが、これが存在することによって効率が改善されることがわかりました。

トムソンらは、「ＩＭＲ90」と名付けられたヒトの16週の女性胎児肺の組織片から採取された細胞を用いて、ｉＰＳ細胞の作成を行いました。

ＩＭＲ90に４つの因子の遺伝子を組み込み培養を行うと、12日ほどでＥＳ細胞とよく似た細胞の集団が誕生しました。これがすなわちｉＰＳ細胞です。20日目には、90万個のＩＭＲ90細胞からスタートした培養に１９８個のｉＰＳ細胞のかたまりを誕生させました。こうして得られたｉＰＳ細胞についてその性質を調べたところ、形態等はヒトＥＳ細胞に非常によく似ていて、細胞が長期間生存を続けることに寄与するテロメラーゼという酵素も活性化していることが確認されました。また、機能している遺伝子を網羅的に解析した結果では、ヒトＥＳ細胞同様の遺伝子が機能していることが確認され、もともとのＩＭＲ90では機能が停止していた遺伝子も再起動していることが確認されました。ｉＰＳ細胞の集団ごとに遺伝子の状態にバリエーションがあることがわかりましたが、それらの違いはほんのわずかでした。

ｉＰＳ細胞誕生に必要な遺伝子についてみると、もともと存在しているＯｃｔ４と

Ｎａｎｏｇの活性はヒトＥＳ細胞と同等でしたが、新たに導入した遺伝子の働き具合はｉＰＳ細胞の群ごとに違いがありました。特にＮａｎｏｇについては細胞が持つ遺伝子の過剰な活動を抑制する作用（サイレンシング）が遺伝子の初期化の過程で起きているらしく、外部から導入したＮａｎｏｇ遺伝子の活性は必要最低限のように思われました。

遺伝子の構造変化を生じさせその機能を調節するメチル化のパターンは、ヒトＥＳ細胞と通常細胞であるＩＭＲ90では全く異なっています。一方、ＩＭＲ90から作ったｉＰＳ細胞の遺伝子メチル化パターンは、ヒトＥＳ細胞によく似ていることが確認され、細胞の性質がＩＭＲ90から多能性細胞に明らかに移行していることを示していました。さらに、マウスを用いたテラトーマ形成の実験では奇形腫ができることが確認され、この細胞が動物の体内で多能性を発揮できることが確認されました。その上、この報告が成された時点で培養開始から22週間が経過していましたが、少なくともその時点では細胞の増殖が停止するような兆候は確認できず、ＥＳ細胞の性質の一つであるほぼ無限の増殖能力も備えているようでした。

ここまでの研究で用いたＩＭＲ90細胞は胎児由来ですので、研究者らは次に成人の繊維芽細胞の初期化研究に取り組みました。

60万個の繊維芽細胞にＯｃｔ４、Ｓｏｘ２、Ｎａｎｏｇ、Ｌｉｎ28を組み込んだところ、57個のｉＰＳ細胞集団が誕生しました。これらの細胞は胎児細胞から作成したヒトｉＰＳ細胞同様に各種の特徴を備えていることが確認され、報告された時点で17週間増殖を続けていました。ただ、胎児由来のｉＰＳ細胞群が様々な実験において同様の性質を示したのに対し、繊維芽細胞から作り出したｉＰＳ細胞は細胞の群ごとに異なる性質を持っていることがわかりました。特に、テラトーマ形成試験における神経細胞への分化能力に関してはバリエーションがあるようでした。

ｉＰＳ細胞を医療で使うということ

ｉＰＳ細胞の誕生によって、人間の組織の機能と発生の仕組みの研究や、新薬の研究開発、移植医療についての研究が進展することが期待されます。ｉＰＳ細胞から作成した患者組織を用いた移植医療は拒絶反応を回避する点で非常に有効なものですが、細胞を患者さんに適用する前に、現在行われている遺伝子の組み込み方法などが人間に移植する際にふさわしいものかどうかを、何年かかけてさらに検討する必要があります。この研究ではレトロウイルスの仲間を使っていますので、遺伝子を組み込んだ位置の突然変異を誘発する可能性があり、より安全な遺伝子導入方法の開発が必要です。

一方、iPS細胞を新薬の研究に使うことは現時点ですでに可能です。iPS細胞は2008年よりマウス、そしてヒトの細胞が順次研究用に配布されることになっています。

人間の遺伝子は一人ひとり異なっていますので、それらの違いによって同じ薬を同じように飲んでも薬がよく効く人、効かない人、副作用が出る人出ない人が存在します。ヒトiPSを多くの人の体細胞を用いて樹立することは、様々な遺伝子パターンを持つ細胞を用意することができ、薬の作用の個人差を解析することもできますし、将来的には一人ひとりに薬の処方を最適化できる可能性も出てくるのです。

1-16 iPS細胞の謎

マウスのES細胞とヒトのES細胞は多くの点で違いがあります。にも関わらず、体細胞からiPS細胞を作成するために必要な4つの因子はヒトの場合もマウスの場合も同じものでした。そうかと思えば、ヒトES細胞の培養条件でヒトiPS細胞を作り出すことはできますが、マウスES細胞に最適化された培養条件では、たとえ4つの因子を導入してもヒトiPS細胞はできません。このことは、マウスとヒトにおいて多能性を担う基本的なメカニズムは共通だけれど、外部から与えなければならない因子と多能性を維持する仕組みは人間とマウスで異なることを示唆しています。

また、多能性を誘導する際に用いられる遺伝子も研究者によって異なる遺伝子を採用してもiPS細胞の樹立に成功している例もありますし、ある種の遺伝子では胎児の細胞からiPS細胞の樹立に成功しても大人の細胞からは成功しないなど、様々なケースが現れています。

さらに、iPS細胞樹立の成功率が1％以下と非常に低い点も謎です。将来の大規模な疾患治療やコスト低減のためには、成功率が低くなっている原因を突き止めて手法を改良する必要があります。

この要因として指摘されたのは、iPS細胞というのは実は遺伝子の初期化ではなく、材料として用いた皮膚細胞の中に微量に含まれる未分化幹細胞が増えただけである可能性や、遺伝子を組み込むために使ったレトロウイルスによる何らかの遺伝子の活性化が起きた場合にだけ多能性が表れるのかもしれない可能性でした。けれど、その後の研究で未分化細胞を含まない肝臓の細胞からもiPS細胞が作られたこと、レトロウイルスの挿入箇所はiPS細胞株ごとにまちまちでiPS細胞に共通する何かが起きる可能性はなさそうであることが確認されました。

その他に考えられる要因としては、多能性の獲得には遺伝子を組み込んだ後の遺伝子の修飾が必要であるという可能性などですが、iPS細胞がどのようにして誕生するのかがそもそもわかっていない現時点では、成功率の低さの原因も特定できずにいます。

最後の謎は、iPS細胞は患者にとって安全なのか、という疑問です。iPS細胞の作成に必要な遺伝子の組み込みは、レトロウイルスを運び屋として用いる方法しか成功していません。けれど、レトロウイルスの使用はもともとの細胞に備わっていた遺伝子の活動に影響を与え、細胞がガン化する可能性があります。

ｉＰＳ細胞を病気の治療に用いるためには事前の慎重な安全性試験が必要なのですが、動物実験による安全性試験の結果をヒトでの安全性の参考にするには限界があり、かといって遺伝子組み換えの安全性試験をヒトで行うことは難しい……。可能であれば、今後はレトロウイルスを使用しない樹立方法を考える必要があります。

1-17 もとになる細胞をどこから採取するかによって異なる性質

アメリカの科学雑誌サイエンスに、マウスの胃や肝臓からｉＰＳ細胞を作ることに成功した論文が発表されました。これも同じく京都大学山中教授らの研究成果⑨です。

従来成功していたマウス皮膚細胞をもとにしたｉＰＳ細胞においては、３割程度がガン化することが確認されていました。この点については、すでに細胞に組み込む遺伝子からガン遺伝子であるｃ－Ｍｙｃを除外した上で培養方法を工夫する方法によってガン化しにくいｉＰＳ細胞を作り出すことに成功していましたが、今回報告された新

⑨京都大学プレスリリース（2008年2月15日）

たな手法も、安全なiPS細胞を作り出す改良法となります。この研究によってiPS細胞のもとになる細胞を体のどの部分から採取するかによって、得られるiPS細胞の性質が異なることがわかったと同時に、体のいろいろな細胞から安全なiPS細胞を作成できることが確認されました（図1‐46）。

胃、肝臓由来のiPS細胞がガン化しにくい理由として考えられるのは、遺伝子の導入に使うウイルスが染色体に入り込む量が皮膚の5分の1から10分の1にとどまっているため、染色体に与えるダメージが少なくてすむためだと考えられています。内視鏡を使えば患者の胃や肝臓の細胞を取り出すことも可能ですので、臨床試験に応用することも可能な方法です。

この研究によって様々な細胞からiPS細胞を

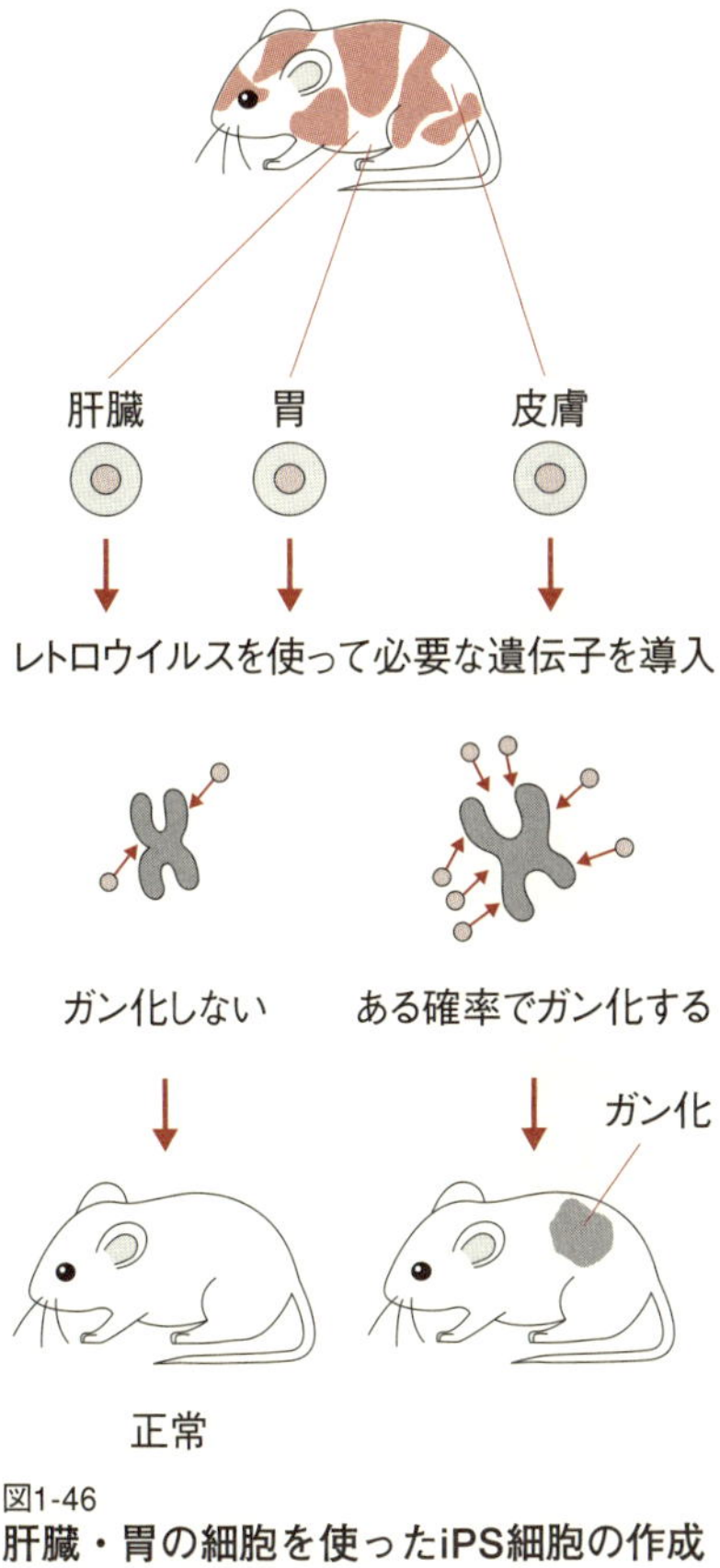

図1-46
肝臓・胃の細胞を使ったiPS細胞の作成

作ることが可能であり、その由来によって性質が異なることがわかりました。今後は、様々な細胞を調べることによって、より一層安全かつ高い効率でｉＰＳ細胞を作る技術が開発されることが期待されます。

1-18 ｉＰＳ細胞を使った病気の治療に成功

ｉＰＳ細胞の目的の一つである移植医療が始めて成功したのは２００７年のことでした。ｉＰＳ細胞から作り出した造血幹細胞をマウスに移植することで、鎌状赤血球貧血の症状を好転させることに米ホワイトヘッド研究所の研究チームが成功し[10]、イギリスの科学誌『サイエンス』で、トムソンによるヒトｉＰＳ細胞成功と同じ号で報告しました。

研究者らは、マウスｉＰＳ細胞の移植による治療の効果を確認するために、生後３カ月のマウスの尾から皮膚細胞を採取し、レトロウイルスを使って「Ｏｃｔ４」「Ｓｏ

⑩Science, Vol.318, 21 December, pp.1920-1923, (2007)

x2」「Klf4」「c-Myc」遺伝子を組み込み、山中教授によるiPS細胞樹立と同様にネオマイシン耐性を利用して多能性を持つ細胞を選び出しました。これらの細胞はすでに知られているES細胞の特徴と一致する性質を持っていることが確認されました。

鎌状赤血球貧血は遺伝性の疾患です（写真1-47）。そこで作成したiPS細胞の遺伝子のうち、病気に関連する部分を正常な遺伝子と置き換える遺伝子治療を施し、造血幹細胞に分化させてマウスの体に戻しました。その結果、この細胞はモデルマウスの中で活動を開始し、健康な血球を産生し始め、赤血球の形やヘモグロビン濃度、呼吸数など様々な項目で症状の改善が確認されたということです。

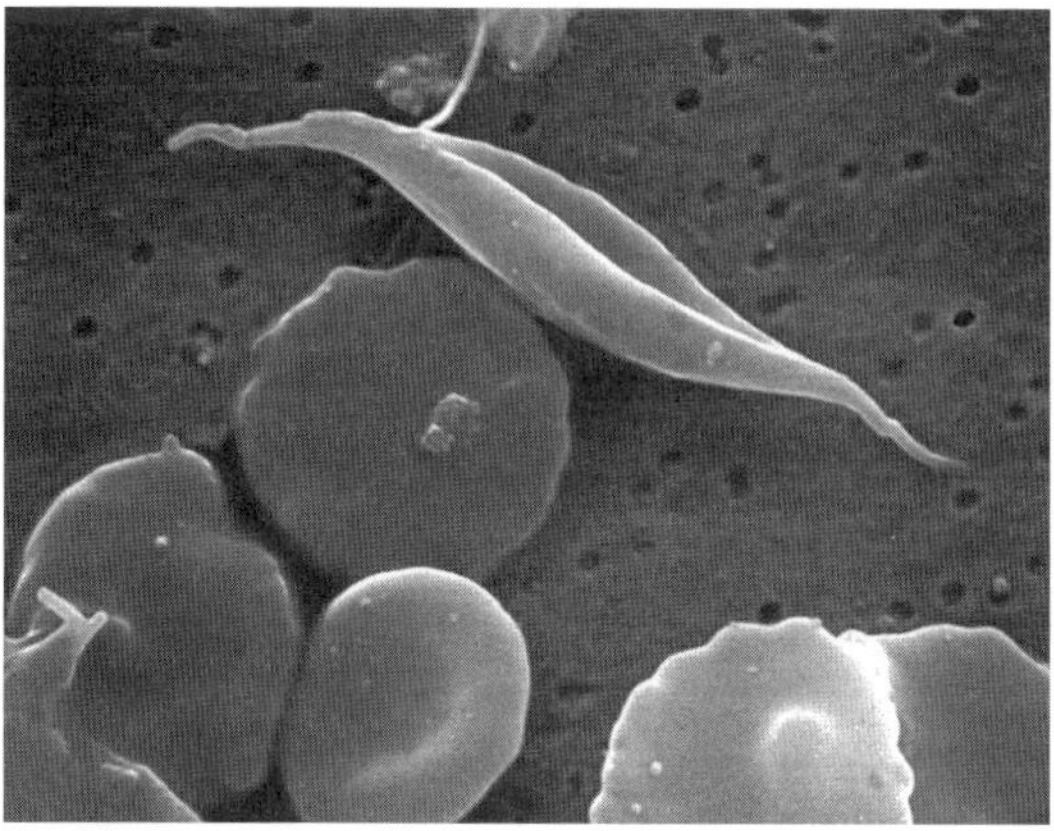

写真1-47
鎌状赤血球

鎌状赤血球貧血は、赤血球の形状が写真上部にあるような鎌状になることで酸素運搬能力が低下して起こる。

（提供＝EM Unit/Royal Free Med. School, Wellcome Images）

1-19 iPS細胞誕生の必然

ES細胞はiPS細胞に比べ研究の歴史は長く、2008年には米国で実際の患者での臨床試験が始まるものと思われています。

ヒトES細胞での注意点はいくつかありますが、例えばマウスにおける実験でわかるとおり、未分化のES細胞を移植すると、全身の様々な細胞に無秩序に分化してテラトーマ（奇形腫）を作ってしまい、移植された患者は大変なことになってしまいます。そのため、ES細胞は試験管内で必要な細胞に分化させた後に、未分化の細胞を完全に除去した上で移植しなければなりません。

人間の再生医療にどのくらいの細胞数を使えばどの程度の効果が得られるかは臨床試験の結果次第ですが、非常に少なく見積もってマウスの実験で用いられる10万〜1000万個とした場合で計算してみると、移植する細胞液からES細胞を99.999%除去しても、最高で100個ものES細胞を移植してしまうことになります。マウスと人間の身体の大きさを比較すれば必要とされる細胞数は数桁増加することも考えられますので、非常に慎重を要することになります。

また、ＥＳ細胞は患者自身から作成することがほとんど不可能なので、移植した細胞が患者の免疫系によって外来異物と判定され拒絶反応が起きます。マウスなどでの移植実験ではあらかじめ免疫系が機能しないように破壊したマウスを使用しますが、人間の場合はそうはいきません。人間において現実的なのは、まず様々な種類のＥＳ細胞を用意しておき、その中から患者が拒絶反応を起こしにくい細胞を選んで移植するもので、骨髄バンクとしてすでに使用されている仕組みのＥＳ細胞版といえます。この方法が最も着手しやすい方法ですが、どれほどの遺伝子のバリエーションを揃えることができるかどうか現時点では未知数です。

さらに、マウスにおける実験でＥＳ細胞の樹立の成功しやすさに遺伝的背景があることがわかっていますので、人間においてもＥＳ細胞を作りやすい家系や人種と作りにくいそれらが存在する可能性があります。仮にＥＳ細胞の作成に成功してもそれが長期にわたり多能性を持つとは限らず、ここにも遺伝的差違がありそうです。

したがって、ＥＳ細胞ができやすい遺伝タイプがあるためＥＳ細胞バンクを作っても、そこに集められるＥＳ細胞には遺伝的に偏りが生じる可能性があります。その上、骨髄細胞の例でもわかるとおり、この方法で完全に拒絶反応を抑えることができるとは限りません。

また、ヒトES細胞を得るためには受精卵を必要とします。そのため、倫理上の観点から研究を行うにあたっては様々な手続きや解決すべき問題があり、迅速な研究の展開を期待することができません。そこで、より効率的に応用研究をしつつ倫理的な問題を回避する方法として、既存のES細胞と患者の体細胞の細胞融合による多能性細胞の作成が考えられました。ただし、現時点では得られた多能性細胞からES細胞由来の染色体を取り除くことが困難であるため、拒絶反応の問題を回避することができません。

別の方法としては、患者の体細胞の細胞核を未受精卵に移植し、胚盤胞まで育てた後にそこから内部細胞塊を取り出してES細胞を作成する方法も考えられています。この方法はマウスやサルでは成功しているものの、ヒトでは成功例はなく、未受精卵の確保も困難です。このような一連の研究の中でES細胞や未受精卵と患者体細胞の組み合わせで多能性細胞が生じる、つまり、細胞に多能性を復活させる因子が存在していることが推察されました。ならば、この因子を取り出して体細胞に導入してやれば体細胞が多能性を回復することは可能ではないか……と考えるのは当然の帰結でした。こうして誕生したのがiPS細胞です。

しかし、iPS細胞を用いたからといってあらゆる問題が一気に解決するとはいえません。問題点というよりも、むしろ多能性細胞を人間に移植するということがどういうことなのかよくわからない点が多いのです。

例えば、試験管の中で分化した細胞は人間の体の中で機能するのだろうか？　治療効果を維持し続けるに十分な長期にわたり有効なのだろうか？　造血系などは、寿命の短いいわば使い捨ての細胞を移植することは現実的ではありませんので、当然造血幹細胞を移植することになりますが、その他の臓器では臓器の細胞に分化させるのがよいのだろうか？　それとも目的とする臓器に分化する幹細胞を作る方がよいのだろうか？　こういった疑問点は、人間において具体的にどうなのかはよくわかりません。また、現実問題として気になる費用の点などにも課題が残ります。

どのような方法を採用するにせよ、こういった点をこれから解決していかなければなりません。

1-20 iPS細胞における多能性と全能性

幹細胞が臓器・組織を構成する多くの種類の細胞に分化できることを、その細胞の能力に応じて「多能性」あるいは「全能性」と呼びます。iPS細胞は、その日本語訳である「誘導多能性幹細胞（induced pluripotent stem cell）からわかるとおり、多能性細胞です。ES細胞も多能性です。

マウスを使った実験では、iPS細胞をマウスの子宮に移植しても仔マウスは誕生しません。iPS細胞由来マウスを誕生させるには、雌雄で正常に受精してできた胚盤胞にiPS細胞を注入し、第一段階として正常細胞とiPS細胞由来の細胞が混じったキメラマウスを作成します。このキメラマウスでは、ある確率で生殖細胞がiPS細胞由来でできます。このことは、多能性細胞が特徴的に持つ転写因子の遺伝子を調べることによって確かめることができますので、iPS細胞由来の精子と卵子で受精を行うと全身がiPS細胞のマウスを得ることができます（図1-48）。

このように、多能性細胞は子宮内で胎児に成長することはありませんが、全身がiPS細胞でできているマウスが存在する〔写真1-40（96ページ）参照〕ことからわ

● **pluripotent**
日本語に訳すと「多能性」。
「万能性」はtotipotent。

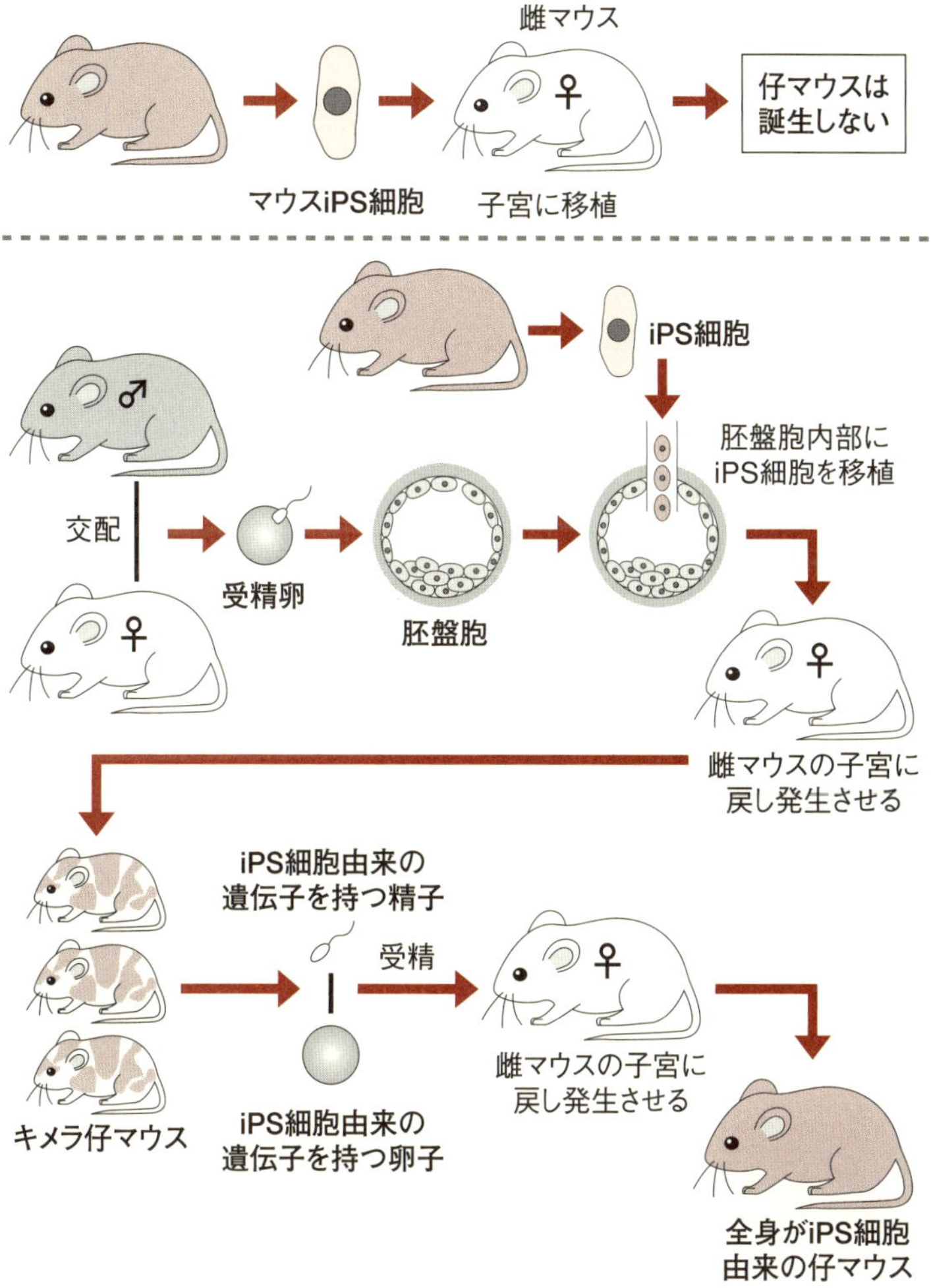

図1-48
iPS細胞を用いたキメラマウスの作り方

かるとおり、様々な臓器・組織の細胞に分化することができます。これが多能性です。iPS細胞に全能性があるならば一つの受精卵がマウスに成長するように、iPS細胞もマウスになるはずです。けれど、そのような実験に成功したという報告はありません。

一筋縄ではいかない"身体の形成"

iPS細胞のもとになる皮膚などの体細胞は、内部細胞塊に由来します。皮膚に限らず、身体を構成している全ての細胞は発生の初期に生じる「内胚葉」「中胚葉」「外胚葉」から成る「三胚葉」と呼ぶ細胞集団を由来に持ちますが、三胚葉がどこから来るかといえば、唯一内部細胞塊を起源にする細胞集団です。

これまでの研究において、内部細胞塊の役目は三胚葉の細胞を作るだけで、その後の臓器の形、胎児の形の形成、つまり立体構造の構築には関与していないことがわかっています。一方、栄養外胚葉からは胎盤ができることはわかっていますが、その他の機能についてはまだ解明されていません。したがって、受精卵が胎児の立体構造を形成するためには、栄養外胚葉が何らかの機能を担っている、あるいは着床後に母胎から何らかの必要な情報が送られる可能性がいわれています。

● **内胚葉、中胚葉、外胚葉**

臓器や組織ごとに3種類の細胞のうちのどれを起源とするかは決まっている。

●内胚葉……消化器官、肝臓、膵臓、膀胱、肺、扁桃腺、咽頭、副甲状腺

●中胚葉……血液、筋肉、骨、心臓、性腺、泌尿器、脂肪、脾臓

●外胚葉……脳、神経、皮膚、内耳、目、乳腺、爪、歯、脊髄

この他にも、心筋細胞が拍動を開始することが心臓の弁の形成を促すような、胚内部の細胞において機能し始めたメカニズムがその他の細胞の分化を引き起こしたり、生殖器官のように一度できた構造が他のものに変わったり、いったんできた水かきのような構造がアポトーシスによって消滅させられたり、背骨を作る細胞と脊髄を作る細胞がタイミングを合わせて同時に分化を開始したり、といった立体構造の形成もあります。身体のもととなる立体構造の形成過程は多くの部分で協調を保ちつつ起きる非常に複雑なメカニズムですので、詳細はすぐには解明されそうにありません。

iPS細胞は臓器へは変化できない?

iPS細胞は多能性を持ちますが、培養皿の中で栄養を与えているだけではiPS細胞として増え続けるだけです。iPS細胞から組織の細胞を作るには、目的とする臓器に応じて調整された成分を含む培養液や培養法などのきっかけを与える必要があります。そうすることによって、心筋、神経、軟骨など様々な異なる細胞に変化します。

iPS細胞が多能性を持つことを確認した実験の中に、免疫系を破壊して人間の細胞に対する拒絶反応を失わせた実験用マウスにiPS細胞を移植してテラトーマを作らせる研究があります。テラトーマ中の細胞塊が三胚葉性腫瘍、つまり内胚葉、中胚葉および外胚葉細胞から構成されていることも確認されていて、これをもってiPS細胞の多能性の証明の一つとしました。ところが、それは決して胎児の形にはならず、それどころか臓器の形さえ形成することができないのです。つまり、iPS細胞には立体構造を構築する能力が欠損しているということです。

けれど、考え方によってはiPS細胞が人間になれないということは、細胞を病気の治療や生命科学領域の研究に用いるにあたってそれだけ倫理的障壁が低くなることを意味します。ES細胞の場合はその由来が受精卵であるという問題を抱え続けますが、iPS細胞は体細胞ですのでそのような問題をもともと持っていません。全能性ではなく多能性であることは、生命倫理的観点からは非常に望ましい性質であるといえます。

1-21 ドリーの登場

植物は、成長している先端の細胞を培養することによってクローン植物を大量に作成することが容易で、商業ベースですでに行われています。同様の理由で優秀な家畜のクローンを作ることができれば商業上のメリットが非常に大きいため、家畜の体細胞からクローンを作り出す研究が進められ、1990年代前半になると胚盤胞を使った核移植クローンに成功した例が次々に発表されました。

スコットランドの家畜研究者イアン・ウィルヘルムットによって世界初の哺乳類体細胞クローン動物である「ドリー」の存在が発表されたのは1997年2月ですが、その誕生は1996年7月でした。哺乳類のクローンはこの時点で数多く成功例が報告されていましたが、ドリーが画期的だったのは「体細胞クローン」だったということです。

ドリーで成功した体細胞クローンと1-6（35ページ）で紹介したES細胞、そしてクローンES細胞は全て異なる技術です。簡単にいうと、体細胞クローンのドリーは羊の卵子から核を除去し、そこに別の羊の皮膚細胞から取り出した細胞核を移植して作り出されました。それに対し、ＥＳ細胞は受精卵が数回分裂した段階で内部の細胞を取り出したもので、核の移植は伴いません。ＥＳ細胞と核移植を組み合わせた技術がクローンＥＳ細胞です。これら3種類の技術はいずれも難病患者の臓器移植に変わる再生医療の技術として研究され、より成功率が高く、より安全な手法を開発する過程で編み出されたものです。

最も懸念される拒絶反応については、他人の遺伝子からそのまま治療に使う細胞を作り出すＥＳ細胞が最もリスクが高く、体細胞クローンとクローンＥＳ細胞に含まれる遺伝子はいずれも患者の遺伝子を使用することが可能ですので、拒絶反応は同等に避けることができます。けれど、体細胞クローンには卵子を入手しなければならないという倫理的難関があります。一方、クローンＥＳ細胞は不妊治療で作られた受精卵を使用することが可能なことから卵子よりは入手しやすいものの、技術的に困難であり、三つの技術のうち唯一ヒト細胞での成功例がありません。

ドリーが生まれるまでの流れ

では、クローン羊ドリーはどのように生み出されたのでしょう？

カエルの卵とは異なり、羊も含め哺乳類の卵子は非常に小さいため核移植は非常に困難な作業でした。まず、クローンを作りたい羊の細胞を採取します。ドリーの場合は乳腺細胞が用いられました。「ここで用いる細胞は何がよいのか?」については、特に決まった答えはありません。動物の種類や実験条件によって成功する細胞の種類は様々ですが、基本的に全身のあらゆる細胞の核を使用できるのではないかと考えられています。

次に、別の雌の羊から未受精卵を取り出します。未受精卵の細胞質には体細胞の遺伝子を初期化する成分が含まれています。けれど、ここには卵子のドナーの羊の遺伝子一式を含む核が入っていますので、注射器のような道具を使ってこの核を吸い出します。この操作を「除核」といいます。除核された卵子の中には初期化因子は残ったままですので、ここに先ほど培養しておいた乳腺細胞から、同様に注射器のような道具で吸い出した核を移植します。ドリーの場合はこの段階の卵子に電気ショックを与え、あたかも受精が行われたかのように卵子の発生を開始させる操作を行いました。

移植された核の遺伝子がどのような挙動をとるのかについては現在も研究中ですが、もともと乳腺としての機能を発揮するために必要な遺伝子が急停止させられ、ブロックされていたあらゆる遺伝子が再利用可能な状態に戻されると共に、本来ならば二度と使われない遺伝子として休眠していた胚の発生に必要な遺伝子が再起動します。

このようにしてできた卵子を7日間培養して培養皿の中で胚盤胞まで育てます。これを仮親の雌羊の子宮に入れ、通常の出産同様に生育させるとドリーが誕生しました。

未受精卵を選択したのは……

さて、乳腺細胞由来の核の受け入れ先としては、未受精卵が使用されました。つまり、静止している状態の卵子に核を導入したことになります。

クローン作成の成功率を高めるために、すでに発生が開始されている初期の受精卵に核を移植すればそのまま速やかに発生が進行するのだろうか、と考えた学者がいました。それは、受精卵ならばすでに発生に必要な材料が用意されているはずなのでより有利だろう、というわけです。

しかし、マウスのクローンを作る実験において、受け入れ側の卵子としてあらかじめ受精させておいた活性化卵子を除核して、そこにクローンを作りたい遺伝子を含む核を移植してみても、不思議なことにその方法では発生しません。調べてみると、染色体異常が起きていたのです。このことについて詳細に検討してみると、どうやら移植する核の中で機能している体細胞として必要な遺伝子活性の停止や、すでに不要になってブロックされている遺伝子の初期化のプロセスにはある程度の時間が必要なようで、最初から活性化している卵子では、この一連の遺伝子の活性変化を行う時間がないために異常が発生するものと思われました。

このことを確認するために、未受精卵を人為的に活性化した後に遺伝子を移植すると、胚盤胞まで成長することができないこともわかりました。核の移植から発生開始までに長時間を要する何らかの変化が核の遺伝子に起きているのなら、移植に失敗する卵子は時間が足りなかったせいではないかと考えられます。そこで核移植から発生開始までの時間を長く延ばすと、確かに成功率が上昇することが確認されました。

ただ、どのように慎重な操作を行ってもクローン作成の成功率が100%になることはありません。人為的なミスを除いて、クローンに失敗する理由は、移植から発生開始までの時間が足りないだけではないようです。まだはっきりわかっていませんが、核には初期化を受け入れるタイミングがあり、偶然そのタイミングに一致したものだけが初期化されるのかもしれませんし、初期化というプロセスそのものに細胞質の成分との何らかの相互作用による確率が発生しているのかもしれません。

クローンにおける体細胞は完全には初期化できない？

ドリーは2度出産を経験しましたが、いずれも問題は発生しませんでした。ドリーが死んだのは6歳のときで、人間でいえばまだ中年です。死因はウイルス性の肺炎でした。クローンだったから早死にした証拠はありません。その後に多くの哺乳類のクローンが行われ、様々な問題が確認されました。まず成功率が低く、胚盤胞を子宮に移植してもそのほとんどが死んでしまいます。また、誕生しても呼吸不全や循環不全ですぐに死んでしまったり、成長することができても体に何らかの不調、例えば、骨格異常や関節炎、臓器異常や免疫不全、脳の機能障害などが確認され、それが原因となって早死にしてしまうことは珍しくありません。哺乳類クローンに関してはまだまだ研究の歴史が浅く、予想される問題点も多くあります。

最も有力だと考えられているのが、初期化が不完全であること、もっというならばそもそもすでに分化してしまっている体細胞の遺伝子を完全に初期化することが不可能なのではないかという可能性は否定できません（図1‐49）。

また、研究者自身も行っている実験操作に多くの問題があることを承知していながら解決策を見つけることができずに研究が進められているのが現状です。例えば、細胞の正常な分化には細胞質に含まれる因子も重要なはずですが、核の取り出しや移植によって新しい細胞と古い細胞の細胞質が混じってしまって混乱を起こしているのかもしれません。また、細胞融合から子宮に戻されるまでの間は培養皿の中で過ごすこ

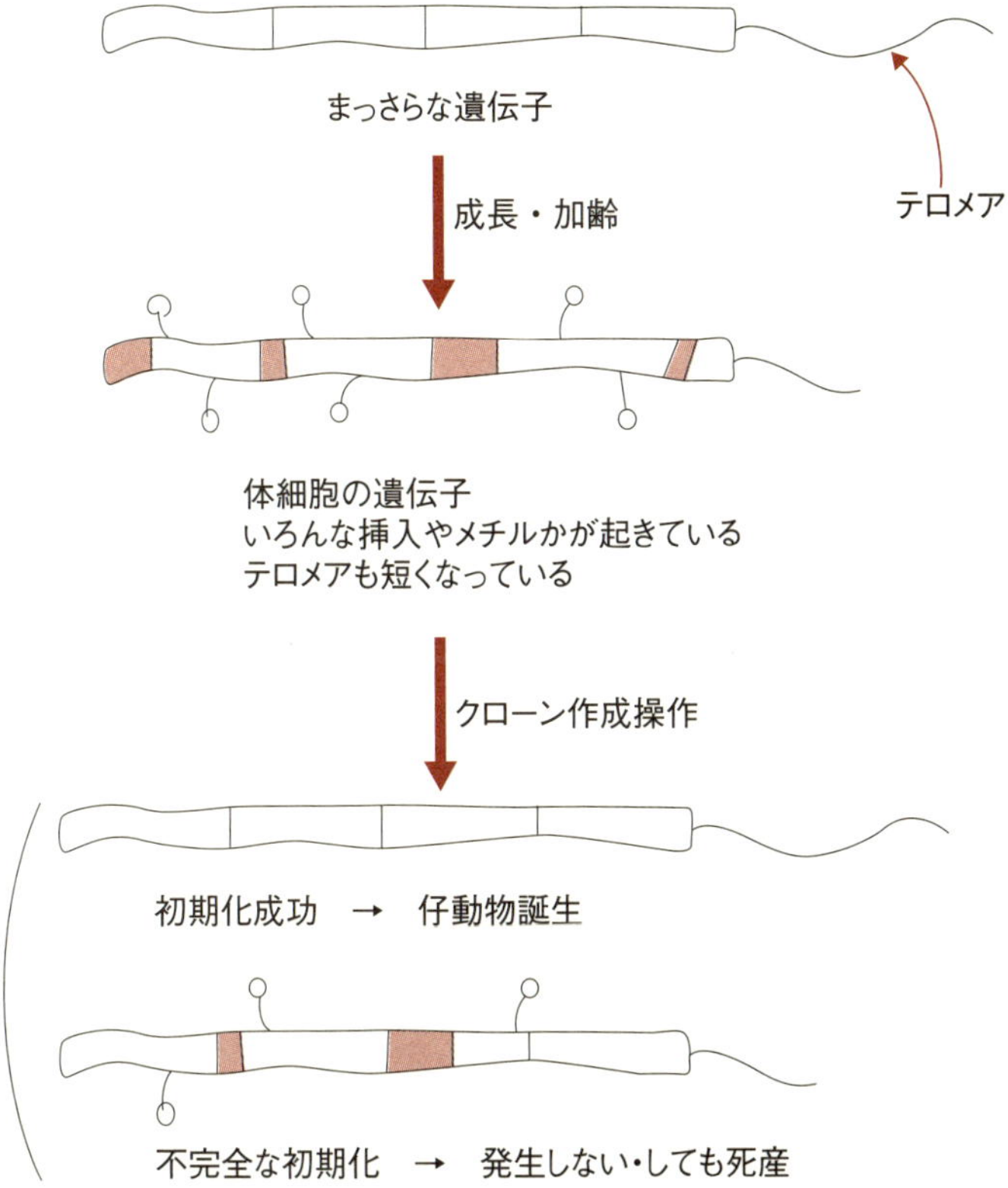

図1-49
遺伝子の不完全な初期化

遺伝子は大まかにとらえると、代々遺伝情報を受け継ぐ遺伝子本体（図の白い箱部分）と、末端から伸び細胞の分裂回数を記録するテロメアから成る。テロメアは「命の回数券」とも呼ばれ、細胞分裂ごとに決められた長さずつ切断されて短くなり、ある一定長さよりテロメアが短くなるとその細胞は分裂ができなくなり、細胞老化を経て機能を失う。精子と卵子が正常な受精をした直後の受精卵の遺伝子は、まっさらに初期化された遺伝子と長いテロメアを持つ。ところが、胎児形成・誕生以降の過程で体細胞に変化した細胞は不要な領域の遺伝子を参照できないようにロックがかかったり（図の色の付いた部分）、遺伝子の複製などを制御するためのメチル化などの修飾が行われ、さらに細胞分裂と共にテロメアも短く縮んで、まっさらな遺伝子とはかなり様子が変化してしまう。

体細胞クローンは、このような状態になった遺伝子を使って新たな個体を誕生させる技術である。その実体はまだよくわかっていないが、クローンの作成操作において、遺伝子の初期化に成功すれば仔動物が誕生し、不完全な初期化が起きると発生しないか、あるいは発生したとしても生き続けることができず死産になるのではないかと考えられている。

とになりますが、このプロセスが介在してはならないのかもしれません。

誕生後のドリーは関節炎などの老化現象ともいえる症状を多数かかえていたため、〝クローン＝不完全な個体の再生〟と盛んに報道されてしまいました。ただ、多くの研究者たちは「ある程度そのような異常を抱えているのは当然のこと」と考え、むしろ多くの一般の人が気に止めなかったドリーが存在しているということそのものに非常に大きな価値を見出していました。

というのも、これまでのクローンの実験ではいずれも胚の細胞核を用いていました。その当時の常識では、胚のような若い細胞を使わなければ核移植はうまくいかないと考えられており、当時の科学者は哺乳類のクローンの困難さをよく理解していました。ドリーは決して容易に作り出されたわけではありません。ドリーが誕生するまでには277個の細胞融合が行われ、そのうち29個が遺伝子の移植・初期化に成功して胚盤胞になりました。この29個の杯盤胞はそれぞれ雌羊の子宮に戻されましたが、その中で誕生することができたのはドリーだけでした。

1-22 ドリーの視点とES細胞の視点

クローン羊ドリー誕生発表の翌年、人間のES細胞の作成に成功したと発表した科学者がいました。それは、2007年に日本の山中教授と同じ日に人間のiPS細胞を発表したアメリカの細胞生物学者ジェームズ・トムソンでした。この成功は難病患者を助ける再生医療の研究において大きな前進といえるものでしたが、一般の人がそれまであまり着目していなかった大問題を公にするものでもありました。

ジェームズ・トムソンの方法による人間のES細胞は、その作成の過程で受精卵を破壊して将来人間として誕生できたはずの細胞塊を取り出して培養する必要があったのです。ES細胞による治療の実現には回避できない倫理的な問題について、研究者、政府、患者の思いが複雑に絡み合った模索の時代に突入しました。この問題については、実は私たち日本人はそれほどに大きな問題としてはとらえていない人が多かったものと思われますが、アメリカでは大問題となり、政府によって新たなES細胞の作成支援に制限が加えられるに到りました。

ES細胞を使う限りにおいて、倫理的問題を科学的に解決することは非常に困難な問題でしたが、ドリーが存在していることは他の生命を犠牲にすることなく治療に使う細胞を得ること、つまり、すでに何かの臓器に変化してしまっている細胞も、個体となる前の万能細胞の状態に戻す、すなわち細胞の初期化を行うことが可能であることを証明していました。

研究者たちは細胞の初期化の方法を2通り考えました。

一つはドリーと全く同じ手法を人間で行うこと、つまり核移植。もう一つが後にｉＰＳ細胞と命名されることになる、人為的な操作を行うことによって細胞の初期化を行う方法です。後者については、当時細胞に対して何をどうすれば初期化されるのか全くわかっていませんでした。

1-23 エピジェネティックとインプリンティング

遺伝子の初期化の成功率が低い点に関して、最近研究者の間でよく使われるキーワードに「エピジェネティック」と「インプリンティング」があります。

遺伝子は塩基と呼ばれるアミノ酸の仲間がある符号化の規則に従って並んで遺伝情報を記録するものですが、エピジェネティックな変化とは、この情報の並び方は変化しないものの、化学的な反応によって遺伝子にオマケがくっつくような変化のことで、これは細胞分裂後もそのままその変化が維持されます。クローン動物でしばしば見られる様々な異常の原因は、これによるものと思われています。つまり、エピジェネティックな状態の遺伝子は、遺伝子初期化のプロセスを経験しても完全に受精卵の状態まで戻すことができないため、不完全な戻り方をした遺伝子をもとに体の構成成分を構築しようとした結果、そのようなトラブルに共通する主な原因になってしまうのであろうと考えられています。

インプリンティングとは、体細胞が老化と共にエピジェネティックな変化を起こすことと現象的には似ていますが、自分が父親由来の遺伝子なのか母親由来なのかを記憶しておくために付着させられたマークのことです。このマークの運命は、ある細胞が体細胞になるか生殖細胞になるかによって異なります。体細胞になった場合は大人になってもインプリンティングな情報を保持していますが、生殖細胞になった場合は始原生殖細胞と呼ばれる段階で初期化されます。つまり、本来の卵子と精子による受精の結果であれば、インプリンティングな情報のない状態で発生が行われ、その過程で改めてエピジェネティックなインプリンティングが起こります。それがクローンの場合では、インプリンティングが初期化されていない遺伝子からの発生となりますので、この段階で遺伝子の機能に異常が発生する可能性があります。

似て非なるクローンES細胞とES細胞

クローンES細胞とES細胞の作成方法における最大の違いは、ES細胞は受精卵を使いますが、クローンES細胞は受精していない卵子を使います。作成にはまず卵子から核を取り除きます。これによって提供者の遺伝子は除去されますが、同時に細胞の設計図を失うことになりますので、この細胞は単なるタンパク質の入った袋となってしまいます。そこに患者の皮膚などの体細胞から取り出した核を入れてやります。これにドリーの実験同様に電気刺激などを与えると、受精をしていないにも関わらず細胞分裂が始まって胚となります。この胚に含まれる全ての細胞の遺伝子は患者の細胞で、これをクローン胚と呼びます。この胚からＥＳ細胞と同様に内部の細胞を取り出して特殊な条件で培養したのがクローンＥＳ細胞です。ここから臓器の細胞を作り出して患者に移植すれば、その臓器細胞に含まれている遺伝子と患者の遺伝子は一致していますので、拒絶反応は起きないはずです。

1-24 iPS細胞の仲間たち（1）——EpiS細胞

ＥＳ細胞は、マウスの場合、受精４・５日目の胚盤胞から内部細胞塊を取り出して培養することによって作成しますが、２００７年になって、着床後胚のエピブラストと名付けられた多能性細胞の集団から「ＥｐｉＳ」細胞と呼ばれる多能性細胞株が樹立できることがマウスやラットで確認されました。

ＥｐｉＳ細胞はＥＳ細胞と同様の培養条件で増殖させることができますが、どのような遺伝子が機能しているかについて両者を比較すると、多能性細胞としての基本的な機能を担う遺伝子は共通していたものの、全体としてはＥＳ細胞とＥｐｉＳ細胞で機能している遺伝子は大きく異なることがわかりました。

受精卵の成長に関する遺伝子と両者の多能性幹細胞で機能している遺伝子を関連づけて考察すると、ＥｐｉＳ細胞では胚盤胞の着床前後で必要な遺伝子はすでに抑制されており、細胞の役割分担が始まって以降に必要となる遺伝子の活性が高まっているなど、ＥｐｉＳ細胞はＥＳ細胞よりも細胞が成長した段階にある多能性幹細胞であることがわかっています。

ＥｐｉＳ細胞の誕生によって、よく似た多能性幹細胞でありながら、受精後のどの段階で人工的な培養系に移されるかによって、できあがる多能性細胞の性質が異なることがわかったのです。

1-25 iPS細胞の仲間たち（2）——ntES細胞

培養皿の中で作成された多能性幹細胞由来の臓器細胞移植を受けた患者は、新たな細胞に対して発生する拒絶反応を回避するために免疫抑制剤の投与を受け続けなければなりません。その解決方法の一つが、iPS細胞で患者本人の体細胞の初期化による多能性細胞の作成です。ただし、この技術は発展途上で、疾患の治療に利用される段階に到るにはまだまだ多くの越えなければならないハードルがあります。それに先行してすでに人間を対象とした臨床試験に入りつつあるのがES細胞です。

ES細胞の遺伝子を患者の遺伝子と置き換えることができれば、そこから誕生する臓器細胞は、患者の遺伝子を持った患者自身の細胞であるといえます。患者の体細胞から取り出した遺伝子は、患者が胎児の頃の遺伝子と比較すると多くの変化が生じていますので、それを初期化してES細胞を作ることなど夢物語、長年そう思われていました。核移植によってヒトES細胞が可能になる！　と研究者が確信したのは、体細胞クローンで作り出された最初の哺乳類、羊のドリーがきっかけでした。核移植によってヒトES細胞ができたならば、それは患者本人の細胞を用いた画期的な再生医療につながる可能性があります。

核移植によって作られるES細胞――ntES細胞

この方法では、まず患者の皮膚などから細胞を採取します。一方で未受精の卵子を入手し、その核を取り除き、患者の細胞から取り出した核を移植します。電気ショックなどで発生のスイッチを入れてやると、卵割が始まりやがて胚盤胞となります。これを羊で行い、この後に仮親の子宮で胎児形成から出産を行ったのがドリーです。ヒトES細胞を作る場合は、できあがった胚盤胞の内部細胞塊を取り出し、この先の処理は通常のES細胞の培養と同様に行うことになります（図1‐50）。

「ntES細胞」と名付けられたこの核移植によるES細胞が、マウスを用いて世界で初めて作成されたのは2001年[11]、ニューヨーク・ロックフェラー大学の日本人を中心とする研究チームによってでした。

哺乳類のntES細胞について、遺伝子の状態やキメラ動物が誕生するかどうかなど様々な観点からマウスES細胞との比較が行われましたが、両者はほとんど同じものだということが確認されました。

その後、2005年に発覚した韓国ソウル大学の黄禹錫らによるヒトntES細胞

⑪Wakayama T., *et at.*, "Differentiation of Embryonic Stem Cell Lines Generated from Adult Somatic Cells by Nuclear Transfer", Science, Vol. 292. No. 5517, pp.740 - 743, 27 April, (2001)

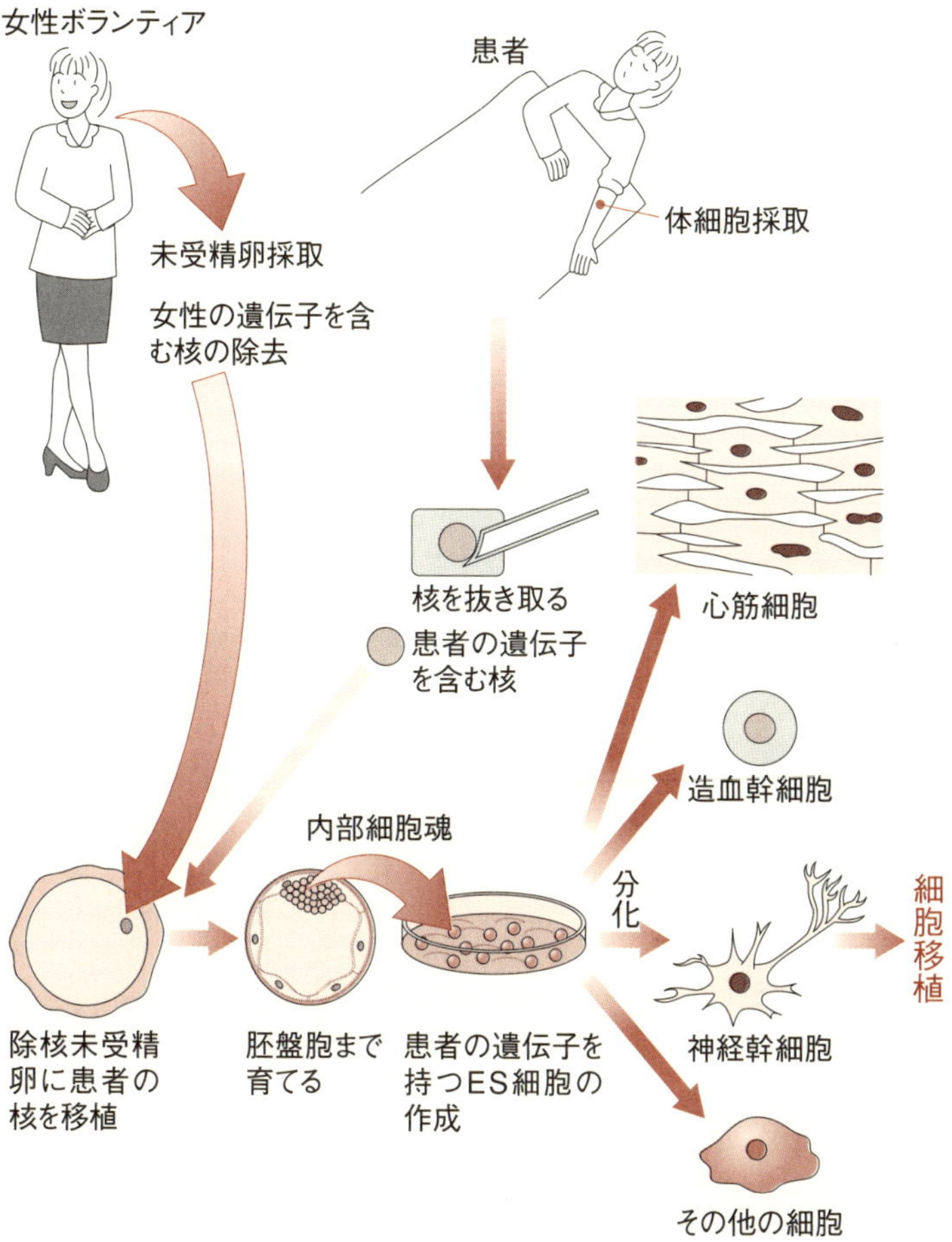

図1-50
ntES細胞（核移植ES細胞）の作り方
〔『幹細胞とクローン』（羊土社）より改変〕

樹立論文捏造問題を経て、2007年、アカゲザルの卵子に皮膚繊維芽細胞の核を導入した霊長類初のｎｔＥＳ細胞樹立に成功[⑫]したとの論文が発表されました。

　ただし、患者の治療すべき疾患が遺伝子の異常によるものだった場合、この方法で作り出した患者ｎｔＥＳ細胞は同じ遺伝子の異常を持っていますので、治療を行うことはできません。その場合には、作り出したｎｔＥＳ細胞に対して遺伝子治療を施して、正常な遺伝子と部分的に交換した後に治療に用いることになります。ｎｔＥＳ細胞は際限なく増殖する能力を持っていますので、このような試験管内での遺伝子治療も、高い成功率で行うことができます。

⑫**Byrne J. A., *et at.*, "Producing primate embryonic stem cells by somatic cell nuclear transfer", Nature 450, pp.497-502, 22 November, (2007)**

1-26 iPS細胞の仲間たち（3）——mGS細胞

「mGS細胞」は、iPS細胞同様の多能性を持つ精子幹細胞由来の多能性細胞です。

ES細胞や体細胞クローンは、メスの生殖細胞、いわゆる卵子ベースでの研究として進展しています。しかし、卵子はもともと試験管内で増殖させることができないため、マウスなどの子供を大量に産む動物での研究では有効であるものの、より大型の哺乳動物では得られる卵子の数に限りがあります。その上、倫理上の問題も大きくなります。

一方、オスが持つ精子幹細胞は、精巣の中に0・2〜0・3%しか含まれていないために扱いにくいことが理由で研究が遅れていましたが、卵子とは対照的に自己複製能力を持ち増殖することができる点の重要性が認められつつあります。すでにマウス精子幹細胞の人工的環境下での長期培養や増殖によって大量の細胞を得ることにも成功しています。この長期培養細胞を「GS細胞」と呼びます。

精子幹細胞が長期の培養と増殖に耐えられるようになった結果、人為的に遺伝子を操作する処置を行い、それらの細胞をiPS細胞で行ったような抗生物質への抵抗性を用いて選別し、狙ったとおりに遺伝子が組み込まれているものを増殖させるというES細胞で行われているのと同じ研究を行うことが可能になり、精子幹細胞の有用性は一気に拡大しました。これは1990年代半ば以降のごく最近の展開です。

GS細胞のメリットは、ES細胞と同じ手法の研究を行うことができる点だけではありません。ES細胞にないGS細胞のメリットは、これが生殖細胞だという点です。遺伝子組み換えを行い、その遺伝子を持つ仔マウスを得たいと思った場合、ES細胞での組み換えと胚盤胞から仮親を経由した出産では、ある確率で運がよければ生殖細胞にES細胞由来の細胞が現れます。ところがGS細胞ならば、胚盤胞ではなくオスの仮親の精巣に移植して精子を形成させ、その精子を用いた交配が可能です。

ここで気をつけなければならないことは、GS細胞はあくまでも〝長期培養に成功した精子幹細胞〟だということです。もともと、大人のマウスから取り出したGS細胞には多能性はないと考えられていましたが、GS細胞を長期培養していると、ある時エピブラストと呼ばれる内部細胞塊がさらに体細胞に近づいた状態に似た細胞のかたまりが表れることに気づいた研究者がいました。この細胞をES細胞と同じ条件で培養したところ、やがてES細胞同様の多能性を持つ細胞に変化しました。GS細胞は精巣に移植すると精子を形成しますが、この不思議な細胞を精巣に移植すると驚いたことにテラトーマを形成しました。その他、活発に機能している遺伝子の種類がES細胞とそっくりであり、試験管内で様々な種類の臓器細胞に変化し、キメラマウスも誕生させましたので、これはもとのGS細胞とは明らかに異なる多能性を持つ細胞であること、また、その多能性は多能性をもともと持っていた細胞の混入ではなく、GS細胞が培養中に多能性を獲得することが確認され、多能性を表すmultipotentの頭文字「m」をとって、「mGS細胞」と名付けられ、2004年に論文発表されました（図1‐51）。

マウスならば比較的簡単にES細胞を作ることができますが、人間も含め大型の動物では胚盤胞の入手が困難な場合が多く、倫理的問題も合わせて研究は困難ですが、精子幹細胞から多能性幹細胞が得られれば、それら多くの問題を回避した多能性細胞を得られることが期待できます。

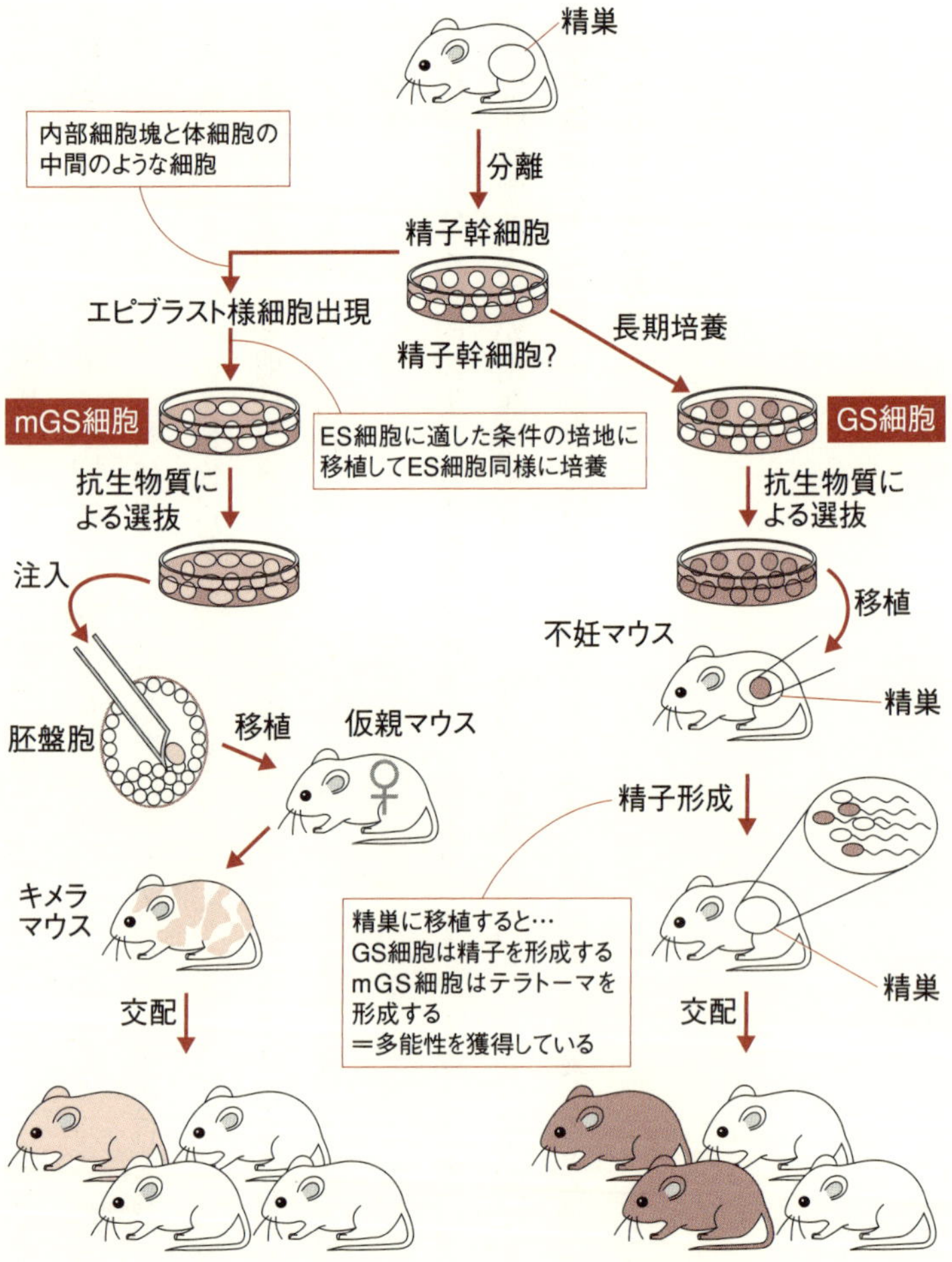

図1-51
GS細胞とmGS細胞
（実験医学別冊『最先端の幹細胞研究』より改変）

1-27 iPS細胞の仲間たち（4）——pES細胞

「pES細胞」とは、単為発生胚由来ES細胞のことです。

哺乳類の仔の誕生には雌雄両性の遺伝子が必要です。その理由は、遺伝子の参照にあります。卵子の中のメス由来の遺伝子と、精子の中のオス由来の遺伝子には、それぞれ機能が停止された遺伝子群があり、雄雌それぞれに使用できないページがある状態になっています。これを「ゲノムインプリンティング」と呼びます。これが受精によって両者の遺伝子が混合することによって、設計図のすべてのページを参照することができるようになり、子孫を残すことが可能となります。

しかし、哺乳類以外の一部の生物は雌だけで子供を産むことができます。ミツバチ、アリマキ、ミジンコ、ワムシなどでは自然状態でメスだけで子孫を残すことができますし、ウニやカエルなどは人為的にメスだけで子供を作る実験に成功しています。これを「単為生殖」と呼びます。哺乳類は、ゲノムインプリンティングがあるために単為生殖はできない、というのが常識でした。

ところが、２００４年に東京農業大学と独立行政法人農業・生物系特定産業技術研究機構の研究チームが、世界で初めて哺乳類の単為生殖を人為的に起こすことに成功したと発表[13]しました。研究者らは、未成熟な卵母細胞が精子に近いインプリント状態にあることに着目し、未成熟な卵母細胞に一部遺伝子の改変を行って精子の役割を担わせ、本来の卵子である排卵卵子と組み合わせた胚を作成したのです。その結果、正常に発育して繁殖能力もあるマウスを作り出すことに成功しました。このマウスは2003年2月3日に生まれ、「かぐや」と名付けられました。

ES細胞の倫理的問題を解決する一つの方法として、「かぐや」で用いられた単為生殖が着目されています。マウスにおける単為生殖による仔マウスの誕生では、未成熟卵母細胞がいかに精子に似ているとはいっても、実際にはインプリンティングを回避できない部分があり、人為的に遺伝子を改変しなければ仔は誕生しません。人間の女性の卵子から単為発生胚を作ることができれば、そこからES細胞を作ることができる可能性があります。さらに、病気の治療を行う患者が女性の場合は自身の卵子からpES細胞を作れば、あらゆる問題を解決する画期的な再生医療技術になることが期待されます（図1-52）。

[13]独立行政法人　農業・生物系特定産業技術研究機構　プレスリリース（2004年4月22日号）

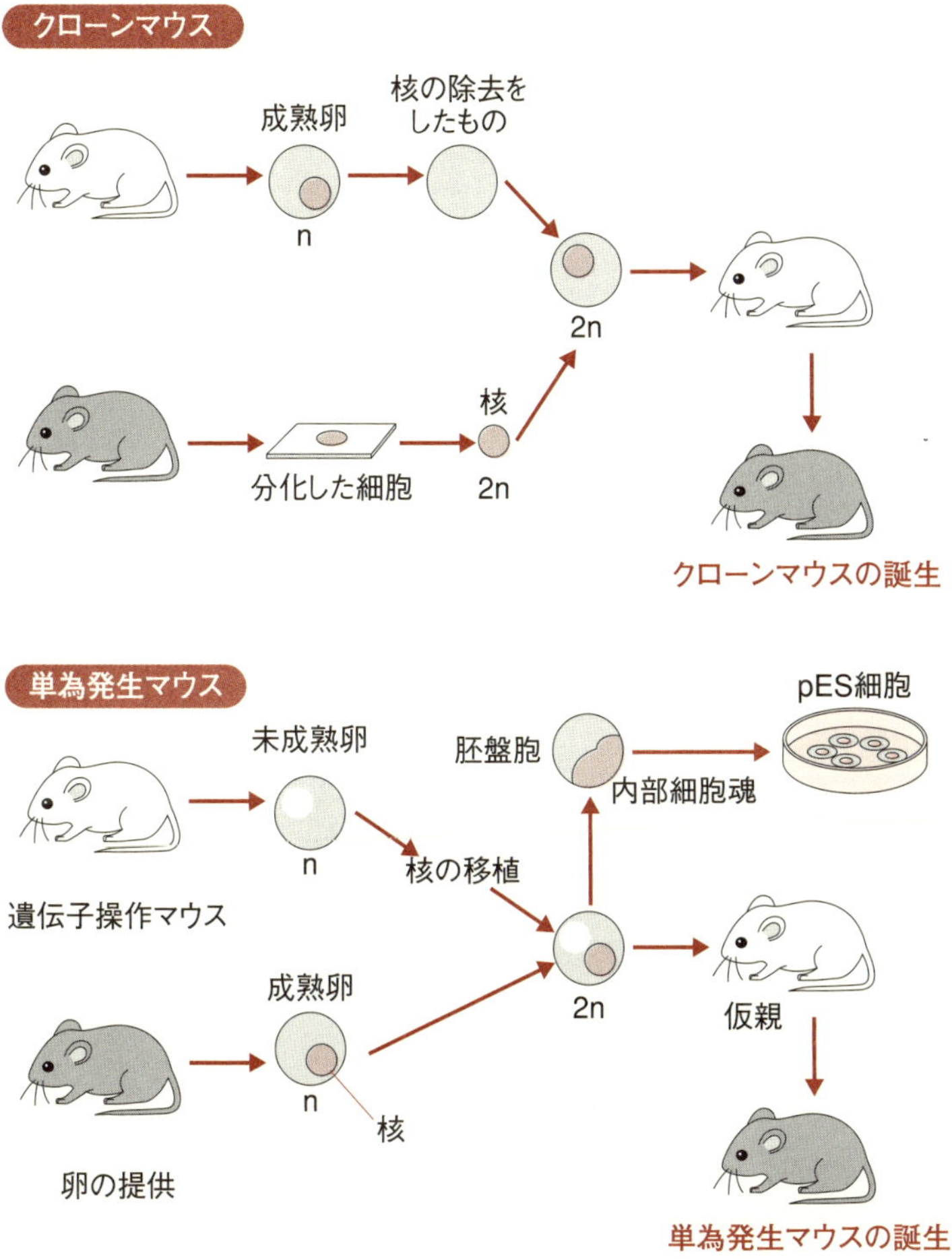

図1-52
クローンマウスと単為発生マウスの違い、そしてpES細胞の作成
〔原図提供＝国立情報研究所 バイオポータルサイト DIGITAL FARM（http://digi-farm.jp/）〕

1-28 体性幹細胞の発見と応用

人間の発生の仕組み〔1-2（14ページ）〕でも紹介したとおり、全能性を持つ受精卵が細胞分裂を続けてそれぞれの細胞が組織や臓器としての役割を担い始める過程においては、いきなり限定された機能を持つ細胞が現れるのではなく、ある臓器に必要な細胞一式の共通のもとになるような細胞が現れ、そこからさらに限られた役割を担った細胞が現れます。このように、ある組織・臓器を構成する細胞集団の根幹に位置する細胞を「体性幹細胞」といいます（図1-53）。

体性幹細胞はそれぞれの臓器に分散して配置され、臓器を構成する細胞の損傷や新陳代謝に応じて必要な細胞を供給しつつ自分自身の複製も行う、限られた範囲の多能性を持つ幹細胞です。このように、必要な細胞を供給しつつ自分自身も複製を行う細胞分裂を「非対称細胞分裂」と呼びます。

ES細胞の増殖過程では、1個のES細胞が2個のES細胞になり、その両者は全く同じコピーです。ところが、神経幹細胞に代表される体性幹細胞は、分裂時に1個は自分自身のコピーとなり、もう1個が分化した細胞になります。この仕組みがある

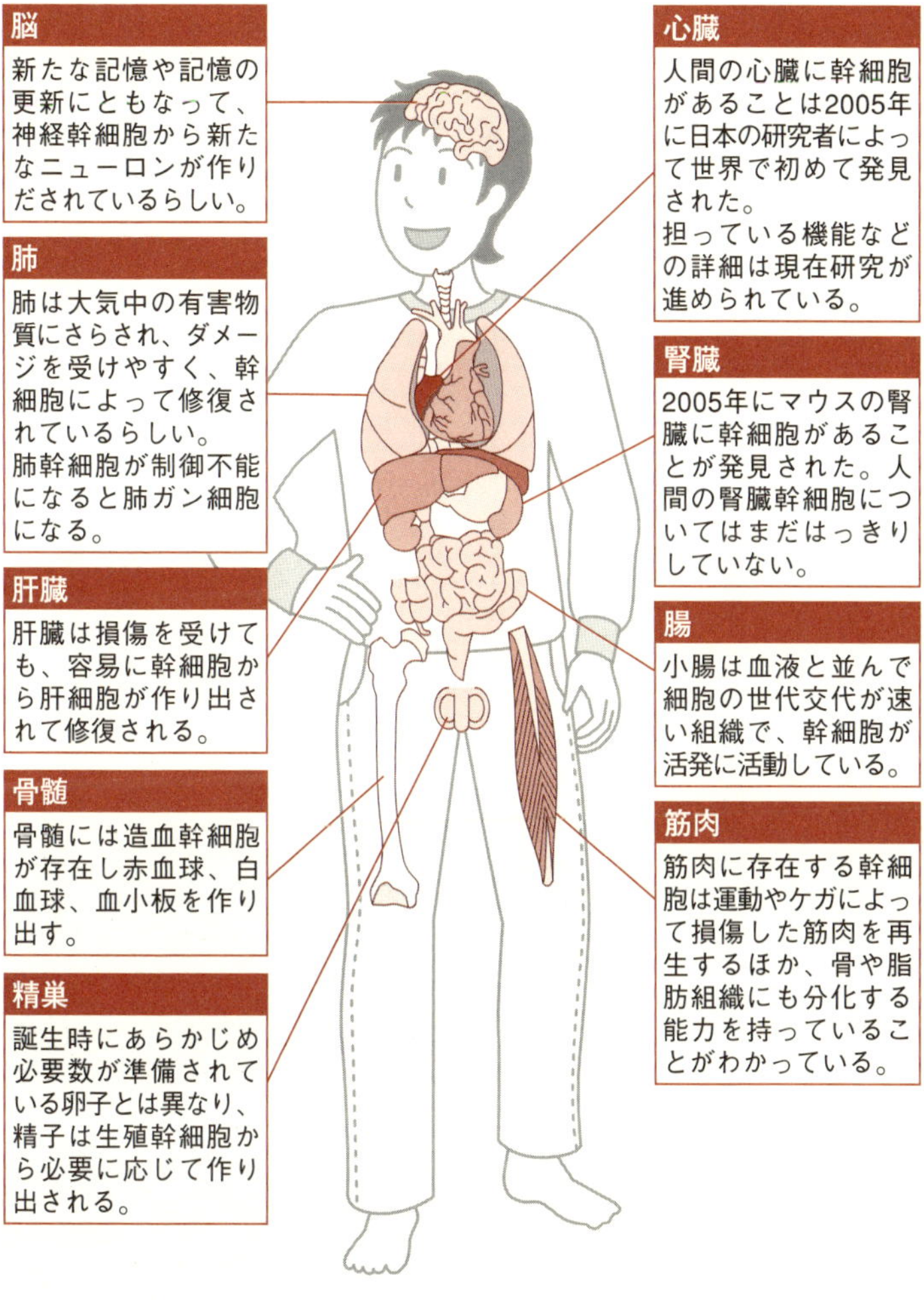
脳
新たな記憶や記憶の更新にともなって、神経幹細胞から新たなニューロンが作りだされているらしい。
肺
肺は大気中の有害物質にさらされ、ダメージを受けやすく、幹細胞によって修復されているらしい。
肺幹細胞が制御不能になると肺ガン細胞になる。
肝臓
肝臓は損傷を受けても、容易に幹細胞から肝細胞が作り出されて修復される。
骨髄
骨髄には造血幹細胞が存在し赤血球、白血球、血小板を作り出す。
精巣
誕生時にあらかじめ必要数が準備されている卵子とは異なり、精子は生殖幹細胞から必要に応じて作り出される。
心臓
人間の心臓に幹細胞があることは2005年に日本の研究者によって世界で初めて発見された。
担っている機能などの詳細は現在研究が進められている。
腎臓
2005年にマウスの腎臓に幹細胞があることが発見された。人間の腎臓幹細胞についてはまだはっきりしていない。
腸
小腸は血液と並んで細胞の世代交代が速い組織で、幹細胞が活発に活動している。
筋肉
筋肉に存在する幹細胞は運動やケガによって損傷した筋肉を再生するほか、骨や脂肪組織にも分化する能力を持っていることがわかっている。

図1-53

体性幹細胞の分布

かつて、体性幹細胞は皮膚や小腸、骨髄などの限られた臓器に存在する特殊な細胞だと考えられていたが、現在では図のように、活発に細胞が新陳代謝している臓器の他、心臓や脳などの生命維持に重要な役目を担っている組織にも、目立たないながら体性幹細胞が存在することがわかっている。

ことによって、幹細胞は品切れになることなく生涯にわたって、神経幹細胞から神経細胞や、骨髄幹細胞から赤血球などの消耗品ともいえる細胞を供給し続けることができるのです。特に赤血球の消耗はすさまじく、造血幹細胞は毎日1000億〜5000億個もの赤血球を作っています（写真1-54）。全ての赤血球はその前段階である赤血球前駆体細胞を経て作られるのですが、その様子をもし見ることができれば、超猛スピードの流れ作業で動く工場のラインのようかもしれません。

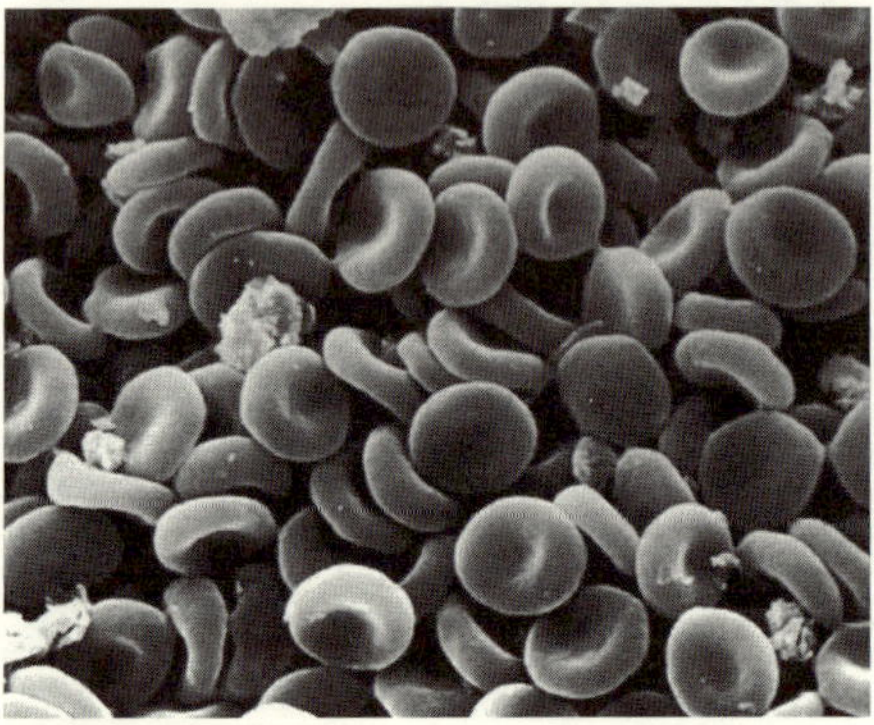

写真1-54
赤血球
（提供＝EM Unit/Royal Free Med. School, Wellcome Images）

体性幹細胞は時間の流れを逆行できる？

と、ここまではいわゆる教科書が教えてくれる科学ですが、実はこの体性幹細胞、理解に苦しむ不思議な性質を持つことがわかってきています。

全能性を持つ受精卵は、細胞分裂しながら次第に機能が減らされていきます。そして、個体を再生することはできないけれどほとんどの臓器に変化することのできる多能性を持つ幹細胞から、ある特殊な役目を担う体性幹細胞へと変化するのが一般的です。このときに、細胞の持つ遺伝子は不要な部分が順次ロックされていきます。かつては、このロックは一度かけられると体内では二度と解除されないと考えられていました。ところが、些細なきっかけでひとりでに解除されることがあるようなのです。

例えば、神経幹細胞（写真1‐55）は体内では神経細胞を供給することが仕事なのに、培養皿の中で条件を整えてやると、体内の血糖値を調整して臓器へエネルギー源を供給する膵島細胞のような働きを始めます。他にも、血液関係の疾患により骨髄移植を受けた患者において、骨髄とはまったく違う臓器細胞の中に、骨髄提供者由来の臓器細胞がなぜか見つかったりすることがあります。

この現象は、体性幹細胞は細胞分化の枝分かれを、どういう仕組みなのかぴょんと跳び越えてしまい、別の細胞系列にいってしまうことが可能であることを示唆しています。もし、このような仕

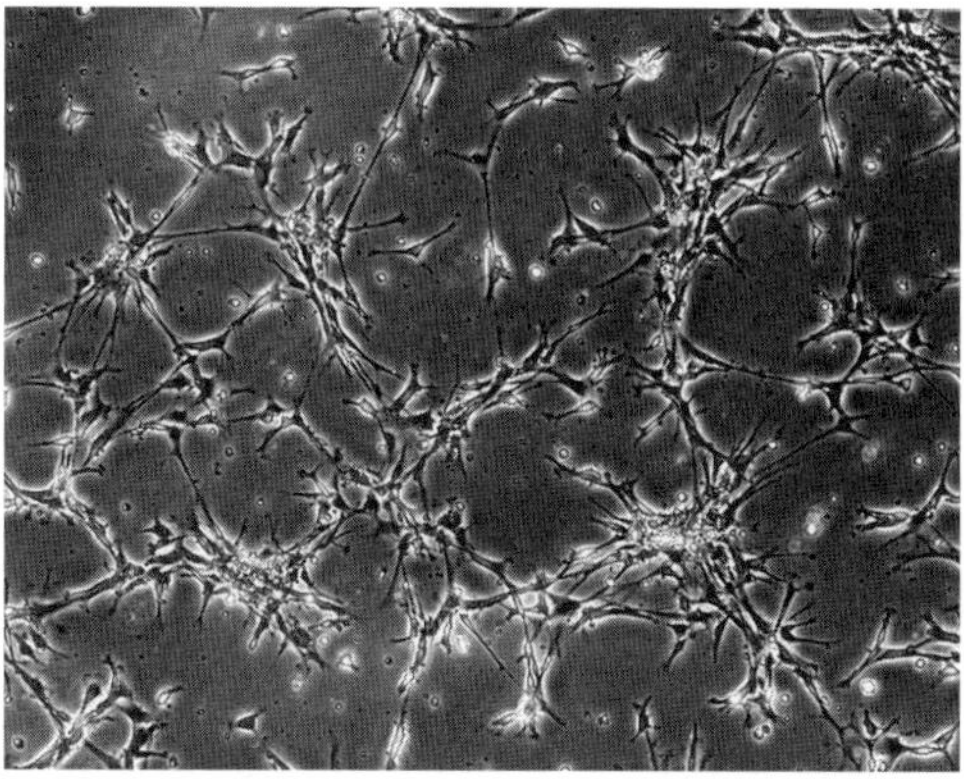

写真1-55
ヒト神経幹細胞
（提供＝Yirui Sun, Wellcome Images）

組みを培養皿の上の実験で思い通りに制御することが可能になれば、大量に存在して簡単に採取できる患者の皮膚幹細胞から肝臓などの細胞を作り出して治療を行うことができます。実際、この点に着目している学者は大勢います。

体性幹細胞が細胞分化という時間の流れを逆行できるのかどうか、あるいは、細胞分化の枝分かれをテレポーテーションできるのかどうかについては、未だ系統立った答えは出ていませんが、そこにかける期待は大きなものがあります。

第2部

万能細胞と再生医療の現場

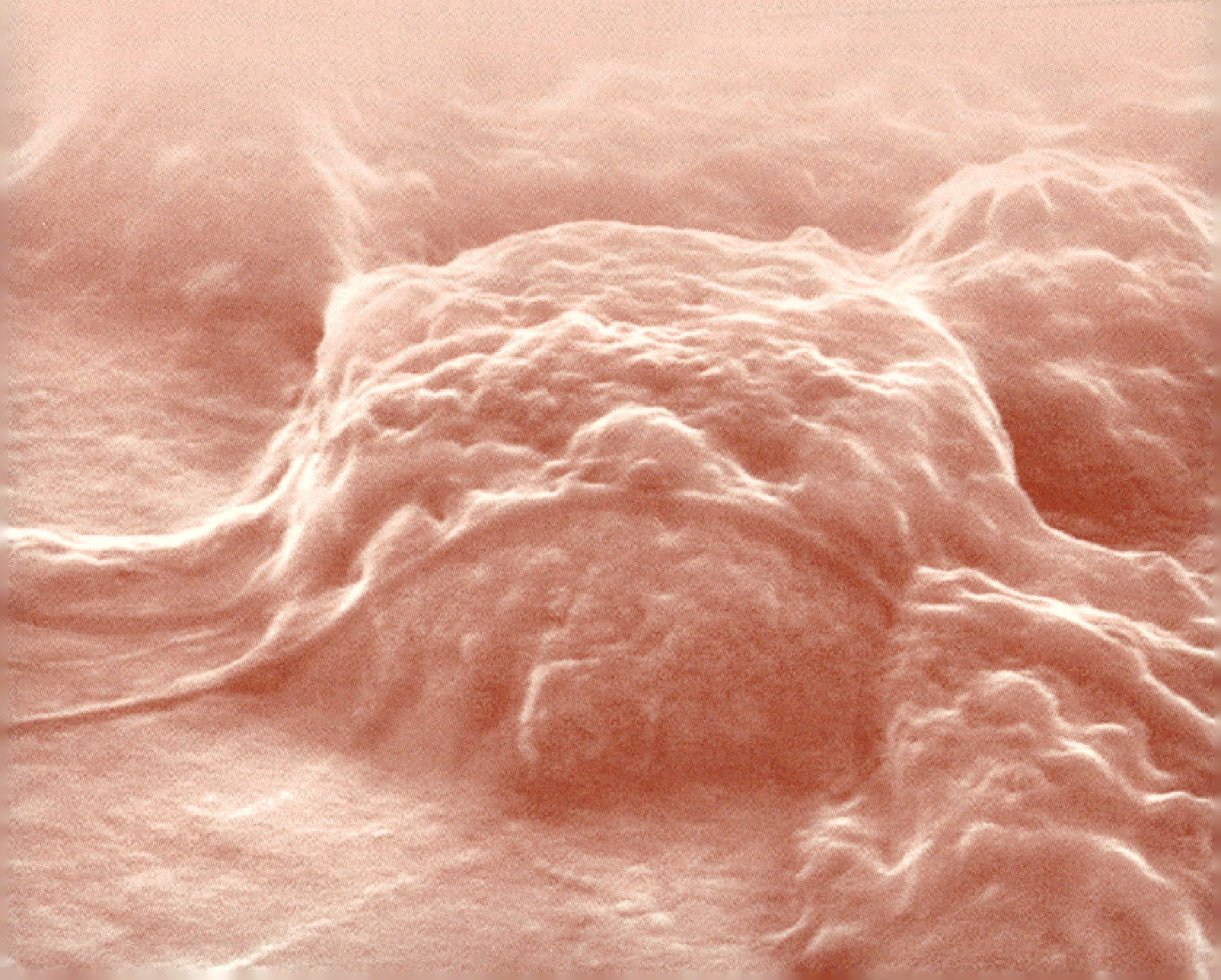

iPS細胞の臨床試験を想定した研究は、これから鋭意に進める段階ですが、ヒトでの成功発表から10年が経過したES細胞を用いた研究ではいろいろと期待できる試験管内実験、あるいは動物実験の結果が出始めていますし、人間への臨床試験の計画も海外の企業では進んでいるようです。iPS細胞は確かにES細胞の問題点を解決した画期的な細胞ですが、臨床試験が行われるまでにはまだまだ多くの研究や安全性の評価が必要です。10年先行し、まもなく臨床試験も始まろうかというES細胞の研究をさらに推進し、多能性細胞に関する基礎技術を蓄積することは、iPS細胞を始めとしたこれから登場するであろう多能性細胞を有効に活用し、患者に一刻も早く治療方法を届けるためには重要なことだからです。

第2部では、ヒトES細胞の研究成果を中心に創薬研究と再生医療について考えてみることにします。iPS細胞を使って患者さんを治療するよりも一足先に実用化しそうなのが、ES細胞を使った創薬研究です。

2-1 創薬研究への応用

iPS細胞は次世代の再生医療・移植医療に革命を起こす技術として期待されていますが、それらと同様に重大な責任と大きな期待を背負い、しかも医療よりも先に実用化されることが確実なのが、新薬を作り出す創薬研究への応用です。

新しい医薬品を市場に出す前に確認すべきことは、「医薬品にしようとする物質の効果が十分に期待できるのか」ということと、「その物質が体内に入っても安全か」ということです。

大量の細胞を使う新薬の安全性試験

創薬研究における安全性の確認は、まず実験動物において入念に安全性が検討され、そして少人数の健康な人に投与するという手順で行われます。動物実験と並行して人間の細胞を使った研究も行うことで安全性に関する予測を行いますが、そのような実験を世界中の製薬メーカーが行うには、人間のあらゆる臓器の細胞が大量に必要です。

例えば、肝臓は飲んだ薬を分解する臓器です。本来は薬を分解することによって無毒化して体の外に排泄しやすくするのが目的ですが、場合によっては、肝臓で分解されることによってかえって有害な物質ができてしまうこともあります。そのような現象が起きるか否かは、作り出された医薬品候補化合物の化学構造に依存します。人体に悪影響を与えそうな医薬品候補は人間に投与する前に発見され除外されなければなりませんが、実験動物と人間では肝臓の機能が同一ではありませんので、動物実験の結果から人間で起こることを予測することは困難です。そのため、人間の肝臓の細胞を大量に用意して実験を行う必要があります。

安全性の確認だけでなく、薬が人間で効くかどうかも人間の細胞を使って確認する必要があります。そのためには、その薬が標的とする臓器の細胞を入手する必要があります。現在は主に入手が容易な「不死化」と呼ばれる一種のガン化を起こした細胞を使用することが多いのですが、ガン化した細胞は遺伝子のあちこちに異常が起きているため、ガン細胞での実験結果が本当に健康な人間で同じ反応

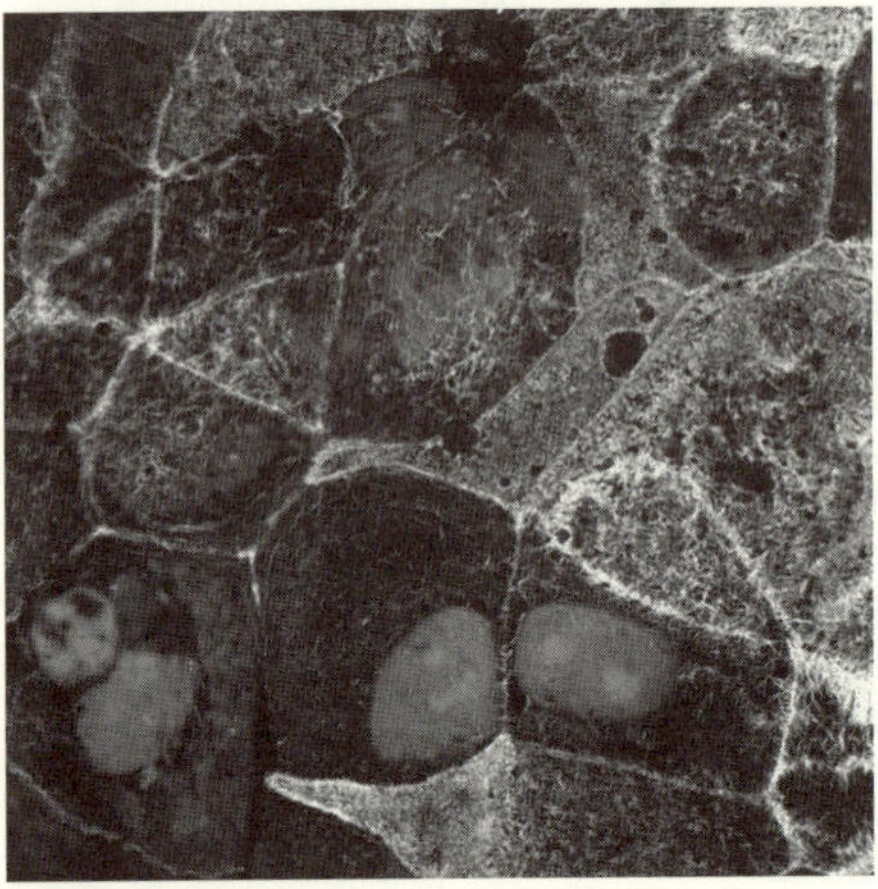

写真2-1
Caco-2細胞

人間の小腸由来細胞。医薬品の吸収性の試験に使われる細胞で、ある一人のガン患者から取り出した細胞だが試験管の中で永遠に生き続け、世界中の製薬メーカーで使用されている。

（提供＝S. Schuller, Wellcome Images）

が起きるかどうか不確実な部分が残ります。それを回避するためにはやはり、正常な人間の細胞を大量に用意する必要があります（写真2-1）。

けれど、実験用の人間の細胞の供給は献体不足のために大きな制限があり、研究に十分な量の提供は成されていません。また、個人個人の細胞では実験に用いたのが誰の細胞かによって薬に対する反応性が大きく異なることが一般的で、安定して信頼性の高いデータを得ることは困難です。

iPS細胞で広がる新薬の開発

これがiPS細胞ならば、ガン化していない正常な人間のあらゆる臓器細胞を大量に生産することができるので、医薬品の効果や安全性を確認する実験に非常に役に立ちます。

さらにiPS細胞であれば、病気を模倣した人間細胞を得ることも可能です。「研究を行いたい病気を持った患者の献体から細胞を得ればよいのでは」と考える方もいると思いますが、実際にはほとんど不可能です。その点、iPS細胞やES細胞は無限に増殖する細胞ですので、様々な遺伝子の改変を行うことができます。標的とする病気に関連する遺伝子を、iPS細胞作成時に体細胞に特定の因子の遺伝子を組み込んだのと同様の方法で組み込んで増殖させさえすれば、目的のヒト疾患モデル細胞を作り出すことができます（図2-2）。

またｉＰＳ細胞を使えば、パーキンソン病や糖尿病などの遺伝子疾患の患者から、その病態の原因を保持した細胞を得ることができます。そうすれば、その病気が発症している人の遺伝子にはどのような異常が起きているかを細胞レベルで確認することができ、研究段階の医薬品を試験管の中で作用させてどのようなことが起きるかを調べることもできます。

心臓の鼓動とｉＰＳ細胞

新しい医薬品を作り出す過程では、発見した薬が人間に対して悪さをしないことを確認する様々な試験も実施されています。そうした試験の中で最近最も重視されているものの一つに「ＱＴ延長試験」というものがあります。このＱＴ延長試験でｉＰＳ細胞を使えば、薬を投与する一人ひとりの心臓の細胞と医薬品の相互作用を見分けることができるため、より安全な医薬品の投与を行

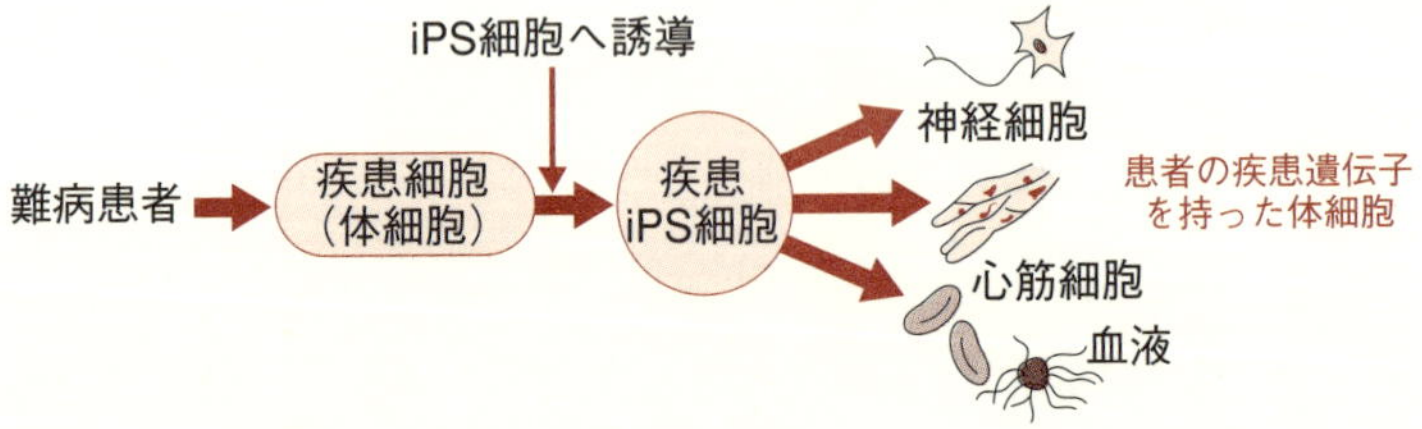

図2-2
患者の遺伝子を持ったiPS細胞の創薬応用

患者の体細胞を取り出せば、その中に病気の原因遺伝子が含まれている。その体細胞からiPS細胞を誘導して疾患部位の臓器に分化させれば、患者の病態を試験管内で再現させて薬の効果を確認したり、病気の発症の仕組みを解明したりできる。

うことができるものと思われます。

　心電図にはいくつかの波があり、それぞれにP、Q、R、S、Tと名前が付いています（図2-3）。QT延長はその名のとおり、QからTの間が正常よりも長くなる病気で「QT延長症候群」と呼びます。QT延長の因子には遺伝的因子による先天性QT延長症候群と、それ以外の原因による後天性QT延長症候群があり、後者に医薬品による副作用が原因となるQT延長が含まれます。前者については、疾患として対処することが可能ですが、後者については日常的に飲むような薬でQT延長が起きることがあります。

　心電図のQT間隔が延長するような状態では、心臓の各部位によって拍動のリズムのばらつきが多くなり、頻脈性不整脈と呼ばれる状態が生じやすくなります。そうするとポンプとしての役割を果たせなくなり、失神発作、心停止を経て死に到ります。新しい医薬品がこのような

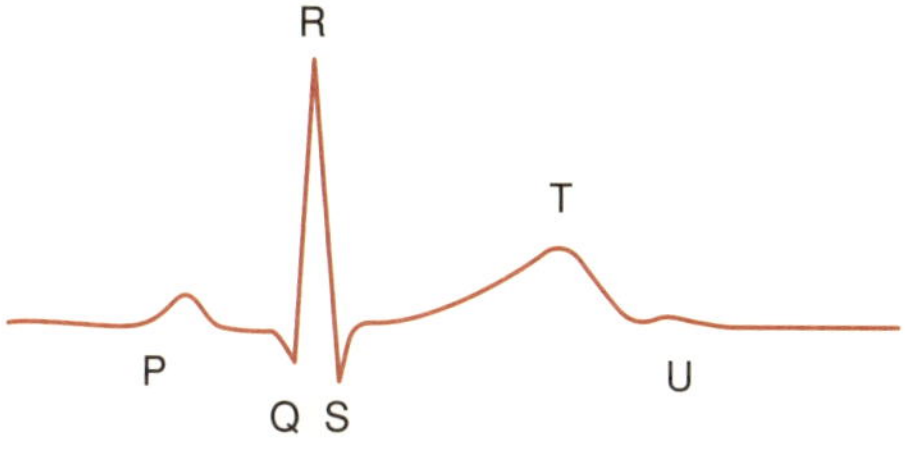

図2-3
心電図

図は標準的な正常心電図を示す。心電図に現れる波形はその形によって、PQRSTUの部分に分けられる。

- P波：心臓の上半分に位置し、下半分の心室に血液を送り込む役目を担う心房の活動を示す。正常な状態では右心房と左心房は同期して拍動するので1本のピークになるが、疾患によって右心房と左心房にかかる圧力が異常になると同期がとれなくなり、波形が乱れる。
- QRS波：血液を動脈に押し出す心室の活動を示す。QRSで心室の一連の拍動を示すので、心筋の異常で拍動が乱れていると、ピークの形状が変形したり幅が広くなったりする。
- T波：心室を収縮するために活動した心筋が、次の拍動のための準備をしている波。
- U波：U波については研究が進んでいないが、心室を構成する細胞の中で、右心室と左心室を隔てる一部の細胞は、正常状態であっても、その他の心室の細胞とずれたT波に相当するピークが出るものと思われている。

作用を持っていないことを確認するために、現在では医薬品と、心臓の活動に関連するある種のタンパク質の結合を指標とした間接的な評価が行われています。ＱＴ延長に関しては、動物実験の結果から人間で起きるかどうかを予測することが難しいため、それ以上の研究を行おうとすれば、人間の心電図を見る以外に方法がないのが現状です。しかし、現実的には「この薬が危ないかどうか人間に飲ませてみて心電図をとって判断しよう」ということはできません。

けれど、ｉＰＳ細胞は患者の皮膚から作り出す多能性細胞なので、心筋細胞もそこから容易に作り出すことができます。心筋細胞の拍動の波形を取り出すことはすでに可能ですので、その細胞に患者が飲む可能性のある薬を添加すればＱＴ延長が起きるかどうかを確認することができるのです。また、その過程で実際にＱＴ延長が起きる細胞に巡り会うことができれば、その細胞と、同じ薬にさらしてもＱＴ延長を起こさない細胞を比較することによって、ＱＴ延長のメカニズムに関する研究を行うことも可能になります。

人間の病気を患った細胞の開発

さて、医薬品を研究する過程で実際に人間の病気で効くかどうかを確認するにあたって、最終的には臨床試験で患者さんに投与を行ってその結果を観察するのですが、臨床試験に入る前にモデル動物で十分な検討が行われます。

モデル動物とは、病気の原因物質を投与したり、突然変異や遺伝子組み換えによって人間がある病気になった状態とそっくりの状態をした動物のことです。高血圧、糖尿病、うつ病、骨粗鬆症、関節炎、皮膚炎、喘息など、あらゆる病気を持った実験動物が開発されています。現在、これらと並立する形でヒト疾患モデル細胞の樹立が鋭意進められていて、すでにいくつかの病気ではヒトの病気の状態を再現した細胞ができています。

ヒト疾患モデル細胞の作成方法はいくつか考えられますが、すでに海外で研究に用いられている作成方法は「体外受精卵の遺伝子診断」によるものです。不妊治療のために体外受精した受精卵に着床前診断で疾患原因遺伝子の変異が見つかった場合、これを廃棄せず、その受精卵からES細胞を作るものです。その他の方法としては、すでに樹立されているES細胞の病気に関連する遺伝子を破壊するなどしてエラーを発生させ疾患状態を誘発するもの、患者の未受精卵から単為発生ES細胞を作る方法、iPS細胞を作成する方法で患者からの遺伝子を導入する方法などが考えられます（図2-4）。

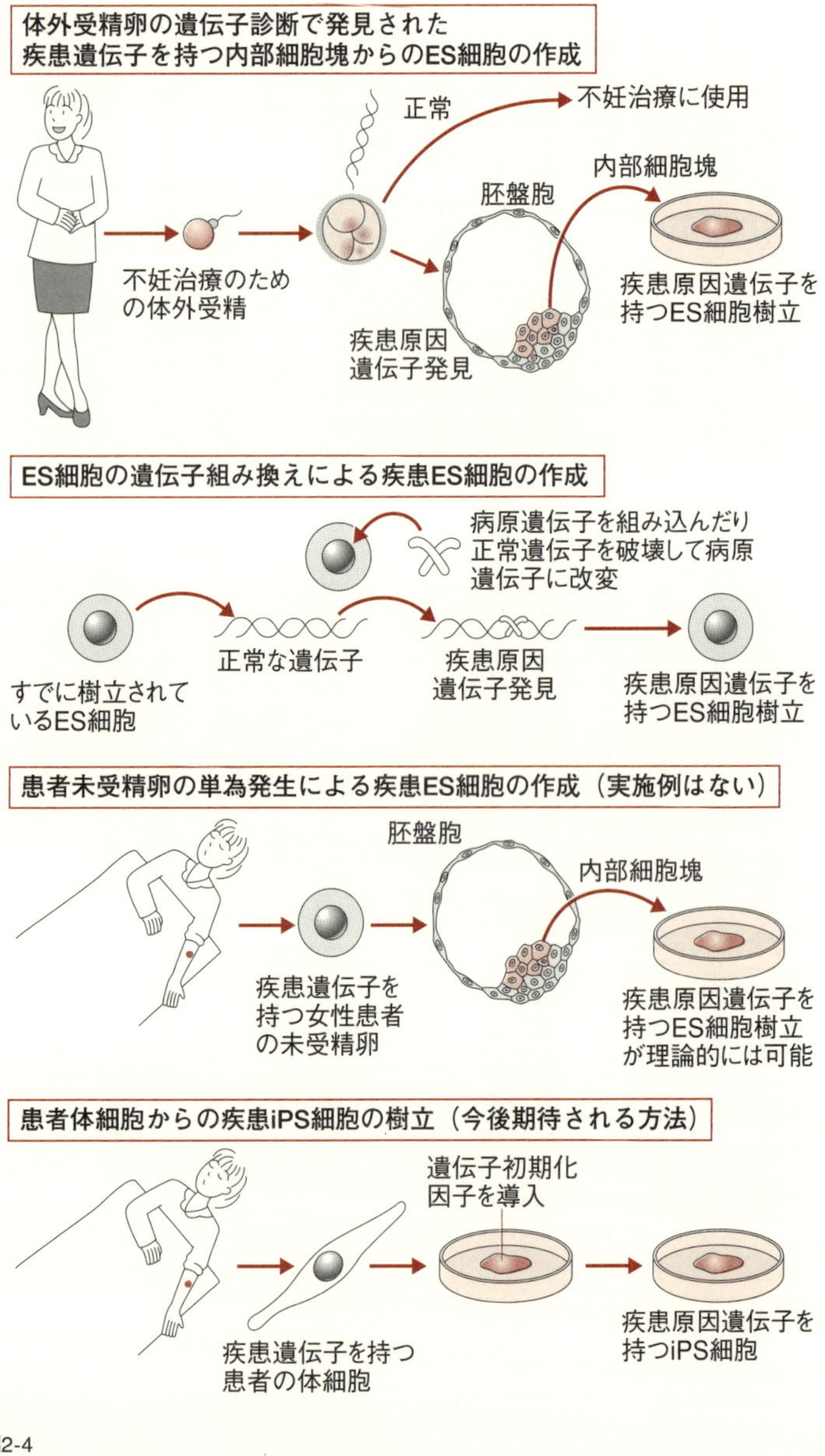

体外受精卵の遺伝子診断で発見された
疾患遺伝子を持つ内部細胞塊からのES細胞の作成
正常
不妊治療に使用
内部細胞塊
胚盤胞
不妊治療のため
の体外受精
疾患原因遺伝子を
持つES細胞樹立
疾患原因
遺伝子発見
ES細胞の遺伝子組み換えによる疾患ES細胞の作成
病原遺伝子を組み込んだり
正常遺伝子を破壊して病原
遺伝子に改変
正常な遺伝子
疾患原因
遺伝子発見
すでに樹立されて
いるES細胞
疾患原因遺伝子を
持つES細胞樹立
患者未受精卵の単為発生による疾患ES細胞の作成（実施例はない）
胚盤胞
内部細胞塊
疾患遺伝子を
持つ女性患者
の未受精卵
疾患原因遺伝子を
持つES細胞樹立
が理論的には可能
患者体細胞からの疾患iPS細胞の樹立（今後期待される方法）
遺伝子初期化
因子を導入
疾患遺伝子を持つ
患者の体細胞
疾患原因遺伝子を
持つiPS細胞

図2-4
研究用疾患遺伝子を持つ細胞の樹立

2-2 遺伝子組み換え動物の限界

トランスジェニック動物と呼ばれる生き物がいます。人間や他の動物の遺伝子を自身の遺伝子の中に組み込まれ、その遺伝子が機能している生物です。生命科学の研究のために使用される動物で、トランスジェニックマウスは最も一般的ですが、ラットや魚類もいます。

最初のトランスジェニック動物が現れたのは1981年のことで、マウスにラットの成長ホルモン遺伝子を組み込んだところ、それが機能して通常の2倍の体重を持つスーパーマウスが誕生しました。

トランスジェニック動物は、目的とする遺伝子を注入した受精卵を仮親の卵管に移植して作られます。人間の病気の遺伝子をマウスで機能させることができれば、病気のメカニズムの解明や医薬品の研究に大いに役立ち、すでにアルツハイマー、ガン、エイズ、パーキンソン病、糖尿病など多くの遺伝子の違いに原因を持つ疾患を表現したマウスが作られています。例えばアルツハイマーモデルマウスの場合、疾患の原因の一つと考えられているアミロイド前駆体タンパク質の遺伝子の異常などに着目し、家族性アルツハイマー病患者の遺伝子解析から確認された原因遺伝子をマウスのES細胞に移植して、ヒトのアルツハイマー病患者と同じ遺伝子を発現するトランスジェニックマウスが多く開発されています。これらのトランスジェニックマウスでは、人間と同じように脳内に老人斑を形成するものや神経原繊維変化を伴うもの、さらには記憶の欠損を伴うものなど、病態をうまく再現できているとされています。

ただ、これら遺伝子組み換え動物には限界があります。それは「そもそも彼らは人間ではない」という分かり切った事実です。人間の遺伝子を実験動物に組み込んでも、人間と同じ挙動をとるとは限らず、それは組み込まれた遺伝子に直接関連する現象を実験動物で再現しているに過ぎず、人間という完結した生命現象との相関関係を何ら反映していません。

ところが、ヒトiPS細胞で人間の疾患を演じさせることができれば、人間とマウスの種の違い（種差）を考える必要がなくなり、研究は大きく進展するはずです。

2-3 細胞シート工学

ｉＰＳ細胞の技術で患者の組織細胞を作り出した次の段階として考えられているのが、組織の移植です。ｉＰＳ細胞から作成した組織を患者の体内に移植するためには、造血幹細胞などの一部の例外を除いて、何らかの細胞がひとまとまりになった三次元構造を作ってやる必要があります。

これまでに実施されている例では、骨や軟骨を移植するために生分解性高分子を使ったスポンジのような足場に細胞を付着させ、培養することによって組織の形を形成する方法が行われています。この場合、生分解性高分子は時間が経つと体内で徐々に分解され、その部分に細胞が新たに増殖する、あるいは繊維性の細胞外物質が充填されることによってやがて完全に細胞由来物質で組織が再生されるというものです。

この方法は、移植する臓器が比較的安定な構造をしているために利用可能な手法ですが、今後再生医療が現実のものになる心臓や肺などには柔軟性の低い高分子の足場を埋め込むことは困難です。そのため、近年では細胞をシート状に培養してそれを何層にも貼り重ねる方法がよいとされており、シート状に細胞を培養する技術が日本の研究者を中心に進展しています。全ての組織細胞がシート状に培養できるわけではありませんが、角膜や心筋、肝臓、網膜、皮膚、膀胱上皮、歯周病の治療に使える歯根膜など、20～30種類の細胞シートが作成できることがわかっています。

移植に有効！　細胞シート

こうしたシート状に培養された細胞は、すでに患者を対象に使用されています。角膜の再生治療では角膜上皮細胞をシート状に培養して角膜に移植します。この細胞は細胞同士を結びつける糊の役目をする接着タンパク質を自ら作り出していますので、移植するとただちに角膜に接着する性質があります。また、シートの重ね合わせによる立体構造の構築についても研究が進んでいて、心筋細胞のシートを心筋梗塞の部位で何層にも重ね合わせると、もともとの患者の心筋細胞と後から重ね合わせた細胞がすぐに同期して拍動することも動物実験で確認されています。

細胞シートの重ね合わせは、違う種類同士でも可能な場合があります。例えば、血管内皮細胞のシートを組織細胞のシートの間にサンドイッチの具のように挟み込めば、患者の血管系と接続した毛細血管の形成を促すことができ、移植した細胞へ酸素や栄養を供給する役目を担います。

細胞シートは、必ずその細胞が由来する組織に使用しなければならないわけではありません。心筋の治療を行うには、必ずしも心筋の細胞シートを用いなければならないというわけではないのです。

2007年に大阪大学病院で細胞シート移植が行われた心臓が大きくなってポンプの力が弱る拡張型心筋症患者の場合、患者自身の太ももの筋肉10g程度を使用し、その中に含まれている筋肉の幹細胞である筋芽細胞を直径4㎝ほどのシート状に培養し、それを移植することによって治療に成功しています（図2-5）。患者自身の細胞を利用した治療で治癒に成功した世界で初めての例です。

この移植では、細胞シートは3層に貼

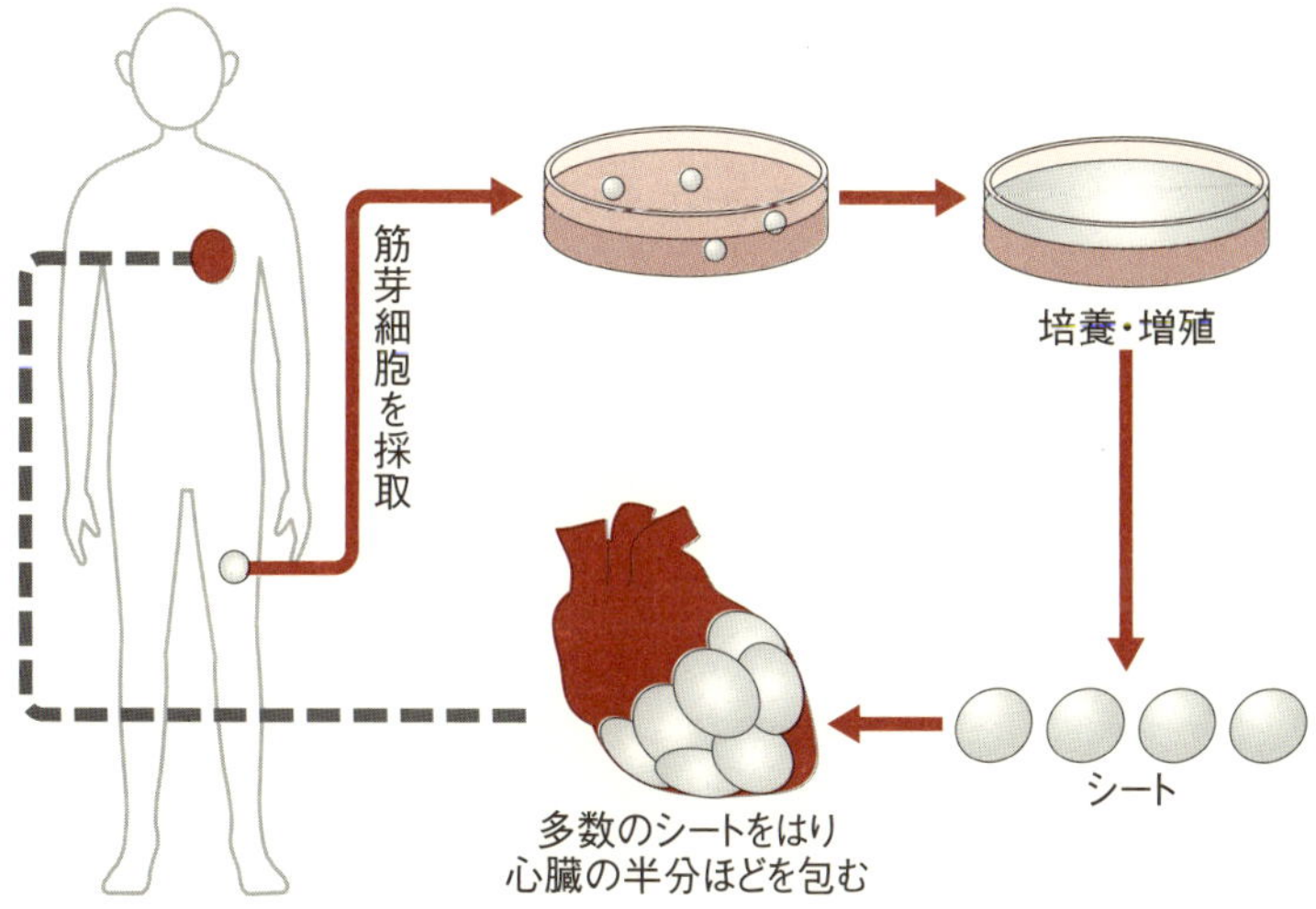

図2-5
細胞シートを使った拡張型心筋症患者の治療
〔読売新聞（2007年12月15日）より引用〕

り重ねられました。この患者は、従来は心臓移植しか治療の方法がない重篤な状態でしたが、細胞シートの移植手術によって心臓の機能がほぼ正常な状態まで回復し、日常生活にはほとんど支障がない段階まで治療に成功したということです。

同様の例は、角膜移植治療でも行われています。培養角膜上皮細胞シートのかわりに患者の口腔粘膜上皮細胞をシート状に培養し角膜に移植を行っても、良好な治療結果が得られています。

細胞シートを使わない従来の細胞移植では、培養した細胞を混ぜ込んだ培養液を注射器を使って幹部の臓器に注入する移植術などが行われていました。このような方法では、移植した細胞が患者の臓器細胞と馴染まなかったり、せっかく注入した細胞が拡散してしまうことがありましたが、細胞シートの移植は、そのような問題を大きく改善しました。

2-4 バイオ・プリンティング

細胞シート同様の意図で、培養した細胞を立体的に形成するための新しい技術としてインクジェットプリンターの技術を用いた細胞播種技術「バイオ・プリンティング」が開発されています。

この技術は、次世代の有力な細胞移植技術として日本、アメリカ、イギリス、シンガポール、オランダなどの研究チームが実用化を競っています。共通の仕組みとして、インクの代わりに生きたヒト細胞をインクジェットのノズルで患者に噴霧しようとするものです。すでに世界各国で実験用ガン化細胞、線維芽細胞、血管内皮、骨芽細胞、軟骨細胞など、あらゆる種類の吹き付けとその後の培養に成功しています。ただし、それらは実験室内で実験をしている段階で、人体や動物の体を用いた試験はまだ行われていません。

噴霧された細胞は秒速30㎝で飛び出しますが、破損することもなく24時間以内に増殖を開始するようです。日本の財団法人神奈川科学技術アカデミーの中村真人博士のように、細胞をゲルで包む工夫をして細胞の破損を防ぐと共に立体構造を作り出す装置も開発されています。また、カラープリンターが複数の色のインクを同時に吹き出すことができるのと同様に、異なる細胞やタンパク質など細胞以外の物質を混在させることもできるので、現在行われている試験管内である程度細胞を育てる方法よりも一段と複雑な組織機能を再生できる可能性があります。

生体組織は単なる臓器細胞が集まった袋ではありません。顕微鏡でなければ見えないミクロな構造を持ち、何種類もの細胞と細胞外マトリクスといわれるタンパク質で構成され、それが三次元立体構造を形成しています。インクジェット技術を使用すれば、コンピューターのプログラム上で個々の細胞やマトリクスをそれぞれミクロのレベルで位置制御して、生体と同じ立体構造を三次元で作り上げることが可能になります。この技術によって、すでに繊維、シート、シートの積層から血管のようなチューブ構造まで出すことに成功しています（図2-6）。

インクジェットプリンターの技術は、すでに細胞1個1個に匹敵するほどの解像度の実現に成功しています。今後は細胞やタンパク質への影響を詳細に検討し、よりダメージの少ない方法や、柔らかいけれどもつぶれない立体構造をいかにして作るのかといった、生体組織専用に特殊化するための研究と工夫が必要とされています[14]。この技術が確立されれば、iPS細胞技術と組み合わせ、日本では移植さえできない心臓

⑭財団法人神奈川科学技術アカデミー「バイオ・プリンティング」プロジェクト

病の子どもの患者さんに、患者さんから取り出した皮膚の細胞から心臓の細胞を作り出し、細胞外マトリクスと共に子どもの心臓をバイオ・プリンティングで作り出して移植するということも理屈では可能です。それが実現するまでにはさらに長い期間がかかることと思われますが、実現する日が待ち望まれます。

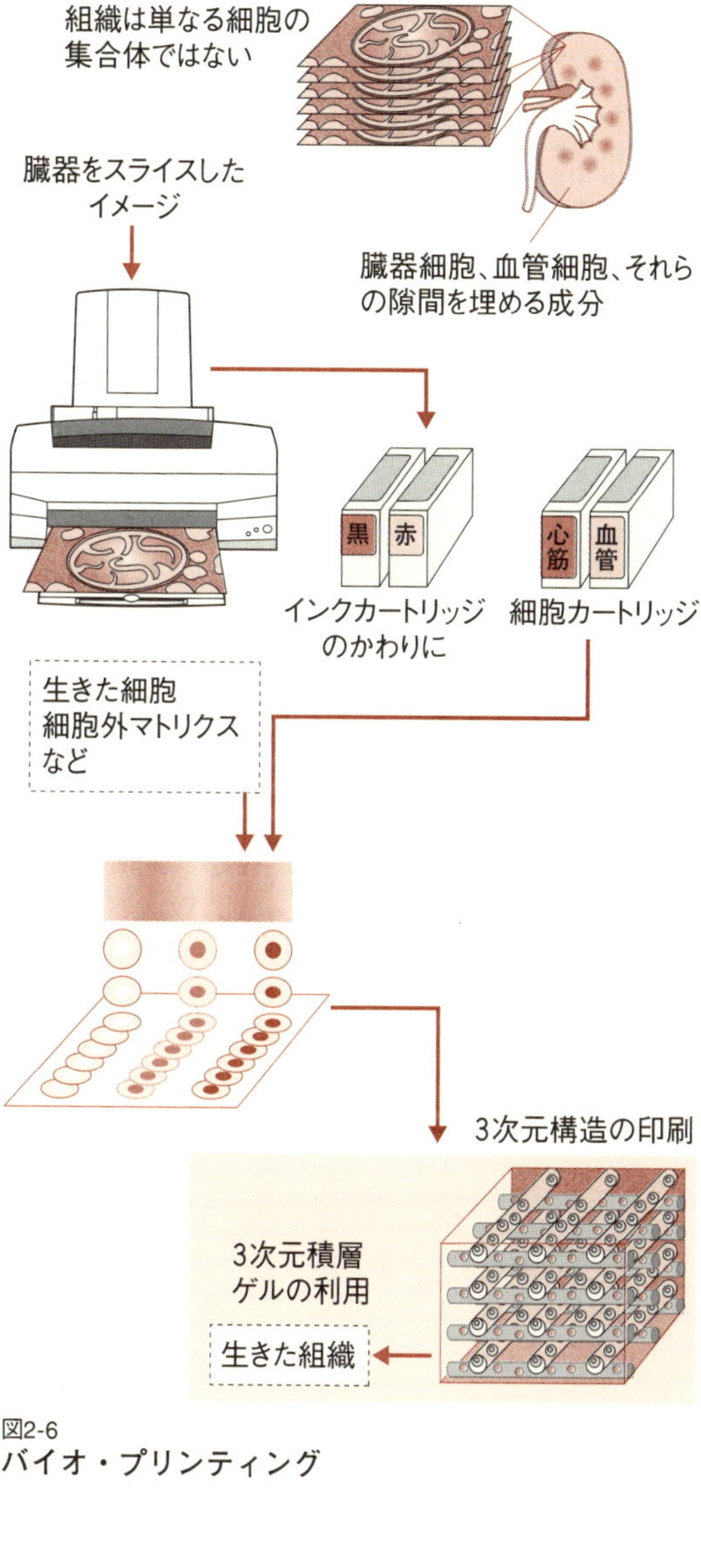

図2-6
バイオ・プリンティング

2-5 皮膚の再生

皮膚には、私たちの体を外界から隔絶して保護する役目があります。同時に、体温調節、触覚・痛覚などのセンサーの基盤、紫外線や有害物質などに対するバリアなどの役目も担っています。このように人体にとって重要な皮膚は、体重の16%を占めています。皮膚の表面は、周期的に細胞がはがれ落ちては新しい皮膚細胞が表面に現れる新陳代謝が行われています（図2-7）。また、ケガなどで皮膚が傷ついた際には、細胞の増殖によって修復が行われています。

現在、再生医療の中で最も進んでいるのは、皮膚の再生かもしれません。皮膚を作り出す幹細胞は体のごく表面にあるため採取しやすく、さらに死後臓器提供も可能であるため研究が進展しており、皮膚の移植はやけどの治療でごく一般的に行われています。

1999年9月30日、茨城県那珂郡東海村で発生した日本最悪の原子力事故であるJCO臨界事故においては、被爆した作業員に対する治療においても培養皮膚細胞移植が行われました。

⑮http://www.nedo.go.jp/kankobutsu/report/1006/1006-16.pdf

すでに商業化を目指した製品も臨床試験が進行しており、Intercytex社⑮の製品である肌再生パッチが商業化に最も近い位置にいるとされています。この会社はイギリス・ケンブリッジに本社を置き、分化したヒトの繊維芽細胞を使用して、皮膚修復用製品や美容形成製品を作るための細胞治療の開発を専門としています。下腿の静脈潰瘍治療用皮膚細胞がすでに臨床試験の最終段階であるフェーズ3に入っています。また、製品に使用される毛乳頭細胞を培養・増殖させる全自動システムの開発にも取り組んでおり、現在、顔の若返りを促す製品と男性型脱毛症用の製品が人間を対象とした実証試験が行われています。

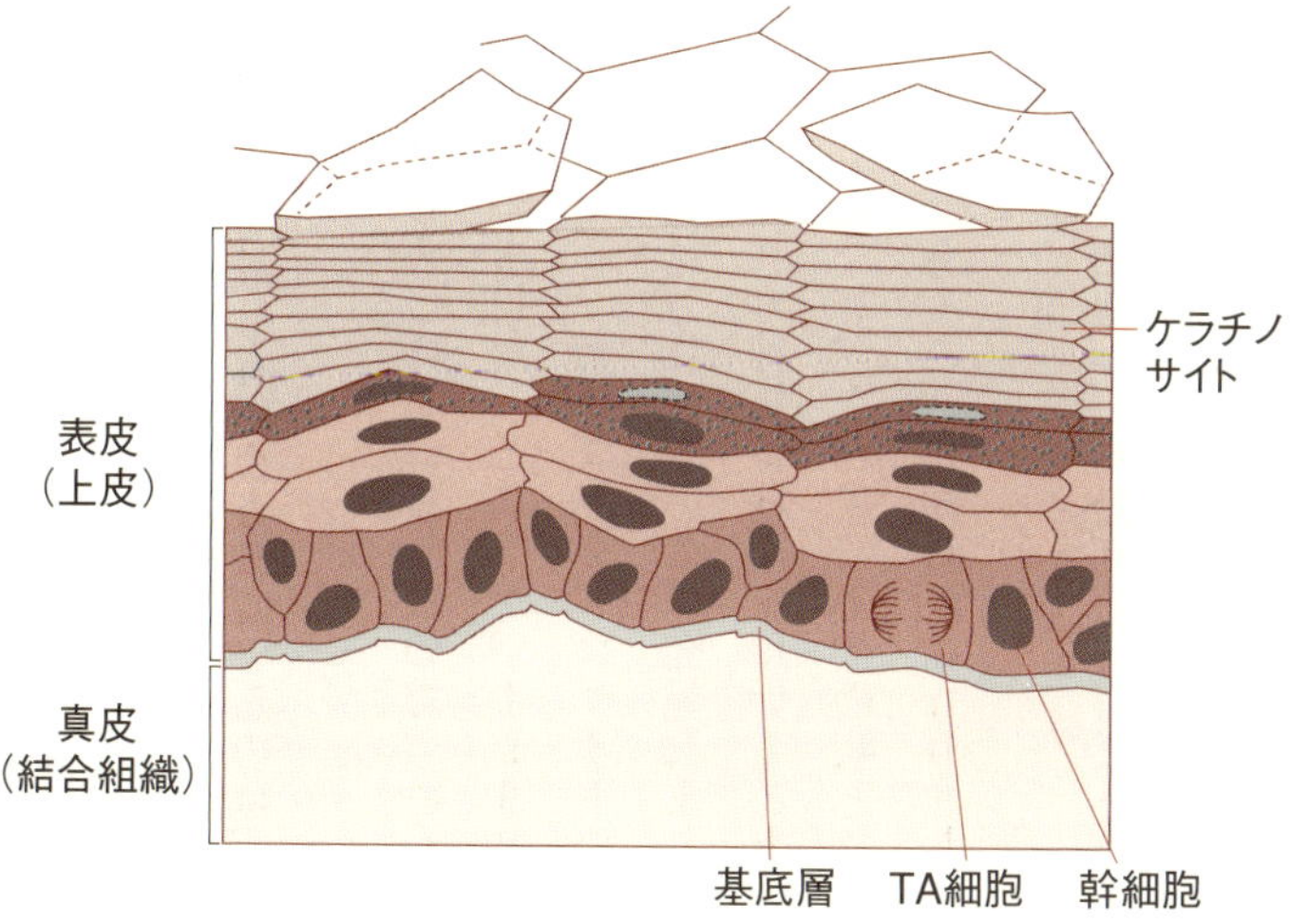

図2-7
皮膚を作り出す幹細胞

皮膚の幹細胞はゆっくりと分裂してTA細胞になり、TA細胞が速やかに分裂してケラチノサイトに分化する。

（提供＝東京医科歯科大学 和田勝先生）

2-6

神経細胞は死ぬばかりではなかった!?

神経疾患における再生医療のための細胞供給源として最も有望視されているのは、哺乳動物の神経系に存在する神経幹細胞です。

古くはひとたび完成した神経系は死ぬばかりだと考えられていましたので、いかに神経の細胞死を抑制するかに関する研究が行われていました。ところが、1992年に神経系の構成細胞であるニューロン、アストロサイト、オリゴデンドロサイトの3種類の細胞に分化する神経幹細胞が存在することが発見[16]されます。この発見により哺乳類も含めて神経系は再生され得ることがわかり、これら神経幹細胞を用いることによって、脳卒中、パーキンソン病、アルツハイマー病など、これまで不治の病と諦められていた神経疾患を治療する道が開かれる可能性があることが明らかになりました(図2-8)。

近年の多能性幹細胞研究の進展に伴い、非神経系の細胞から神経細胞を得ようとする研究も進んでいます。具体的にはES細胞を神経幹細胞に変化させ、さらにニューロン細胞やグリア細胞に分化させる研究が、マウスおよびヒトES細胞においてすで

●グリア細胞
神経系を構成する神経細胞ではない細胞の総称。神経膠細胞とも呼ばれる。

⑯Reynolds,B.A., J.Neurosci., 12, pp.4565-4574, (1992)

に成功しています。

非神経系細胞は神経細胞として機能する?

非神経細胞から作り出された神経細胞が脳の中で正常に機能するかどうかについてはまだ研究段階であるものの、マウスにおいては、パーキンソン病モデルにES細胞を移植することによって神経機能の回復が確認されたという報告もあります。

神経幹細胞の機能についてはマウスでよく研究されています。マウス受精卵に神経幹細胞が現れるのは胎生5日目頃とされていて、この段階の神経細胞を取り出し、必要な条件を整えた試験管内で培養することができます。胎生初期の神経幹細胞からはニューロンが盛んに作り出されますが、新生時期前後はニューロン

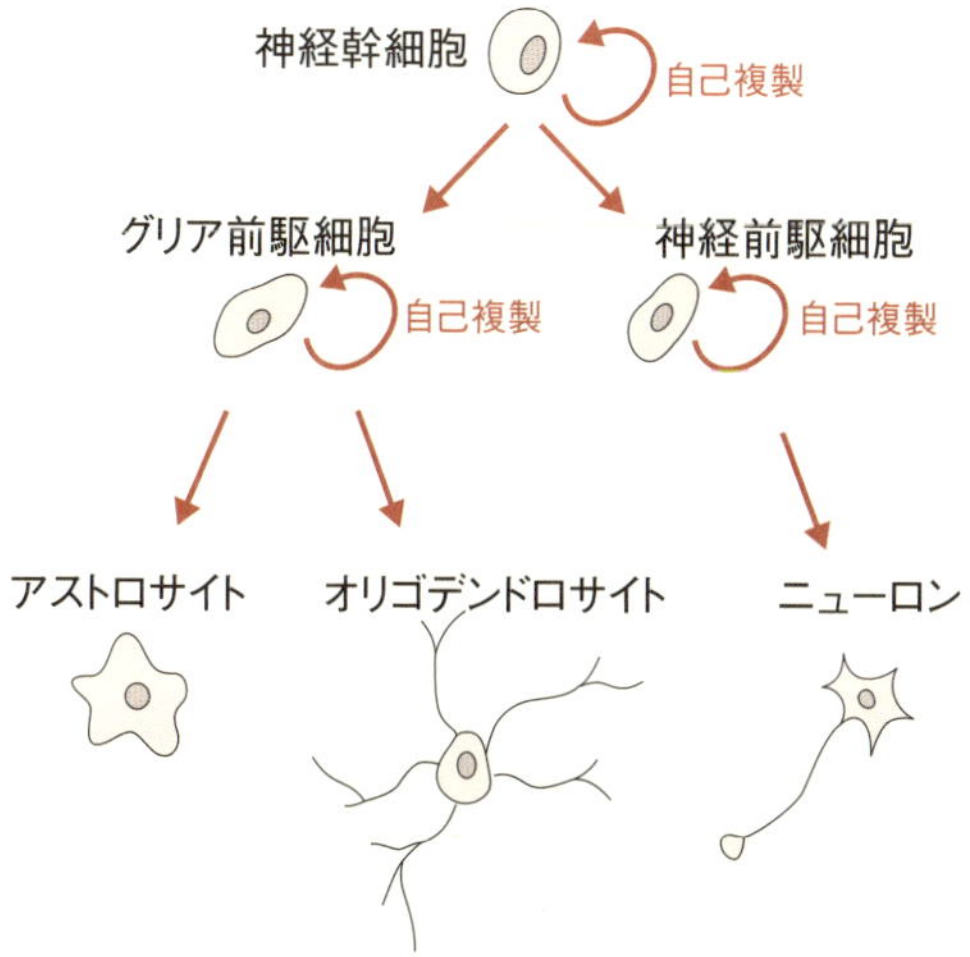

図2-8
神経幹細胞
神経幹細胞は各種の神経細胞に分化する他、自分自身の複製も行う。

に加えてアストロサイトとオリゴデンドロサイトが分化することがわかっていて、幹細胞からそれら3種類の神経細胞への分化のタイミングや量は厳密にコントロールされているようです。誕生から大人にかけてのマウスの神経幹細胞は、脳室下帯や海馬歯状回と呼ばれる特定の領域に存在して依然ニューロンを作り続けています。まだ明確に解明はされていないものの、このニューロンの誕生が記憶形成や学習と密接に関係があるようです（写真2-9）。

　人間に神経幹細胞が存在することが確認[17]されたのは1998年のことでした。この神経幹細胞はすでにマウスの研究でわかっていたとおり、臭球や海馬でニューロンを新たに作り出していることが、神経疾患やガンで亡くなった患者の脳を使った研究で明らかになりました。一方、海馬においては、加齢と共に新たに生まれるニューロンの数が減少することがわかっています。また、神経幹細胞からニューロンの分

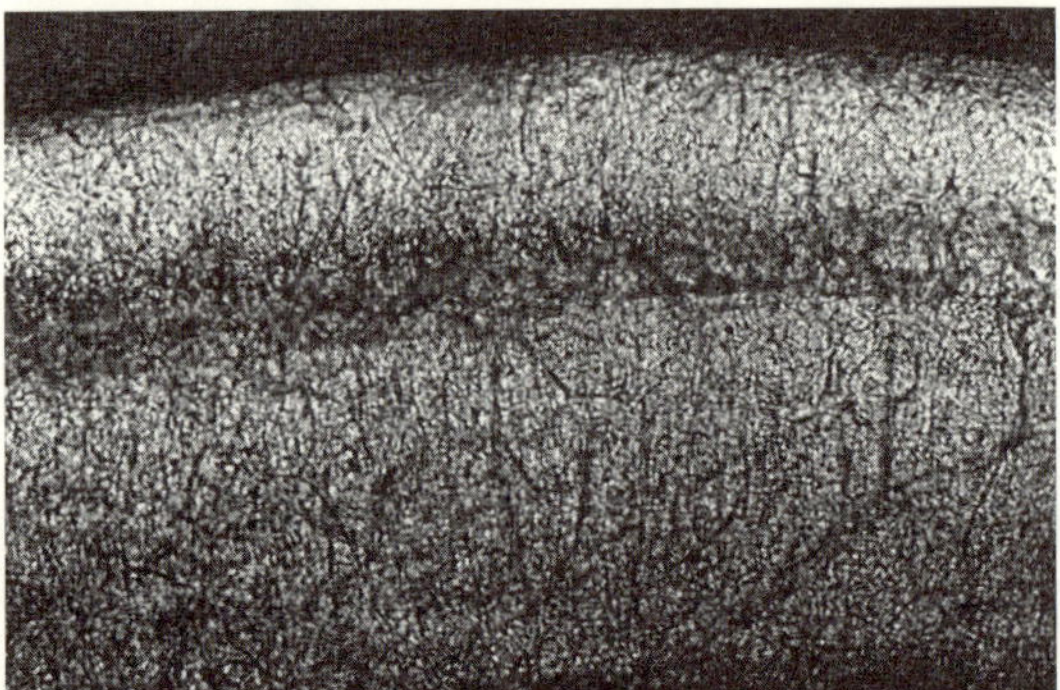

写真2-9
海馬を構成する神経細胞
（提供＝Biosciences Imaging Gp, Soton, Wellcome Images）

⑰**Pincus,D.W., Ann Neurl., 43, pp.576-585, (1998)**

化はその動物の生活環境などの様々な要因によって変動し、マウスやラットでの実験では、飼育環境を豊かなものにすると大量の新たなニューロンが誕生し、そうでない環境では神経細胞の分裂が抑制されました。脳梗塞などの疾患状態ではニューロンの新生は促進され、神経幹細胞自身も活発に増殖し、失われた組織を補充しようとしていることがわかっています。

ただし、疾患とニューロン新生の関係はその状態によって様々に変化するため、非常に複雑です。例えばアルツハイマー病で亡くなった患者脳の研究では、神経細胞の分裂が活性化していたものの、アルツハイマー病と関係する変異型アミロイドβ前駆タンパク質が脳に沈着すると、神経幹細胞の増殖とニューロンの分化はいずれも阻害されることもわかっています。

いずれにしても、脳のニューロンが損傷を受けた場合には神経幹細胞が活躍してその損失を補おうとしているらしいことは確かです。一方で、多くの神経性疾患においては、疾患で失われるニューロンの量が新たに作り出されるニューロンの量をはるかに上回っているという報告[18]もあるため、活性化した神経幹細胞を人為的に移植することは、脳神経疾患の治療方法として有効である可能性があります。

⑱Arvidsson,A., Nat.Med., 8, pp.963-970, (2002)

ES細胞から神経細胞、そして治療へ

脊髄損傷やパーキンソン病を模したモデル動物の実験では、ES細胞由来の神経幹細胞、または分化した神経細胞を移植することによって脳機能が改善されることが知られています。

ES細胞から神経細胞への分化は、生命の発生初期のプロセスをたどることが知られています。[19] ES細胞から生じた神経幹細胞は前後軸が決定されますが、このときに作用させる成分を様々に変化させせることによって、実際に体内で機能している多くの種類の神経細胞を培養皿上で作り分けることができます。マウスES細胞に分化に必要な因子を要求される濃度で与えてやると、前脳型アセチルコリン作動精神系、中脳ドーパミン作動精神系、脊髄運動神経などに分化することがわかっています。これらの細胞は、いずれもパーキンソン病や筋萎縮性側索硬化症などの治療に応用することが可能です。

パーキンソン病については、すでに20年以上前から細胞移植による治療が行われています。この移植は幹細胞ではなく、胎児由来中脳黒質細胞移植と呼ばれるもので、60歳以下の軽・中度の患者に有効であることが示されています。ただ、数十%という

[19] Medical Science Direct, Vol.33, 14, pp.29-, (2007)

高い率で体が勝手に動いてしまう副作用であるジスキネジアが発生し、さらに有効に治療を行うためには患者1人に対し4体の胎児が必要であるため、供給量の観点と倫理的な観点から非常に問題のある治療方法だとされています。そこで考えられているのが多能性細胞を培養で増やして患者に移植する方法です（写真2-10）。

ヒトES細胞においても、2000年以降になって様々な神経細胞への分化と治療への応用研究が進展し、神経前駆細胞を経てニューロン、アストロサイト、オリゴデンドロサイトの3種類、つまり脳を構成する神経の全てを人為的に作り出せることが確認されました。また、ニューロンはそれが存在する脳内の部位や機能によって情報を伝える物質が異なりますが、ドーパミン作動性、GABA作動性、セロトニン作動性などと呼ばれる様々な種類が誕生することもわかってい

写真2-10
ES細胞から作った神経ネットワーク
ES細胞を分化させ、試験管内で神経ネットワークも作成できる。
（提供＝Q-L. Ying & A. Smith, Wellcome Images）

ます。その他にも、筋萎縮性側索硬化症治療に使う運動ニューロン、網膜色素変成の治療に使える網膜神経細胞、脊髄損傷の治療に用いるオリゴデンドロサイトなどを作り出すことができます。

神経疾患の治療、疾患によって障害を受けている神経細胞の種類は異なります。したがって、ES細胞由来の神経細胞を移植することによる再生医療では、さまざまな種類の神経細胞が必要です。例えば、パーキンソン病の治療にはドーパミン産生神経、脳梗塞には大脳神経といった具合に適した細胞のみを大量に手に入れなければなりません。こうした観点から見ても、ES細胞由来の神経細胞を作り出すということは、とても有効な手段だといえるでしょう。

ES細胞由来の神経細胞は、人体で機能するか?

最近では、ES細胞由来の神経細胞が移植によって機能するかどうかについての研究も進んでいます。人間の脊髄損傷患者を模したモデルラットを使った実験でES細胞をオリゴデンドロサイト前駆細胞に変化させ移植を行ったところ、ES細胞由来の神経細胞はもともとラットに存在していた神経細胞とネットワークを再構築することができ、その機能が回復していることも確認されました。その他にも、世界各国の研究者からＥＳ細胞から作り出した神経細胞の前駆細胞を移植することが治療に有効であることが次々に報告されています。

一例として、パーキンソン治療の研究を紹介してみましょう。パーキンソン病は、中脳側腹側の黒質ドーパミン神経の変成であることがわかっています。かつては、ヒトＥＳ細胞からドーパミン作動精神系を作成し、パーキンソン病モデルラットに移植する試験が行われました。その結果は残念なことに、移植した細胞がラットにもともと存在する脳細胞とネットワークを作ることができず、治療効果も確認できませんでした。そこで、ヒトＥＳ細胞由来の前駆細胞、つまりドーパミン作動神経という最終的な目標細胞になる前の段階の細胞を移植したところ、部分的ではあるものの、運動機能の回復が確認されます。このことによって、ＥＳ細胞から作り出した細胞をどの段階で移植すれば治療効果が得られるかに関する研究が重要であることが示されました。

サルを使ったパーキンソン病の治療実験では、サルＥＳ細胞から作った神経前駆細胞をサルに移植したところ、良好な回復が認められたという報告[20]もなされています。また、サルＥＳ細胞から作ったドーパミン産生ニューロンをパーキンソン病モデルサルに移植したところ、３カ月ほどで細胞は機能を維持したままサルの脳内で安定化し、行動の改善がみられました。ポジトロンＣＴを用いて細胞の機能を測定してみると、

⑳高木ら，J.Clin.Invest., 115, pp.102-109, (2005)

ドーパミン産生ニューロンとして機能していることが確認されました。

人間に近い霊長類で同種のES細胞を用いた場合に高い効果が得られることは、人間においてもES細胞でパーキンソン病の治療を行える可能性があることを示唆しています。

ヒトES細胞から作り出した神経細胞を人間の患者に移植する治療はまだ行われていません。人間の神経疾患モデルマウスにES細胞由来の神経細胞を移植すると、破壊された神経細胞の構造が再生されることは、複数の実験で確認されています。しかし効果がなかったとの報告もあるため、細胞の培養や、移植の方法、移植する細胞の量など今後検討しなければならない因子が多数あるように思われます。


ES細胞から作成した神経細胞を人間に移植するには、この他にもいくつか解決しなければならない問題があります。それはES細胞による再生医療全般に通じることでもありますが、腫瘍化つまりテラトーマの発生防止のために未分化のES細胞を完全に除去する方法の開発、免疫抑制剤の使用方法を最適化することによる手術の成功率の向上などです。前者については細胞の特徴を利用して細胞を分別するセルソーター（写真2‐11）と呼ばれる装置や薬剤耐性遺伝子を用いて、後者については患者から採取した細胞を用いるクローンＥＳ細胞技術の開発や、ｉＰＳ細胞の臨床応用によって解決できるものと思われます。

また、これからの研究に期待しなければならない神経細胞特有の問題として、神経細胞同士が情報をやり取りする「接続端子」に相当するシナプスの形成をより速やかに行うにはどのような培養を行えばよいか、という点も挙げられます。

写真2-11
セルソーターの例
（提供＝ベックマン・コールター株式会社）

2-7 できるのにできない膵島移植

糖尿病という病気があります。日本人だけで患者が700万人いるともいわれ、ある意味私たち現代人に最も身近な病気です。糖尿病は、バランスの悪い食事や運動不足が原因で、血液中の糖分をエネルギー源として必要な細胞に渡すことによって処理するインスリンと呼ばれるホルモンが不足してしまい肥満が進行し、血管や神経の障害を起こし、悪化すると失明や死に到る病気です（図2-12）。ただ、このような糖尿病は特に「2型糖尿病」と呼ばれ、食生活を中心としたライフスタイルの改善と適度な運動によって症状を改善させることができます。

同じ糖尿病ながら、これよりもやっかいなのが「1型糖尿病」です。2型糖尿病は、臓器そのものには異常を伴わないのが特徴です。これに対し、1型糖尿病は膵臓の中に存在し、インスリンを作り出す役目を担っている膵島細胞が自身の免疫系によって外来異物と誤認識され誤って破壊されることが原因と考えられている疾患で、誰も気がつかない間に進行し、ある時突然、しかも子供の頃に発症します。このため1型糖尿病のことを「若年型糖尿病」とも呼びます。

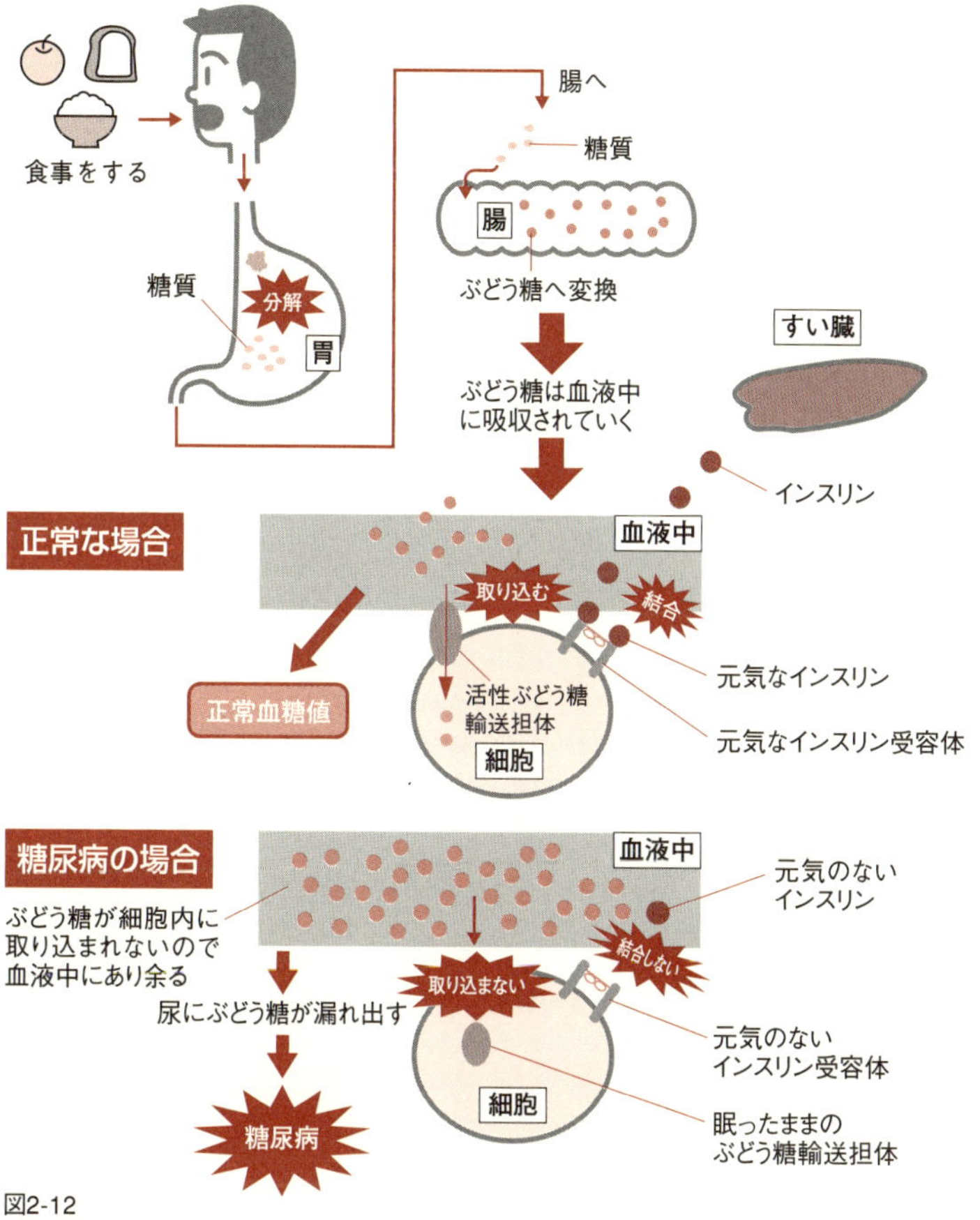

図2-12
糖尿病の仕組み

果実や穀物には糖分が多く含まれている。糖分の構成要素の一つであるぶどう糖は生物が活動するためのエネルギーを作り出す材料として細胞で利用される。食事で摂取されたこれらの糖分は小腸で分解されぶどう糖へ変換され、血液中に吸収される。血液中を循環しているぶどう糖はそれを必要としている細胞に分配されるが、細胞による糖の利用を調整しているのが膵臓から分泌されているインスリンである。

細胞はぶどう糖輸送担体と呼ばれるタンパク質でできた糖を取り込むための専用の入り口を細胞に備えているが、これとは別にインスリン受容体と呼ばれるインスリンが結合して指令を受け入れるセンサーも持っている。インスリンが受容体に結合するとぶどう糖輸送単体へ命令が伝達され、細胞内部への糖の取り込みが始まる。受容体に異常が起きると、インスリンの指令がぶどう糖輸送担体に伝達されなくなるため、ぶどう糖が細胞に取り込まれずに血液中にあり余ることになり、それらの糖は尿として排泄され、糖尿病と診断されることになる。

(http://www.nagayoku.com/より改変)

インスリンは、食事によって供給されるブドウ糖を筋肉や脳などの大量のエネルギーを必要とする臓器に分配する役目を担っています。そのためインスリンが不足すると、行き場のなくなったブドウ糖が血液中に溜まってしまうことになります。放置するとやがて血管や神経に障害が生じ、全身のエネルギーが不足して死に到るような様々な症状が現れます。

日本に30万程度の患者がいると推定される1型糖尿病は、薬で治療することはできません。現在行われている治療方法は、インスリンを外部から血管の中に入れる対症療法です。それでも、インスリンを飲み薬のように飲むことができればましなのですが、インスリンを口から飲んでも、体内で容易に分解されてしまって血管の中には入りません。したがって、現在は1日に数回注射によってインスリンを投与する方法がとられています。注射の頻度が高いため、ほとんどの患者は自分でインスリンを投与しなければならないのですが、これは生活の質の観点から考えると非常に負担の大きな作業です。

健康な人の膵臓では、血液中のブドウ糖量がモニターされていて、それらを処理するために必要なインスリンが血液中に供給されます（写真2－13）。1型糖尿病治療のためにインスリンを注射しなければならない患者は、ブドウ糖の量をモニターしながら注射の量を調整することは現実問題として不可能です。その結果、インスリンが血液中で働きすぎてしまうことがしばしば発生し、血糖値が低下することによる発作が起きてしまうことがあり、場合によっては生命に関わる危険性もあります。かといって、1型糖尿病を放置すると確実に生命に危険が及び、若くして心筋梗塞などで亡くなってしまう例も少なくありません。

脳死と移植とES細胞

1型糖尿病の治療には、患者の体内に膵臓を移植することが理想的です。しかし、膵臓移植には高いハードルがあります。膵臓の臓器移植は心停止していない脳死状態の臓器提供者から行うことが望ましい、とされているからです。この理由は、膵臓が分泌する消化液にあります。膵臓にはインスリンなどのホルモンを作り出す以外に、膵液と呼ばれる消化液を分泌する機能があります。生きている

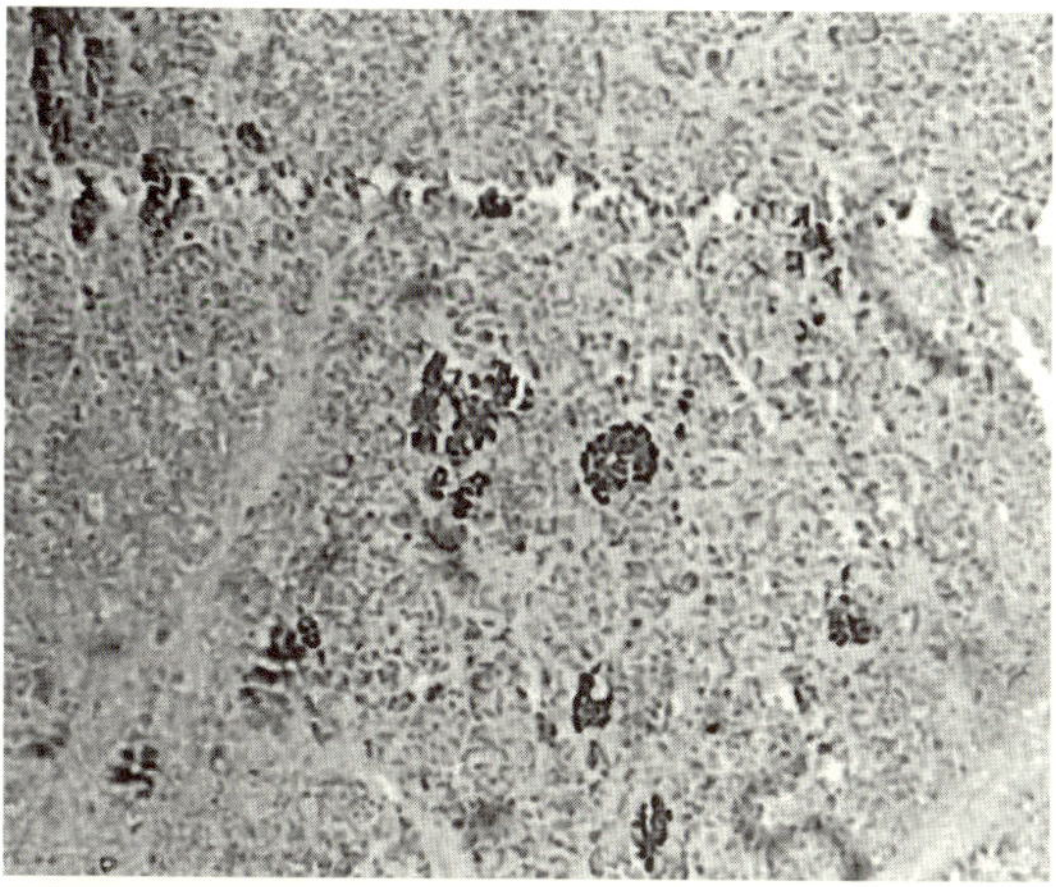

写真2-13
健康な人の膵臓

色の濃い部分がインスリンを分泌する膵島細胞。インスリンに色が付く特殊な方法で観察した。

(提供=Anne Clark, Wellcome Images)

ときには作られた消化液は次々に十二指腸に排出され、飲み込まれた食べ物の分解に使用されます。これが心停止の状態に陥ると、その排出が止まってしまい、消化液によって膵臓自身が破壊されてしまうのです。

ところが、脳死移植は日本ではわずかな例しか行われていません。現在では、心停止ドナーからの膵臓移植も高い成功率で行うことができるようになってはいますが、脳死移植、心停止移植の両者を合わせても、提供される臓器は全く足りないのです。この方法では、1型糖尿病を患う30万人もの人々を救うことは不可能です。

では、どうすればよいのでしょうか？　現在行われているのは、膵島移植と呼ばれる、インスリンを作り出す細胞だけを患者の血液中に送り込むことによって移植する方法です。すでに膵島細胞だけを効率よく選び出す技術は確立されていて、しかも、膵島細胞は膵臓に移植しなくても門脈と呼ばれる肝臓の中を通る太い血管に注入すれば肝臓に細胞が住みつき、インスリンを作り出して血糖値の低下による治療効果もあることが確認されています（図2 - 14）。

この方法における問題点は、膵島細胞をどこから入手するかです。現在最も多く行われているのは、患者の家族の膵臓を一部摘出し、そこから培養処理によって膵島細胞だけを選び出して移植するという手術です。ただ、この方法は健康な人に対して手

●**膵島**
ランゲンハンス島とも呼ばれる、膵臓の中にある細胞塊。グルカゴンを分泌するα細胞、血糖量を低下させるホルモンであるインスリンを分泌するβ細胞、ソマトスタチンを分泌するδ細胞、及び膵ポリペプチドを分泌するPP細胞の4種の細胞からなる。

術を施すことになり、膵臓の部分切除と摘出の手術は容易ではないため、臓器提供者に大きな危険があります。

そこで次世代の治療方法として世界中の研究者が取り組んでいるのが、幹細胞から膵島細胞を得る技術の開発です。ES細胞から膵島細胞を作り出すことができ、その安全性と効果が確認できれば、日本中の数十万人はもちろん、世界中の数百万人にも理論的には膵島細胞を提供することが可能となります。

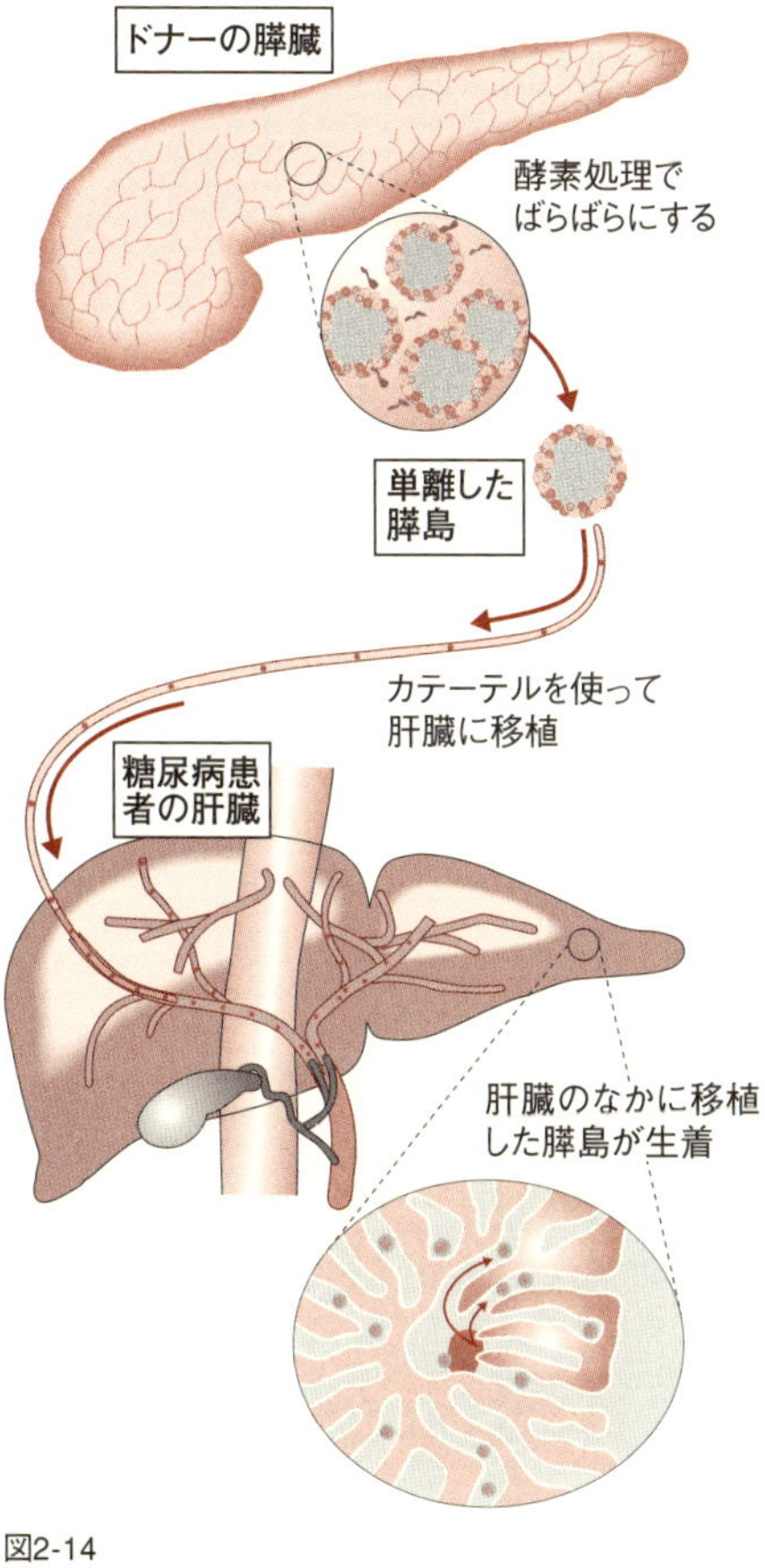

図2-14
膵島移植
(『日経サイエンス・人体再生』より改変)

● **その安全性と効果**
ES細胞から膵島細胞への分化の研究は多くの論文が出ていますが、iPS細胞から膵島細胞を作るとどうなるのでしょうか？　iPS細胞は患者自身の遺伝子の設計図によって作り出された細胞ですので、それを移植すると、再び免疫系の攻撃を受けてしまうのでしょうか？

2-8 心臓再生

日本の心不全患者数は推定約１６０万人[21]といわれています。心臓は再生能力を持っていませんので、数十年にわたって休みなく酷使されるといろいろな変化が少しずつ蓄積して心臓の筋肉（心筋）に障害が発生し、本来のポンプとしての機能が果たせなくなってきます。心筋の細胞に異常が生じると、通常とは異なる電気刺激が発生して不整脈を起こすに到ります。不整脈は動悸や息切れの原因となるばかりでなく、最悪、心臓の動きを突然止めてしまうことがあることもあり、心不全の患者さんにおける死因の半分は、不整脈が原因の突然死で占めています。

現在の治療方法は、薬物療法の他に、不整脈の原因に応じて心臓の弁の修復手術や人工弁の取り付け手術、血管が詰まっている場合は冠動脈形成術や冠動脈バイパス術、心臓を構成する細胞の情報伝達がうまくいっていない場合にはペースメーカーを埋め込む、重症の場合には心臓移植、など様々な方法があります。

幹細胞の観点から考えると、心筋細胞はつい最近まで再生できない細胞だと考えられていました。ところが、最近の研究で心筋細胞になる一歩手前の前駆細胞がわずか

㉑心不全.com
(http://www.shinfuzen.com/)

ながら存在し、これらの細胞は弱いながらも自分自身を複製する能力を持っていることも確認されるに到っています。つまり、心臓における多能性細胞の発見です。これらの細胞は、心臓を構成する細胞の老化や虚血性障害の結果死滅する細胞の補充を行う役目を担っています。米国ではすでに、この心臓内幹細胞を用いた慢性心筋梗塞症への自家細胞移植の臨床試験が行われる目前まで研究が進展しています（写真2-15）。

多能性細胞から心筋細胞

心臓内幹細胞は、iPS細胞やES細胞のような多能性細胞の分野でも注目されています。ES細胞から心筋細胞を作り出せるかどうかについては、かなり早期から研究が着手されました。ES細胞が誕生した4年後にはマウス心筋の作成に成功していますし、ヒトES細胞から培養皿内で心筋を作ることもすでに成功しています。

心筋細胞を誘導する方法は一通りではありません。

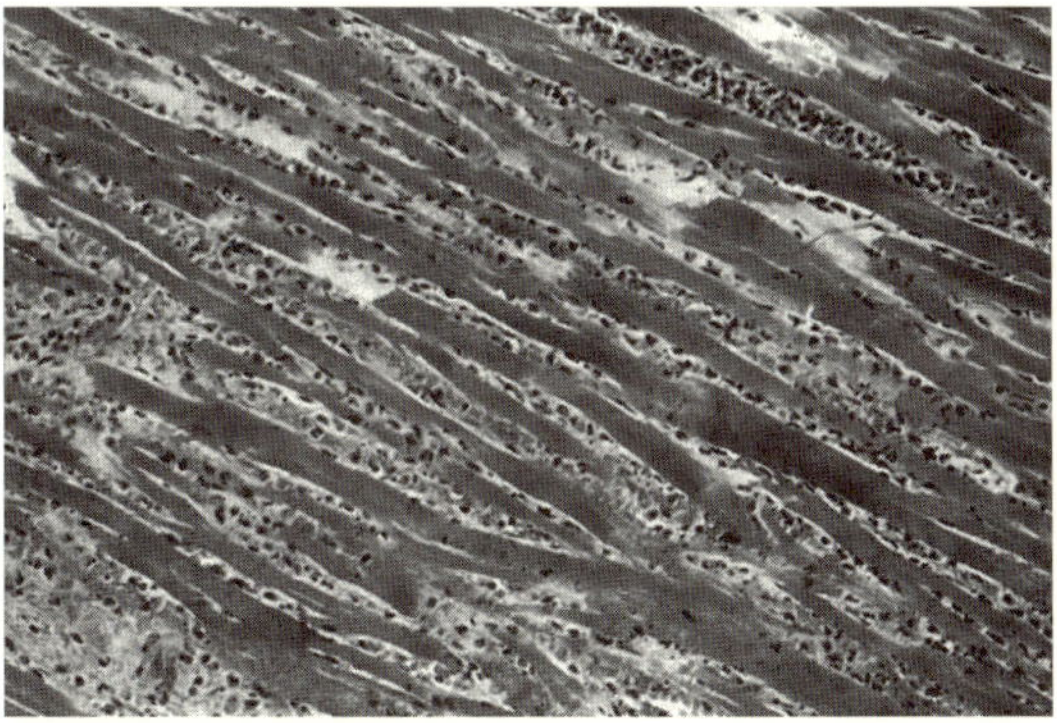

写真2-15
心筋細胞
（提供＝Wellcome Photo Library, Wellcome Images）

多くの研究者がそれぞれ独自の方法で研究を行い、10通りを越える方法が報告されています。1990年代の初期の研究ではレチノイン酸と呼ばれるビタミンAの仲間やアスコルビン酸などの低分子の成分が用いられていましたが、ここ数年の研究では細胞の成長をコントロールするタンパク質を用いる報告が増えています。こうした研究によって心筋細胞作成の成功率は上がりました。しかし、研究者はさらに向上させる必要があると考えており、今後もより効率のよい方法を探し出す研究が続けられています。

最近は、実際の受精卵における受精から心筋誕生までの経過を遺伝子レベルで解析し、どのような段階で、どのような遺伝子が活性化、逆に抑制されるかに関する情報が集まってきています。それらの情報をもとに、培養中に遺伝子の働きを抑制する物質を加えるなどして、胚の中で起きているのと同じ環境にES細胞をおく研究が行われています。それらの研究の中には、心筋細胞への誘導率を著しく向上させる方法も発見されています。

多能性細胞から生まれた心筋細胞は使える?

ES細胞やiPS細胞のような多能性細胞を用いる医療では、移植した細胞がガンのように目的と異なる細胞に分化増殖してしまうテラトーマ（奇形腫）に注意を払う必要がありますが、高齢化社会への突入に伴って今後増えることが確実な心疾患患者の生活の質を高めるために、実用化が期待される技術です。

現在の進捗状況は、マウスのＥＳ細胞からのマウス心筋細胞の作成はすでに確立された技術で、培養皿の中で多くの細胞がリズムを合わせて拍動する様子が観察されています。ヒトＥＳ細胞においても心筋細胞への分化には成功していますが、病気の治療に用いることができるほど大量に細胞を得ることはできていません。マウスの心臓よりも人間の心臓の方がはるかに大きいために細胞が大量に必要なことはもちろんですが、そもそも心筋細胞へ分化する効率がヒトＥＳ細胞では著しく低い、というのがネックになっています。

この点については、臨床試験には用いることが難しいものの、ＥＳ細胞培養の土台となるフィーダー細胞にマウスのある種の細胞を使用すると効率が向上することも報告されていますし、分化を促進する物質もいくつか発見されています。

では、実際にＥＳ細胞から作った心筋細胞は治療に役立つのでしょうか？　この点については未だ研究成果が不足していて、移植した細胞を生着させる段階で苦戦しているというのが実情です。したがって、移植した細胞が心筋として正しく機能できるのかどうかという点から慎重に検討が進められています。

マウスやブタにおける治療では効果も報告されていますが、術後の観察期間が数カ月に限定されていたり、テラトーマの危険のある移植方法だったり、と何らかの疑問点や問題点を抱えています。しかも、心臓についてみても、心筋といっても心臓のどの部位の心筋かによって細胞の性質は異なっており、形態や機能、拍動のパルスの長さまで異なっている多くの種類の細胞をどのようにES細胞で構築するのか……、あるいは、移植すれば自然に構築されるのかどうか……ということもよくわかっていません。動物実験で成功したからといって、その例をそのまま人間に適用することはできません。今後、さらなる研究の進展が期待されます。

2-9
ＥＳ細胞を使った血液工場

血液中には、全身に酸素を運搬する「赤血球」、体内に外来異物が侵入したときに感染防御の役目を担う「白血球」、血管が破損した際に出血を止める「血小板」が含まれています（写真2‐16）。これらはいずれも1個1個が細胞で、造血幹細胞と呼ばれる血液中の全ての細胞のもとになる幹細胞から誕生しています。造血幹細胞は〝幹細胞〟ではありますが、ＥＳ細胞のような多能性はなく、前述の3種類の血球系細胞の他、肥満細胞や破骨細胞など組織に存在する十数種類の細胞に分化すると共に、自分自身に分裂する自己複製も可能です。

造血幹細胞の研究の歴史は古く、最も研究の進んでいる体性幹細胞です。また、造血幹細胞移植手術は広く治療に使用されており、これからiＰＳ細胞などが目指そうとする再生医療を最初に実現した幹細胞です。造血幹細胞移植治療では、患者自身（自家移植）や血縁者（同種移植）から採取した骨髄、末梢血幹細胞、臍帯血などを移植することで、疾患によって数が不足したり、質が低下した造血幹細胞を補います。移植に該当する疾患としては、重症再生不良性貧血、白血病（の治療に伴う造血幹細胞の損傷）などが知られています。

造血幹細胞は自己複製能力がありますが、採取した造血幹細胞を培養皿上で増殖させて治療に使う手法は、まださほど有効ではありません。様々な細胞増殖因子を添加することによってある程度造血幹細胞を増やすことは人間の細胞においてもできていますが、量的には不十分です。マウスでは数倍に増殖させることに成功した報告もあ

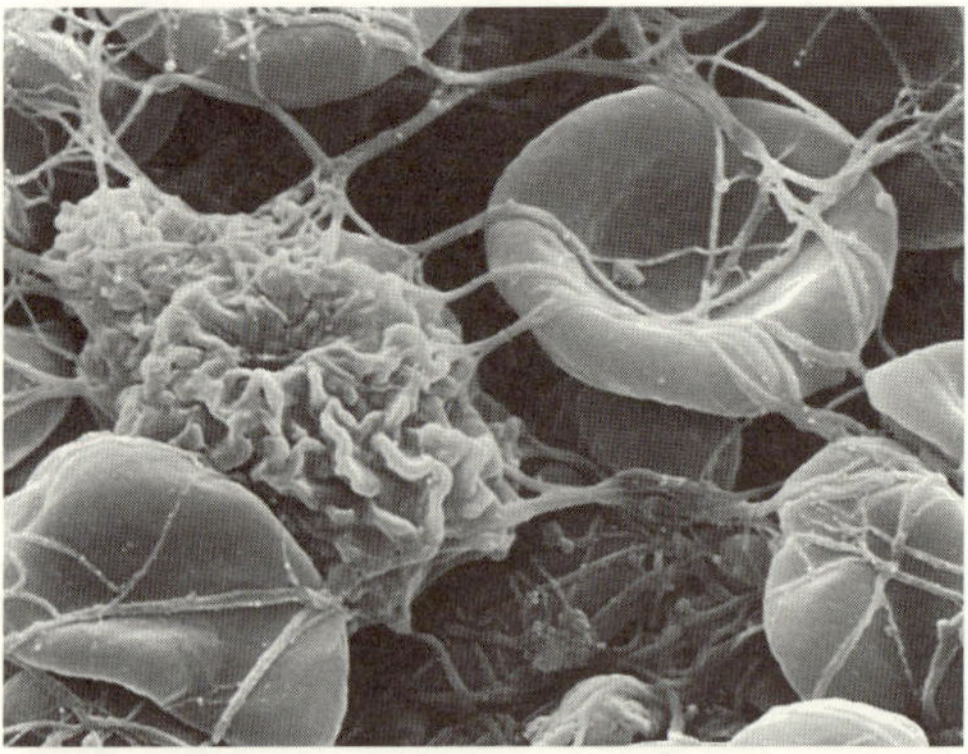

赤血球と白血球

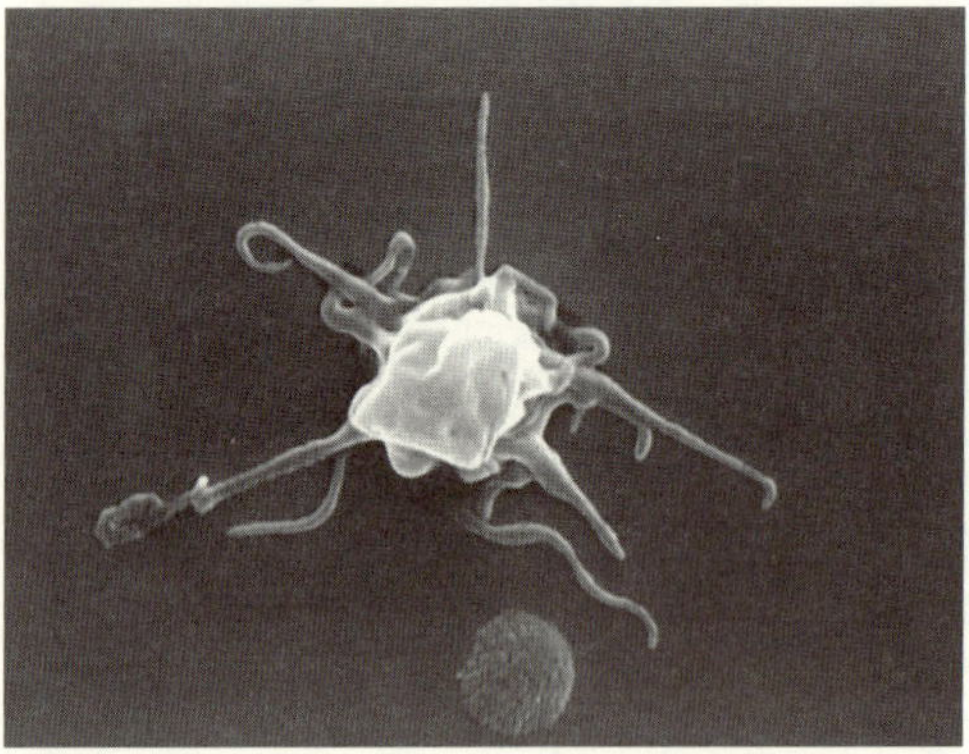

血小板

写真2-16
血球系細胞

（提供=David Gregory&Debbie Marshall, Wellcome Images）

りますが、人間への適用はこれからの課題といったところです。

ＥＳ細胞から血液細胞を作り出す

ＥＳ細胞は造血幹細胞よりもより上位の細胞ですので、条件を最適化することによって造血幹細胞を作り出すこともできます（写真2-17）。

マウスにおいてはすでに２００２年に、ＥＳ細胞にある特殊な遺伝子を組み込むことによって造血幹細胞への分化を誘導する実験が成功[22]しています。また、サルにおいては２００４年に、造血幹細胞を経由せずにＥＳ細胞から血球を直接（あるいは、何らかの前駆細胞を介して）生産する方法の成功例が報告されています。

人間の場合は、造血幹細胞から必要な血球細胞（赤血球ｏｒ白血球ｏｒ血小板）へ分化させる技術は確立されています。しかし、その前段階となるヒトＥＳ細胞から造血幹細胞を分化誘導する試みに関しては、

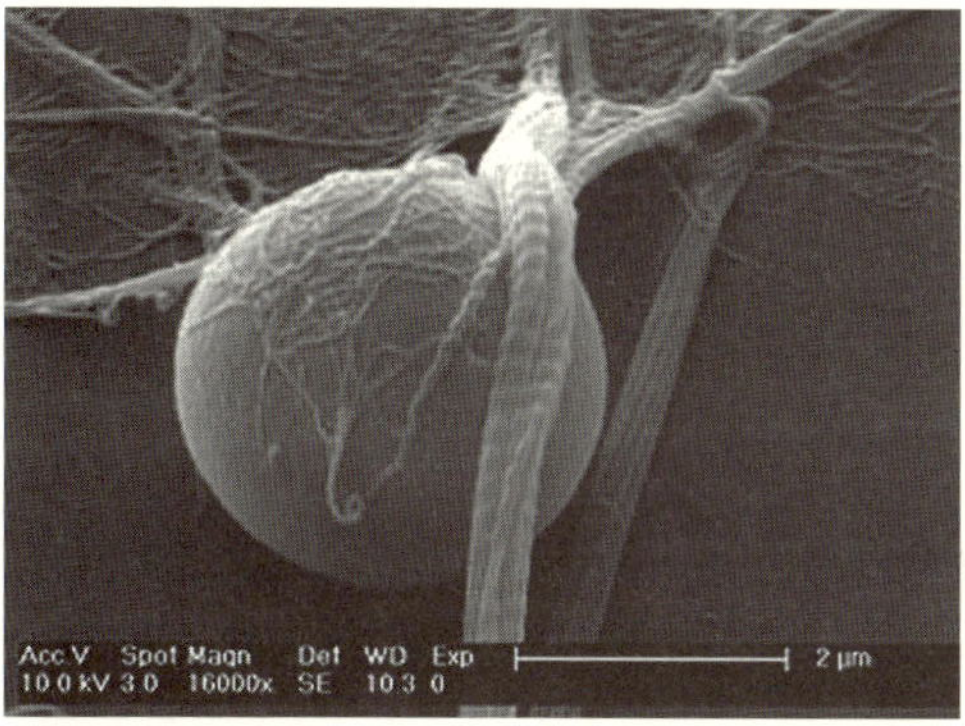

写真2-17
ヒト造血幹細胞
（提供＝Anne Clark, Wellcome Images）

㉒Kyba M, Cell 2002; 109; 29-37

マウスやサルほどにはうまくいっていないというのが正直なところです。試験管内で造血幹細胞を誘導することには成功していますが、この細胞を免疫系を破壊したマウスや羊胎児に組み込んでも、生着が十分ではありません。遺伝子レベルの解析では、ヒト骨髄由来の造血幹細胞で機能している遺伝子とES細胞から作り出した造血幹細胞で活発に機能している遺伝子を比較すると大きな違いがある、という報告も2004年に成されています。けれど、2007年になって京都大学の研究チームにより、ヒトES細胞から血液細胞を作り出すことに成功したという発表が成され、いよいよ培養皿で血液細胞が作られる時代が近づいた来たように思われます（写真2-18）。

日本においても大きな問題となっているように、献血による輸血を介したHIVや肝炎ウイルスによる感染症の発症は常に潜在的リスクとして存在しています。しかし、培養皿の中のクリーンな系で血球を作り出すことができれば、そのような危険のないきれいな血液成分を患者に提供することが可能となります。

写真2-18
フィーダー細胞上のヒト造血幹細胞
（提供＝Anne Clark, Wellcome Images）

2-10 失われた視覚はよみがえるか？

網膜色素変成や加齢黄斑変成に代表される眼科領域の難治性疾患は、かつては治療方法のない疾患でした。しかし近年の医療技術の進展に伴い、これらの疾患の治療方法が開発され多くの患者が視力を取り戻すに到っています。ただし、視力を取り戻せるのは視覚に関する網膜や神経の細胞が機能を低下させている場合の話で、それらの細胞が完全に死んでしまった患者は未だ視力を回復することはできません。そのような状態に到った疾患を治療するために、幹細胞を医薬品で活性化する、あるいは組織移植を行うなどして必要な細胞を補う治療方法の研究が行われています。けれど、現在行われている眼科における移植手術の中心である胎児性網膜細胞の移植は、その成功率は十分とはいえず、しかも胎児網膜細胞をドナー細胞とする限り倫理的観点と供給量に問題があります。そうした問題をクリアするためにも幹細胞を用いてなんとか疾患の手術を行いたい、というのが多くの人の望みです。

レンズの役目を果たす角膜

大人の眼球に存在する幹細胞は複数ありますが、その一つが角膜上皮幹細胞です（図2－19）。角膜は、コラーゲンを主成分とする直径約12㎜、厚さ約0・5㎜の透明な組織です。カメラでいえばレンズに相当する部分で、外から入ってくる光を屈折させて網膜に像が結ばれるのを助けています。カメラのレンズが傷ついたり汚れたりすると美しい写真が撮れなくなるのと同様に、角膜の透明性が損なわれると視力障害につながり生活の質が低下します。角膜は大きく三つの構造に分かれ、外側から順に上皮、実質、内皮からなっています。断面を観察すると、そのうち90％は実質で占められ、残りのほとんどが上皮、内皮はまさにその名のとおり皮のように薄い単層の細胞層です（図2－20）。

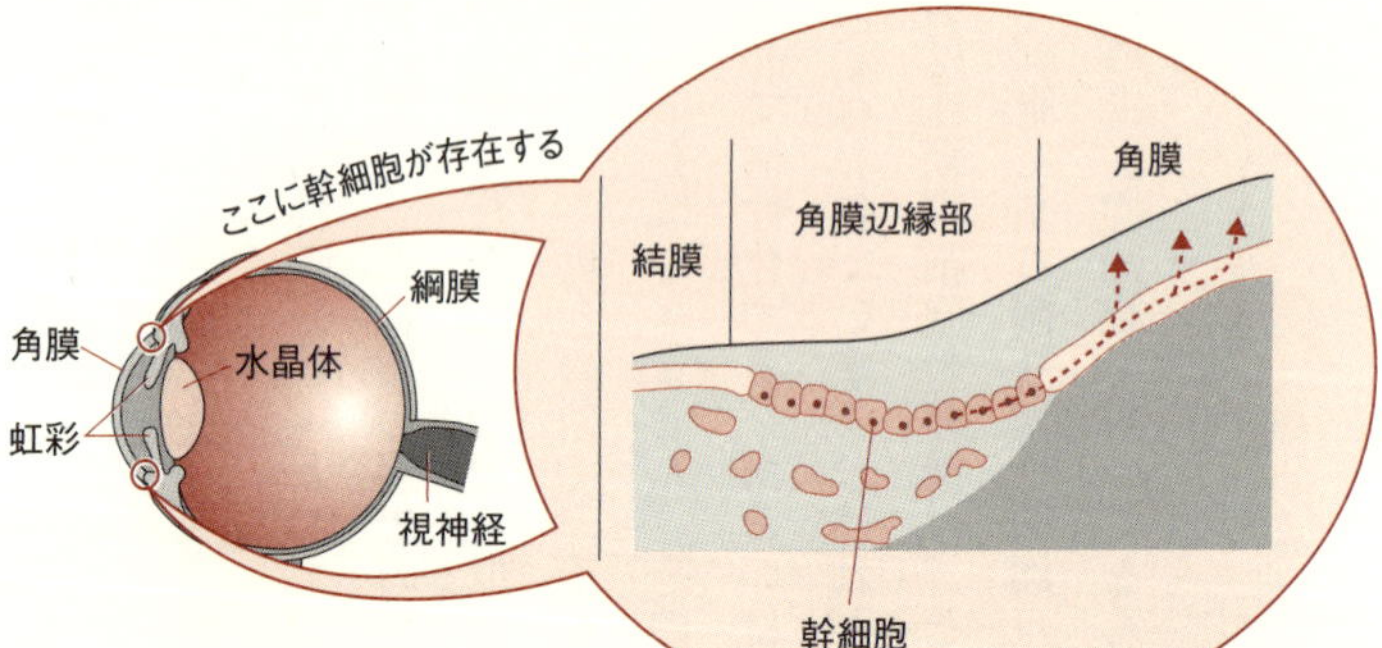

図2-19
角膜幹細胞
〔『幹細胞とクローン』（羊土社）より引用〕

角膜の表面にある上皮は涙におおわれて、角膜上皮幹細胞から供給される細胞によって短い周期で入れ替わっており、外界の刺激や病原体の侵入に対する一種のバリアの役目を担っています。自然な細胞の入れ替わりの他、角膜上皮が障害を受けた場合にもその再生に関わります。

角膜上皮幹細胞は試験管内で培養・分化させることに成功しており、患者から採取した細胞を増殖させて角膜上皮（写真2‐21）を作り、それを移植することによる角膜の重度損傷に対する治療法も臨床に応用されつつあります。増殖した角膜上皮には角膜細胞を生み出す能力が存在していると思われますが、角膜上皮幹細胞の性質などについてはこの細胞を単独で取り出すことが難しいため、詳細はまだわかっていません。角膜上皮幹細胞であろうと思われる活発な増殖力を持つ細胞が東京大学の研究チームによって取り出されたのは、ごく最近2

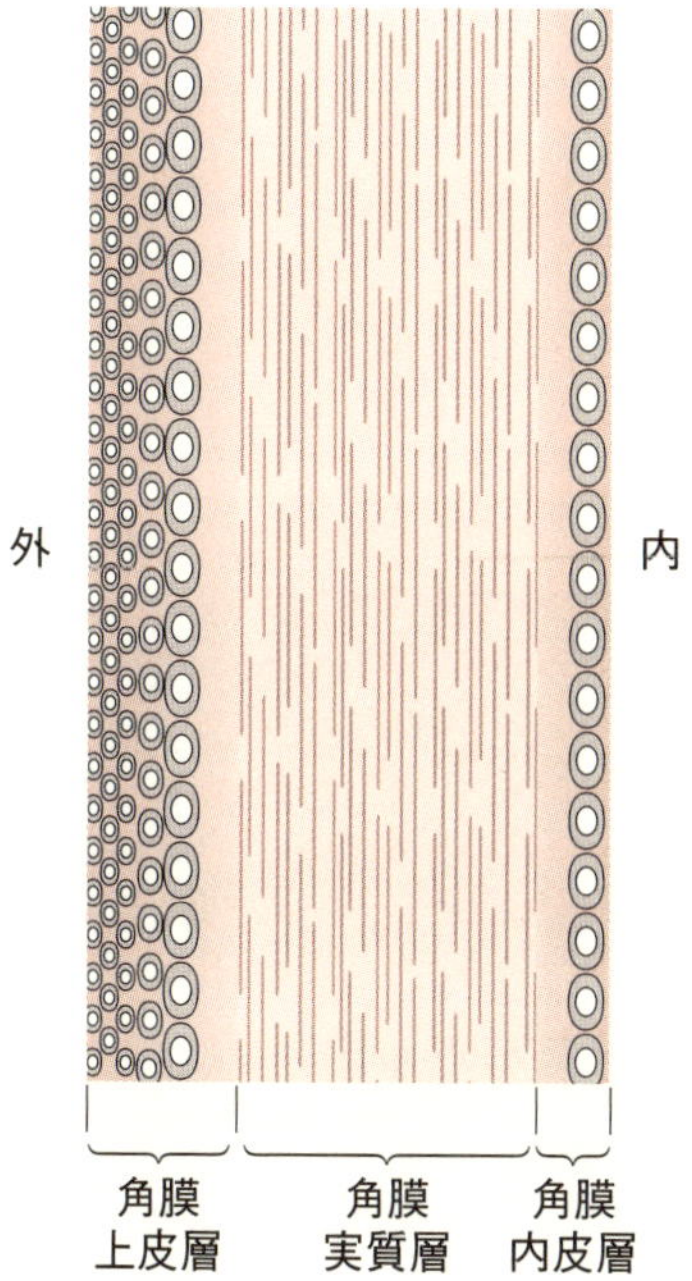

図2-20
角膜の構造模式図
角膜は外側より大きく分けて「上皮」「実質」「内皮」の三層より成る。再生能力があるのは上皮と実質。

007年のことです。

角膜治療で行われる細胞移植

事故などによって片目の角膜を損傷した場合は、残された側の角膜上皮を2㎜四方程度採取して培養することによって移植用の組織を用意することができます。ところが、実際に治療を行わなければならない患者のほとんどは両目に障害を受けています。その場合は角膜上皮細胞の代用として患者本人の口腔粘膜、つまり口の内側の粘膜上皮を培養して角膜に移植する方法が東北大学の西田博士ら日本の研究者によって開発されました。

同研究室では、細胞の培養方法にも独自の優れた手法を開発しています。それは、温度応答性培養皿に基づく細胞シート工学技術です。通常、細胞の培養はフィーダー細胞と呼ばれる特殊な機能を担った細胞シートの上や、特殊な薬品でコーティングされた培養皿で行い、タンパク質を分解する酵素を用いて細胞シートを培養皿からはが

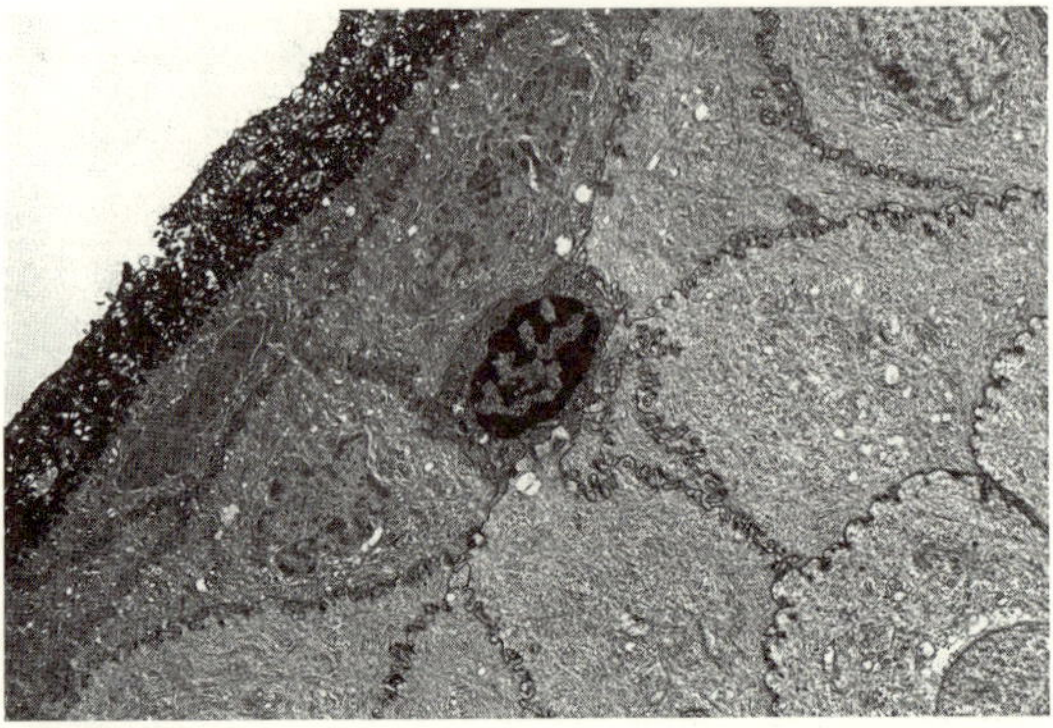

写真2-21
角膜上皮
(提供=Rob Young, Wellcome Images)

し移植用細胞シートを得ていました。ところが、この方法では細胞をはがす際に、酵素によって細胞が大きなダメージを受けることが問題となっていました。温度応答性培養皿は温度応答性ポリマーでできた培養皿の敷物で、通常細胞を培養する際に設定する温度である37℃では細胞の足場として機能しますが、32℃以下に冷やすとポリマーが水を吸って膨潤し、細胞シートが酵素などを使うことなく自然にはがれます。この方法で用意した角膜移植用の細胞シートは細胞同士の結合も強靱で丈夫な膜構造をしており、しかも移植後も患者の細胞への接着が非常によいことがわかっています。こうして培養した患者の口腔粘膜を実際の人間の患者に移植したところ、角膜上皮を透明に再建することができたということです。

角膜内皮[23]は1㎜四方に約3000個の特徴的な六角形の細胞が密集し、角膜で余剰となった水分をくみ出すことによって水分量の調整を行っています。角膜内皮細胞は年齢が上昇するに伴い減少し、増殖することはありません。細胞数が1㎜四方に400個以下になると正常に機能を果たすことができなくなり、角膜に浮腫が発生し白濁する水疱性角膜症を発症します。近年、コンタクトレンズの不適切な使用によりこの疾患を発症する患者が増えています。そういった患者の救済のために、体内では増殖

㉓横尾誠一、山上聡、細胞工学 Vol.26 No.5, pp.532-537, (2007)

しない角膜内皮細胞を試験管内で増殖させ移植する治療法が研究されています。

第一段階として、献体からの角膜を用いた角膜内皮幹細胞の採取と細胞増殖実験を行ったところ、角膜上皮の未分化細胞の痕跡はあり、そこから分化した細胞は特徴的な六角形で水のくみ出し能力もあることは確認されました。ところが、その増殖能力は非常に弱く、臨床に用いることができるほどの細胞は得られていません。そこで、培養したヒト角膜内皮細胞から前駆細胞の採取を試みたところ、培養細胞1万個あたり2個程度の前駆細胞を得ることができました。この細胞がヒト角膜の細胞と同等の機能を有することを確認した上で角膜を白濁させた実験用ウサギに注入したところ、急速に症状は回復し角膜は透明になりました。この細胞は角膜底部に自ら付着する性質がありますので、注射器で眼内に注入するだけで治療効果が得られます。

すでに人間の治療に用いられている角膜上皮に比べ、前述の角膜内皮や角膜実質は現在研究が行われている段階です。角膜実質細胞を、神経細胞を培養するのと同じ条件で培養すると、多能性を持ち自分自身を複製することもできる細胞が得られます。この細胞は「ＣＯＰｓ細胞」と名付けられ、球状の細胞塊を培養皿の中で形成します。この細胞のかたまりをスフェアと呼び、スフェアに含まれる細胞は神経細胞に近い性質を持っています。実際にＣＯＰｓの培養条件を変化させて組織細胞を作り出すこと

● COPs
Cornea-derived precursor cells の略。

を試みたところ、角膜実質細胞の他、神経細胞はもちろんのこと、脂肪細胞や軟骨細胞を作り出すこともできました。

また、毛様体と呼ばれる眼球内に水晶体を支える役目を担う組織があります。毛様体から伸びた細い繊維は毛様体小帯と呼ばれ、これが目のレンズである水晶体に付着しています。毛様体には毛様体筋という筋肉があり、この働きによって水晶体の厚さを変えてピント合わせをしています。毛様体には網膜幹細胞が存在しています。この幹細胞は網膜神経細胞、神経細胞、グリア細胞に分化するので、次に紹介する網膜の再生治療に利用できるのではないかと考えられています。

再生能力の低い網膜と多能性細胞

網膜は自己再生できる組織で、網膜が障害を受けるとグリア細胞から網膜神経細胞が誕生することが知られています。ただ、イモリなどの下等動物では損傷を受けた網膜は完全に回復されることが知られていますが、哺乳類ではその機能は十分ではないために網膜を損傷すると実際には失明してしまいます（写真2‐22）。わずかながら存在している網膜細胞の再生能力をサポートするための神経系の情報伝達を活性化するような治療方法が見つかれば、網膜の再生医療につながるものと思われます。

一方、ＥＳ細胞やｉＰＳ細胞のような多能性細胞から網膜細胞を分化誘導する治療方法も研究されています。受精卵が胎児に成長する過程において神経管と呼ばれる脊椎動物の発生過程で出現する、あらゆる神経系のもとになる、その名前のとおり管状の構造を持つ器官から網膜神経前駆細胞を経て視細胞が形成されます。この過程を誘導する様々な因子の多くが解明されていますので、ＥＳ細胞に対してこれらの視細胞を作り出す因子を与えれば、試験管の中で視細胞を大量に作り出すことができる可能性があります。

２００３年には、マウスやサル由来のＥＳ細胞を使った実験において、培養条件を調整することによって視細胞を作り出す実験に成功したことが相次いで報告されました。その後、２００６年にはヒトＥＳ細胞から網膜前駆細胞を効率よく生産することに成功した研究チームが現れました。このときは、視細胞へ分化させるためには生物由来の成分を添加しなければならなかったために感染

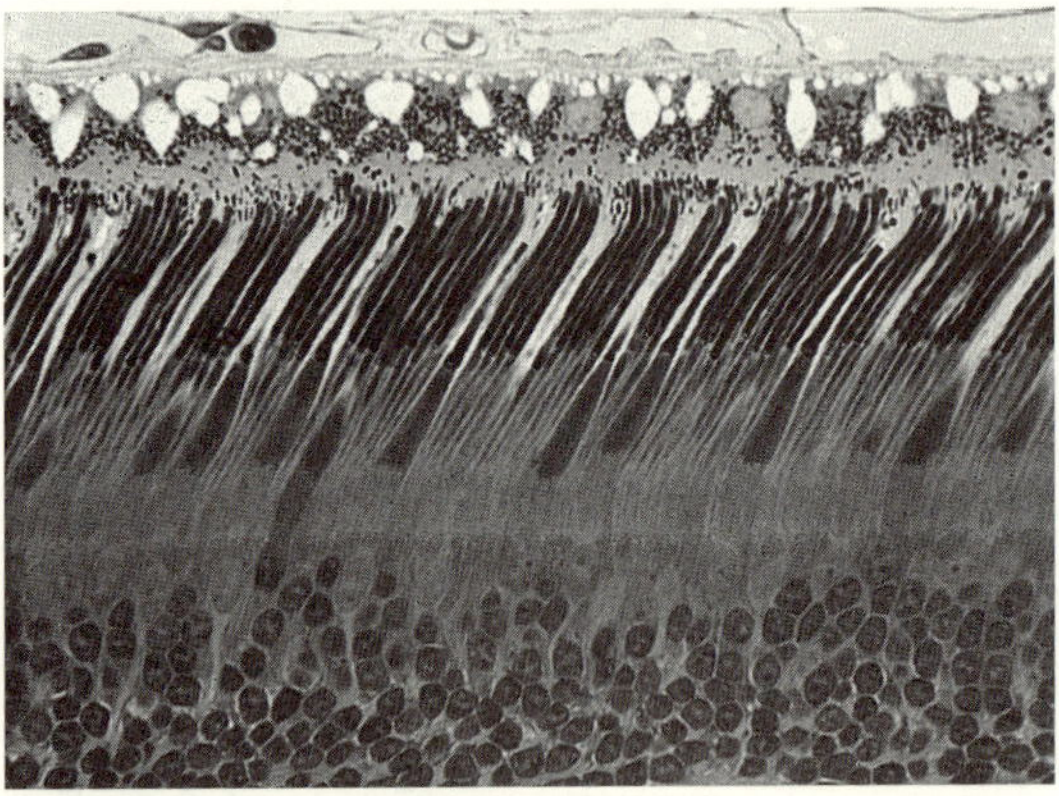

写真2-22
サル網膜断面顕微鏡写真
（提供＝Chris Guerin, Wellcome Images）

症のリスクが高く、すぐには臨床応用できないと思われました。ところが翌年、独立行政法人理化学研究所の研究チームが、網膜前駆細胞を視細胞に分化させる因子を発見し[24]、視細胞を大量に作成することにめどが立ちました。

残された課題は、ＥＳ細胞を臨床使用する際に共通の問題となる細胞の純化によるテラトーマの防止と拒絶反応ですが、後者については、同様の方法を患者細胞由来のｉＰＳ細胞で行うことによって回避されます。

㉔医学のあゆみ，Vol.220，No.2，2007年1月13日号

2-11 肝臓の再生

肝臓は、重さが1・1〜1・5kgもある巨大な臓器です。肝臓が担っている役目はいろいろありますが、体内に入り込んだ異物の分解やタンパク質や脂質の代謝、胆汁と呼ばれる消化液の分泌、フィブリノーゲン、尿素、尿酸の生成などが主なものです。

肝臓の疾患として代表的なのはウイルス性肝炎で、日本ではC型肝炎の合併症で毎年9000人が命を落としています。重篤な肝疾患へは肝臓移植による治療が行われますが、移植医療全般でいわれるとおり、提供者の不足ゆえに十分な治療を施すことができないのが現状です。

その問題を回避するために、マウスのES細胞を肝臓細胞に分化させるための研究が進められています。現在得られているマウスES細胞由来の肝臓細胞には特徴的なグリコーゲン顆粒も存在し、アルブミン分泌能力や薬物分解能力も、マウスがもともと持つ肝臓の能力に近いものが得られています。こうして得られた細胞をポリエチレン製のバッグに詰めて、あらかじめ肝臓の90%を切除してある実験用マウス（肝不全モデルマウス）に移植し、延命効果を確認しました。その結果、肝臓を削除したまま飼育を続けたマウス全てが肝不全で死亡したのに対し、ＥＳ細胞由来肝臓細胞を移植したマウスは90％が生存、移植された肝臓細胞も生存し続けていました。

2-12 オーダーメイド医療

オーダーメイド医療㉕とは、個々人に最適な予防法や治療法を可能とする医療です。現在主流のオーダーメイド医療ではない医療では、医師が患者を診断してその病気の種類を判定します。そしてその判定結果をもとに、これまでの患者の病歴、製薬メーカー・学会・厚生労働省などからの情報、医師自身の経験などから総合的に判断して薬を処方します。ところが、実際にはある特定の薬が効きやすい人、逆に薬の効きにくい人、Aさんには副作用が出ないのにBさんには副作用が出る、などの違いが出てきます。

その理由は、医薬品が効果を示す細胞や医薬品を分解する細胞に含まれる遺伝子は人それぞれだからです。遺伝子のバリエーション（図2‐23）がある以上、医薬品との反応性の違いや、医薬品を代謝分解する能力に違いが生じることは避けられないのです。本当はこうした点にも配慮を払わなければならないのですが、現在の技術では、患者一人ひとりに対して遺伝子の違いまで考慮した処方をすることはできていません。現在の医療は、「『スーツを下さい』と買いに来た人に採寸もせずに、全員に同じサイ

㉕文部科学省リーディングプロジェクト　オーダーメイド医療実現化プロジェクト（http://www.biobank jp.org/）

ズ、同じデザインのスーツを売っている」ようなことしているのと近いものがあります。

オーダーメイド医療は、こうした問題を解消すべく、個々の患者の病気のタイプや、薬への反応の違いまでをも考慮して、それぞれにぴったり合った治療を提供しようとするものです。

iPS技術がもたらすオーダーメイド医療

では、オーダーメイド医療ではどのようなことが行われるのでしょう?

ある人が病気になった場合、その人の皮膚などの細胞を採取して医薬品を効かせたい臓器の細胞をiPS技術で作り出し、試験管内でその細胞に医薬品を添加して細胞の反応を見ます。すると選んだ医薬品の適不適や作用の強弱を予測することができ、場合によっては医薬品の種類を変えたり、投与する量を増減するこ

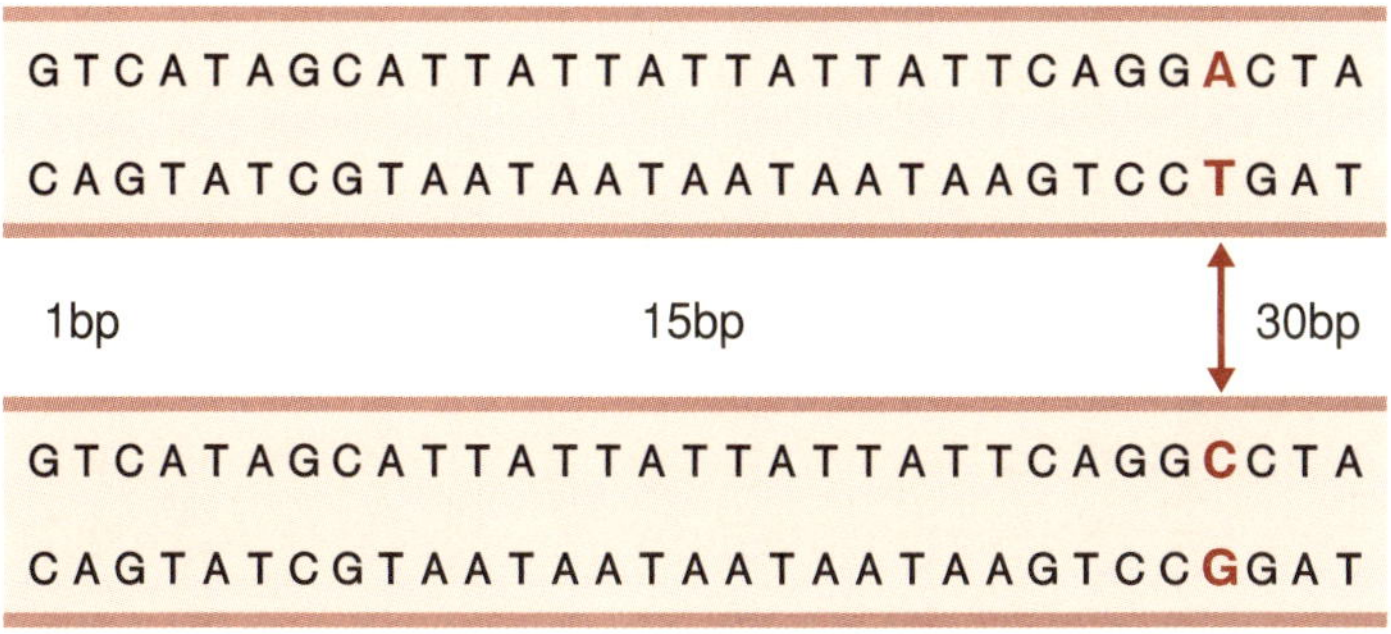

図2-23
遺伝子の個人差

同じ人間でも、遺伝子は一人ひとりわずかに違っており、それが個性につながっているといわれてる。遺伝子は図のような「A」「T」「G」「C」の4種類のアミノ酸の並び方で設計図を記録している。人間同士ならばそのほとんどは同じなのだが、図のように1カ所だけ他の人と違っているということは珍しくない。このような遺伝子のわずかな違いが、病気になりやすさ、薬の効きやすさに関わっていることがわかっている。

とで、より効果的に疾患を治療することができるものと考えられます。

オーダーメイド医療が見据えているのは、個人ごとの薬の処方にとどまりません。例えば、脊髄損傷の患者から皮膚細胞を採取してiPS細胞を作成、そこから神経の細胞を作って患者さんに戻す、というようなオーダーメイド医療も考えられています。

これらの実現のためには、安価で迅速に一人ひとりの遺伝子パターンを解析する技術の開発が必要です。また、iPS細胞を患者の体内に戻したときの安全性も保証される必要があります。さらに、治療に必要なiPS由来細胞の適切な量や、必要な細胞を定められた時間内に確実に作る方法なども、まだまだ研究の段階です。

数ある問題の中でも〝時間〟は特に重要です。脊髄損傷を例としたこれまでの研究では、損傷後に細胞移植の効果が得られる移植タイミングが比較的シビアであることがわかっています。例えば、1月1日に事故にあって脊髄を損傷したならば、1月10日頃に細胞を移植しなければならない、といった具合なのです。この理由はよくわかっていませんので、ひょっとすると移植の方法を改善することによってこの問題は回避できるのかもしれません。けれど、少なくとも現状ではわずか1週間少々で患者のiPS細胞を樹立し、そこから神経細胞を必要量作り出さなければ治療できないのです。ところが、今のところ皮膚細胞からiPS細胞を作るのに1カ月、iPS細胞から神経細胞を作るのにさらに1カ月を要するといわれています。iPS細胞の作成期間を劇的に短縮するか、日数が経過しても治療効果のある移植方法を開発するかのいずれが必要です。特に後者については、すでに車椅子生活で苦しんでおられる方を助けるためには、是非とも解決しなければならない問題です。

オーダーメイド医療の道は遠し？

では、この問題が解決しなければiPS細胞を用いたオーダーメイド医療は実現しないのか？ といえばそうではありません。ここまで紹介した方法は「フルオーダーメイド」といえるものでしたが、研究者たちが考えているのは「セミオーダーメイド」ともいえるような医療です。

確かに、移植後の拒絶反応を避けるためには患者の細胞からiPS細胞を作るのが望ましいことですし、それができることこそがiPS細胞の意義でもあります。ただ、臨床への適用を最優先に考えるならば、オンデマンドで細胞の供給をする方法を考えるよりも、いろいろな種類のiPS細胞をあらかじめ用意しておいて患者に合う細胞で治療をしてみよう、というほうが近道です。臓器移植を行う際にHLAというタイプを合わせれば拒絶反応を軽減できることはすでに紹介しましたが、これはiPS細胞でも同様です。iPS細胞バンクを作り、細胞提供ボランティアを大勢募って様々なiPS細胞、そしてそこから作り出した組織細胞を用意しておけば、患者に合ったタイプをすぐに選び出して供給することが可能です。こうした「セミオーダーメイド方式」であれば、実現の可能性が非常に高いものと思われます。

やっぱり立ちはだかるアノ問題

オーダーメイド医療に関わる問題――iPS細胞による治療効果の確認、供給時間、安全性、法的懸念――が全てクリアできたとしても、もう一つ、最も重要な問題が残されています。それは、治療にかかる費用です。これはフルオーダーメイドにしろセミオーダーメイドにしろ、それなりの治療費が予想されます。

人間の遺伝子を全て解読しようとするヒトゲノムプロジェクトにおいて、世界各国の共同研究チームに民間企業一社で対抗したセレラジェノミクス創設者のクレイグ・ベンター博士は、2002年に個人のゲノムを解読する受託事業を開始すると発表し、自分自身の全ゲノムの解読も行いましたが、その依頼費用は約50万ドル（5000万円強）でした。医療に用いるためには全ゲノムを解読する必要はありませんので、実際にはこれよりだいぶ安くなるとは思われます。

文部科学省の楽観的試算では、オーダーメイド医療が普及した場合、病気の原因の代表である一塩基置換という遺伝子の変化を突き止めるために要する費用は数千円から数万円[26]だろうということです。しかし、実際には1カ所の塩基の違いを読み取るだけでオーダーメイド医療は実現できませんので、それを遺伝子の複数箇所について行うことになります。すると、やはり検査だけで数十万円を超える費用がかかるということになるかもしれません。実際、iPS細胞を用いたオーダーメイド医療の費用は数百万円になるという試算もあります。

なお、ベンター博士は全ゲノム解読を1000ドル程度で行えるようにコストダウンを目指すということです。もしそれが実現すれば、10万円程度で一気に全ゲノムを解読してもらってCD-ROMやICカードに記録し、病気のたびにそれを病院に持参するということになるのでしょうか。

[26] http://www.biobankjp.org/faq/faq_04.html

2-13 ES細胞を使った遺伝子治療の可能性

ES細胞を使った再生医療は、単に組織・臓器細胞を試験管内で作って移植するだけではありません。まだ実験動物レベルの研究の段階ですが、ES細胞を使った遺伝子治療の検討も行われています。ここでは、ある特定の遺伝子に障害が発生し免疫不全になったマウスの遺伝子治療の例（図2-24）を紹介します。

治療しなければならない免疫不全マウスの体細胞を取り出し、その核を別に用意したマウスの除核卵子に移植します。この卵子を胚盤胞まで育てる点は、通常のES細胞と同じです。そして、胚盤胞を培養皿に取り出してES細胞を作り、「相同遺伝子組み換え」という技術を用いて、損傷している遺伝子を、正常な遺伝子を組み込んだものと置き換えます。このように〝悪い〟遺伝子を置き換えることで、疾患を抱えていたES細胞が、正常なES細胞へと生まれ変わります。遺伝子が修理されたES細胞は、組み込む臓器や組織――免疫系ならば造血幹細胞――に分化させて免疫不全マウスに組み込むと、遺伝子が正常に働いて免疫を回復するであろうと考えられています。

● **相同遺伝子組み換え**

ほぼ同じ塩基配列を持つDNA部分を交換または置き換える現象で、生物の性質を変えるために人為的に行われる他、生物で自然に起きている一般的な遺伝現象のこと。その目的としては、父母由来の遺伝子を混ぜ合わせることによる遺伝的多様性の獲得や、損傷したDNA修復などの他、進化の原動力ともなっていると考えられている。

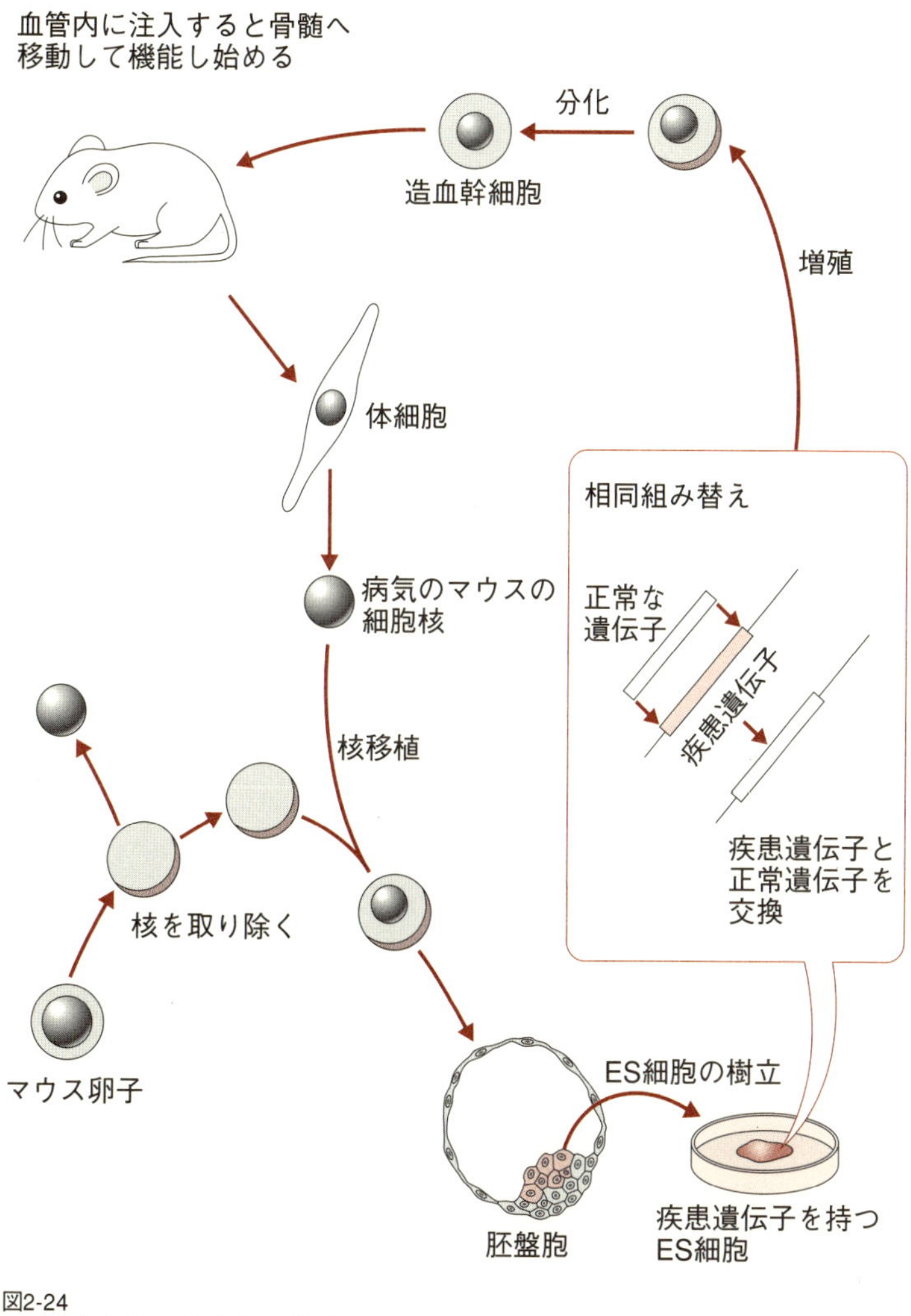

図2-24
ES細胞を使った遺伝子治療

第3部

万能細胞 その可能性と課題

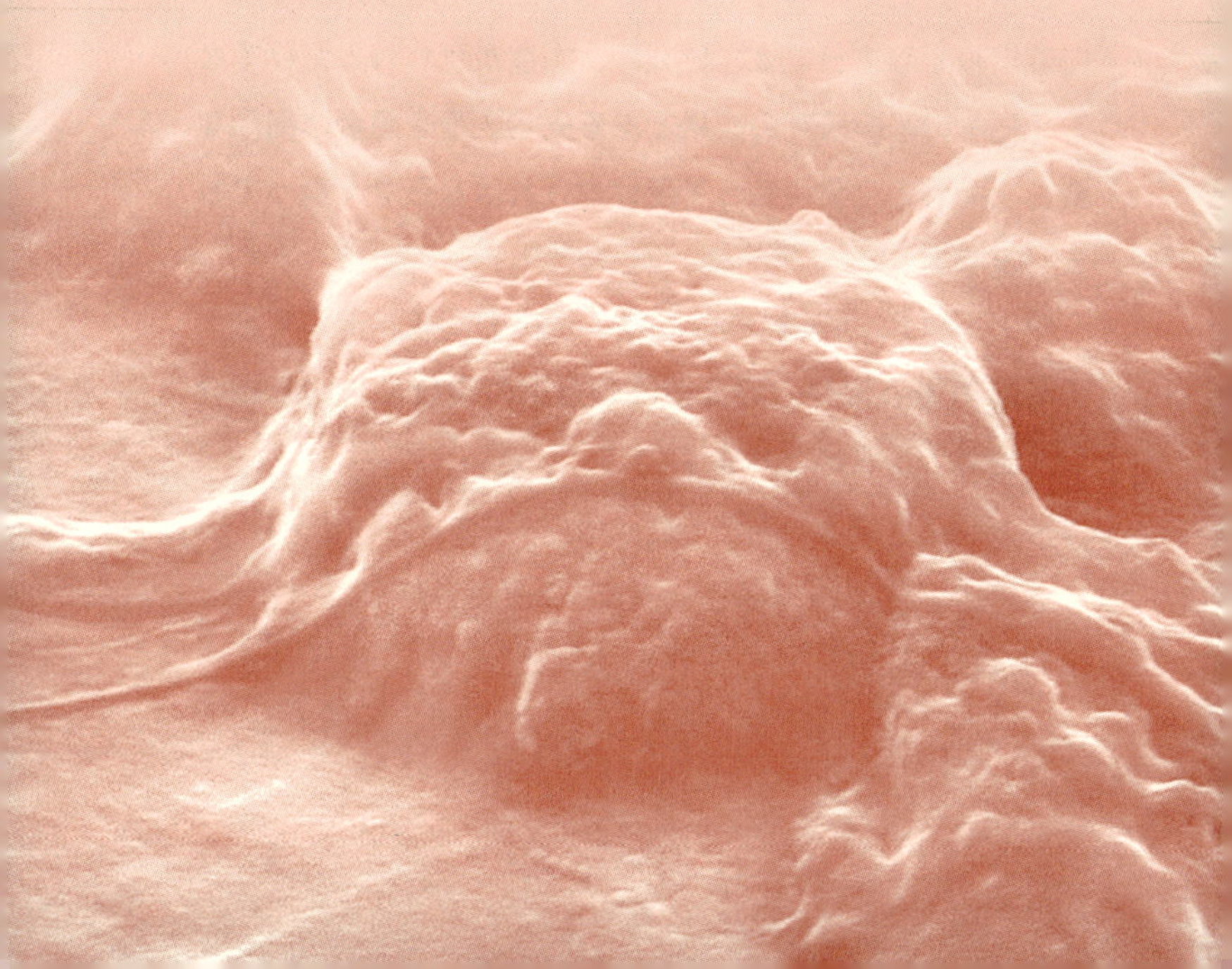

患者本人の細胞から臓器を再生し治療に用いるという夢の医療技術の基本となるiPS細胞の樹立に成功し、人間での治療のアイディアも数多く考え出され、動物実験における治療効果の確認を報告する論文が出つつある現時点で、早急に着手しなければならないのが「特許対策」と「安全性試験」、そしてそれに続く「臨床試験」の速やかな実施です。これまでの日本の大学における研究では、基礎研究の成果を特許で守り、応用技術に展開する仕組みが脆弱であることが指摘されていました。

日本の研究者による地道な努力の成果が応用段階で海外に流出してしまっては、研究の自由度が奪われるだけでなく、日本の基礎研究の成果である先端医療を患者は高額な費用を海外の企業に払って受けなければならなくなってしまいます。

第3部では、臨床試験の問題、法律の問題、そして最大の問題である海外の研究機関の急追の現状について紹介し、全体のまとめとします。

3-1 幹細胞を用いた医療がもたらすもの

iPS細胞を頂点とする幹細胞の樹立と、次々に発表される幹細胞由来臓器誕生の知らせは、パーキンソン病や1型糖尿病のようなこれまで治療が非常に困難であると思われていた病気に苦しむ患者、家族、医師に、再生医療による根治療法の可能性を感じさせるものです。すでに広く臨床で行われている造血幹細胞移植などもありますが、誰の骨髄でも利用できるというものではないため、医療技術としては確立されていてもドナー不足のために患者を治療できない例は数えきれません。

医療分野における国際競争で優位に立とうとする米国では、すでに民間企業によってES細胞を用いた再生医療が臨床試験入りしようとしています。

研究が進められている角膜、心筋、膵島などの細胞が供給されるようになれば、臓器移植を待つ何百万人の患者を一気に救うことができる可能性を秘めています。これらの医療技術が確立された暁には、一生続く人工透析や、子供たちが小さな手で注射器を握って自分の細い腕に注射を打つインスリン補充療法から解放される期待もあります。

また、保険適用によって行われている多くの高額医療の公費負担削減や、寝たきりの患者を介護するための社会的経費負担の削減も期待できます。

3-2 再生医療実現までに解決しなければならないこと

新しい医薬品を患者に提供するまでには、「基礎研究→前臨床試験→臨床試験第1相（フェーズ1）→臨床試験第2相（フェーズ2）→臨床試験第3相（フェーズ3）」という大きな流れがあります。医薬品メーカーはこの流れに乗って様々な試験を実施し、その医薬品を発売しようとする国の機関による非常に厳しい審査に合格する必要があります（図3-1）。

これは、細胞を用いる治療においても同じことです。マウスにおいてES細胞が病気を治す能力があることが確認され、臓器移植しか治療方法のない難病に悩む人々の多くは「これが人間で実用化されるまでの辛抱だ」と考えるかもしれませんが、実は、前述の一連のプロセスには十数年の年月が必要です。というのも、〝マウスで治療に成功した〟というのは、実際にはこれらの研究が患者に適用できるようになる〝長い道のりの第一歩にすぎない〟、ということを示しているからです。

これから先には、さらに実験動物を使った治療効果や安全性の確認をする作業が待ちかまえています。具体的には、免疫系を破壊して人間の細胞を受け入れるように作り替えた実験用マウスに人間由来の幹細胞を導入し、目的とする臓器にうまく馴染んで治療効果を発揮するか、しかもそのとき全身のあらゆる箇所において副作用が発生しないことを確認しなければなりません。数年をかけて、マウス、ラット、イヌ、サルなど何種類もの動物で実験を行い、その細胞が人間の治療に使う価値があることが確認されれば、やっと人間を対象にした臨床試験に入ることになります。

　幹細胞を用いた治療の臨床試験は、アメリカなどでは、体性幹細胞を用いた臨床試験において心臓病患者の異常部位を幹細胞で治療しようとする意欲的な試みが進行中です。すでにマウスでは、心臓

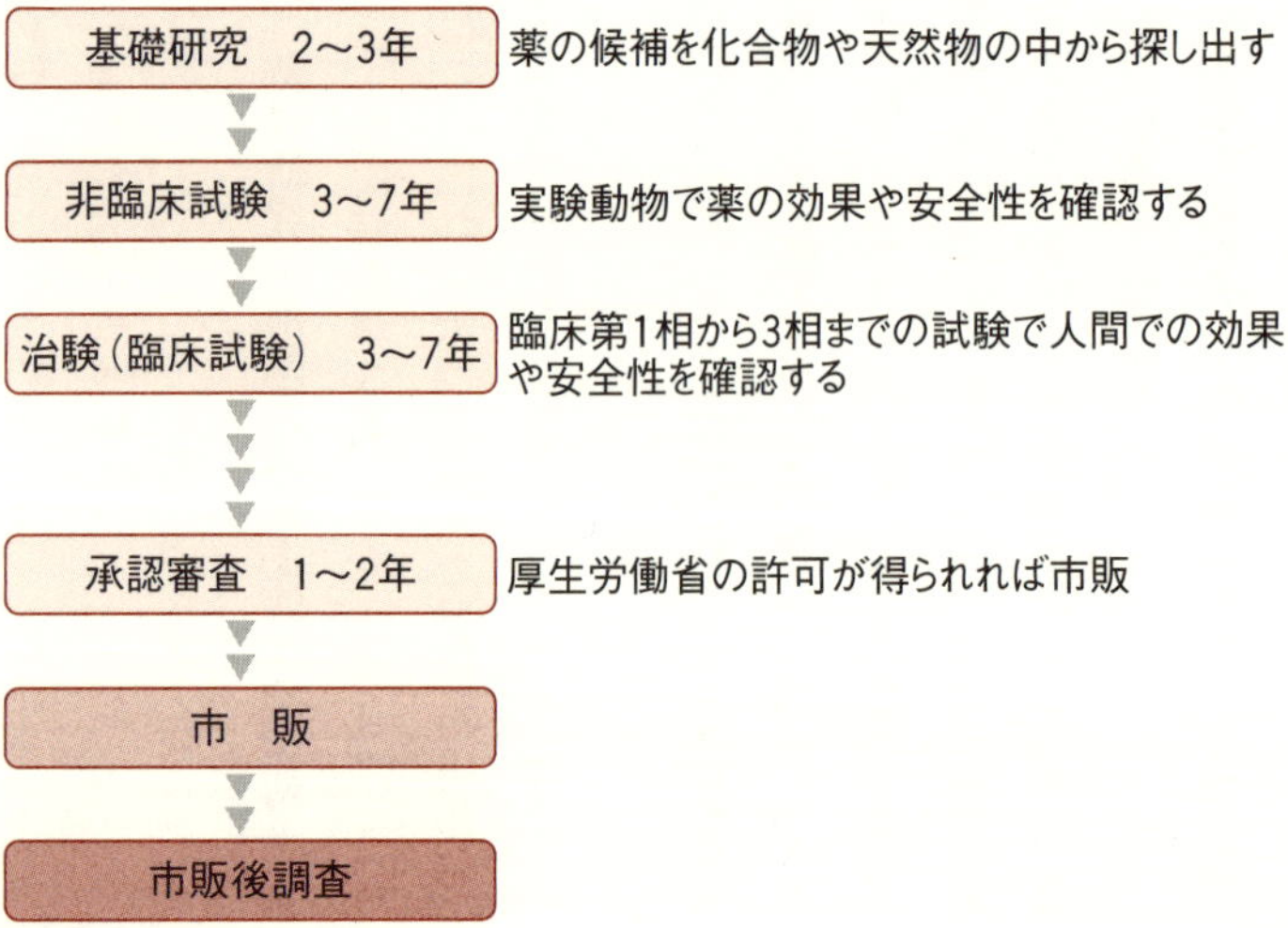

基礎研究　2〜3年
薬の候補を化合物や天然物の中から探し出す
非臨床試験　3〜7年
実験動物で薬の効果や安全性を確認する
治験（臨床試験）　3〜7年
臨床第1相から3相までの試験で人間での効果や安全性を確認する
承認審査　1〜2年
厚生労働省の許可が得られれば市販
市　販
市販後調査

図3-1
医薬品ができるまでの流れ

の損傷を起こしたマウスに骨髄細胞を投与することによる治療効果が現れた、という報告があります。この試験の意味するところは、本来治療すべきは心筋細胞ですが、それが骨髄幹細胞によって治療されることを示しており、幹細胞が分化の枝分かれをジャンプして治療効果を発揮したことを意味しています。骨髄幹細胞による心筋の治療はブラジルやヨーロッパでまず取り組まれ、その後2004年からアメリカでも臨床試験が始まっています。

安全性を確認するにはまだまだ……

すでに体性幹細胞の節〔1-28（156ページ）〕で紹介したとおり、このようなジャンプが起きることは示唆されていますが、その詳細はよくわからず、マウスにおける治療効果の追試もうまくいったりいかなかったりと曖昧です。人間における効果も、ごく一部で大きな症状の改善が報告されているものの、効果があるようなないような……という状況です。その原因としては、治療を受ける人の遺伝的背景によって効果が出る場合と出ない場合がある可能性や、骨髄細胞と共に大量に導入される付随成分による効果の可能性も否定できていません。

イギリスの世界的に有名な臨床医学雑誌『ランセット』に2004年に掲載された

論文[27]の場合、その他の細胞も含む造血幹細胞混合物による心筋梗塞の治療率は6・7%だったと報告されています。この値は、数値を見る人の立場によって受ける印象が大きく異なります。病気で苦しむ患者やそれを目の当たりにしている医師にとっては「その治療方法に賭けてみたいわ」「治癒の可能性があるぞ」と思わせるデータですし、再生医療の基礎研究を行っている研究者にとっては「なぜ6・7%と低いのか、その原因を解明して治療方法を改善しなければ」と思わせる数値です。

本来このような試験には、心筋細胞の前駆細胞、あるいは心筋細胞を作り出す幹細胞を見つけ出し、次に実験動物を用いてそれらを細胞培養のどの段階で移植するのがよいのかといった周辺データを詳細に収集し、その後に人間での臨床試験に入るべきです。しかし『ランセット』に掲載された論文が発表された当時、まだ心筋を作り出す幹細胞は発見されておらず、臨床医の勇み足を危惧する研究者も多くいたようです。なお、心筋の幹細胞はラットの実験で2005年にその存在が確認されました。

マウスにおいては、すでに数多くの多能性幹細胞移植試験が行われており、成功例も多数あります。最終的な研究の目標は、「生物が誕生するメカニズムを解明する」「薬で治療をすることができない難病患者を救う」ことの2本立てです。

[27] Kai C. Wollerr, *et al.*, Lancet, 364, pp.141-148, (2004)

前者については、マウスの実験においても今後は多能性幹細胞の様々な遺伝子を改変したマウスを作り出すことで解明が進展すると思われますが、後者についてはより慎重な判断と研究が必要です。ヒト由来の多能性幹細胞を実験で人間に移植することはできません。それにも関わらず、将来人間の疾患治療に用いられた場合に安全であることを示すことも求められます。

これは治療効果においても同様です。2002年にES細胞を用いてマウスの造血系を再構築することに成功[28]したと発表されて以来、多くの多能性細胞による疾患モデルマウスの治療効果が報告されました。しかし、マウスで良好な結果が得られていても同様のことが人間で起きるとは限らないため、人間での治療効果と安全性を確認する研究を進める必要があります。この研究には、遺伝子的に人間に最も近い動物としてサルがしばしば用いられます。

サルにも当然のことながら免疫系がありますので、サルES細胞をサルに移植するとたちまちに拒絶反応が起き、移植した細胞はテラトーマを作る間もなく破壊されます。現在日本で行われているサルを用いた実験の一つは、比較的免疫による拒絶反応が弱い脳内へのES細胞への移植です。適した免疫抑制剤を用いることによってサルES細胞はサル脳内へ定着することができますので、この試験系を用いたパーキンソ

[28]Kyba M., *et al.*, "HoxB4 Confers Definitive Lymphoid-Myeloid Engraftment Potential on Embryonic Stem Cell and Yolk Sac Hematopoietic Progenitors", Cell, Vol. 109, pp.29-37, 5 April, (2002)

ン病の治療効果などが研究されています。その他には、免疫系が未成熟なサルの胎児へサルES細胞を移植する研究も行われています。その研究によると、サル胎児へ移植したES細胞は胎児の成長と共にサルの臓器組織にとけ込み、多能性を捨てその臓器細胞へと変化していることが確認されました。

また、ES細胞を直接移植するのではなく、培養皿中で造血細胞の直前まで細胞を変化させた上で移植したところ、期待通り細胞はサルの造血系に組み込まれました。ところが、この両者のサル胎児への移植実験において、いずれもテラトーマの形成が確認され、サルはマウスや羊よりもES細胞によるテラトーマを形成しやすい可能性があることが指摘されたということです。

まだまだ問題は山積みですが、このような実験を繰り返すことによって人間での安全性予測が進展することが楽しみです。

3-3 日本におけるヒト幹細胞を用いる臨床研究

日本におけるヒト幹細胞を用いた臨床試験も、いくつかの疾患に対して鋭意進行中です。㉙

骨の例では、京都大学医学部付属病院が申請した「ヒト幹細胞を用いた臨床試験」に対し、2007年10月25日付けで、厚生労働大臣より臨床研究を行っても差支えない旨の通知がありました。この臨床試験は、2006年9月に施行された「ヒト幹細胞を用いる臨床試験に関する指針」に準拠した、国内で初めての幹細胞による骨再生治療試験となります。

内容は「大腿骨頭無腐性壊死患者に対する骨髄間葉系幹細胞を用いた骨再生治療の検討」および「月状骨無腐性壊死患者に対する骨髄間葉系幹細胞を用いた骨再生治療の検討」です。これを受けて、2007年11月29日に27歳の大腿骨頭壊死症の患者さんが第1例として試験登録が行われ、12月5日にまず最初の段階である自己血清採取が行われました。二つの臨床試験は現在有効な治療法が確定されていない難治性骨疾患である骨壊死症に対し、現行の優れた治療法である血管柄付き骨移植術に、体外で

㉙京都大学プレスリリース（2007年12月7日）

● **大腿骨頭無腐性壊死**
大腿骨頭無腐性壊死は有効な治療法が確定されていない難治性骨疾患。この臨床試験は、現在行われている血管柄付き骨移植術に、自己骨髄間葉系幹細胞と人工骨材料の移植を併用することで壊死骨の再生を図る新規治療法の開発を目指している。

● **月状骨無腐性壊死**
月状骨無腐性壊死も同様に有効な治療法が確定されていない難治性骨疾患の一つ。現在の血管柄付き骨移植術に、体外培養にて増殖させた自己骨髄間葉系幹細胞と人工骨材料の移植を併用することで壊死骨の再生を図る新規治療法の開発を目指している。

培養増殖させた自己間葉系幹細胞と人工骨材料の移植を併用することで壊死骨の再生を図る、という新規治療法の開発を目指すもので、それぞれの疾患について2年間に10症例を対象として施行する予定です。

幹細胞を用いた脳梗塞の臨床試験も計画されています。脳梗塞に対する国内初の幹細胞を用いた治療の臨床試験は、大阪府吹田市の国立循環器病センターによって2007年から着手されている試験です。心臓にできた血栓が血液の流れではねとばされて移動し、脳の細い血管に達したときにそこから先に進めず血管を詰まらせる「心原性脳梗塞」の重症患者を対象としています。この疾患に対し、骨髄中の幹細胞を注射することで脳の血管を再生させ、組織の再生を促すことで脳梗塞による後遺症の治療を行おうとするものです（図3-2）。

具体的には、7日間の入院によっても症状の改善がみられない患者に対し、発症後7〜10日の間に腰の骨から骨髄を採取し、ただちに骨髄単核球細胞と呼ばれる幹細胞を分離して注射し治療効果を確認します。動物実験を用いた予備的な試験では、発症後7〜10日で神経幹細胞が損傷部位に集まることが発見されており、骨髄単核球細胞を移植することによって疾患部位の血管再生を促し、神経幹細胞に影響や酸素を供給

● 心原性脳梗塞
長嶋茂雄・巨人軍終身名誉監督が発症した病気。

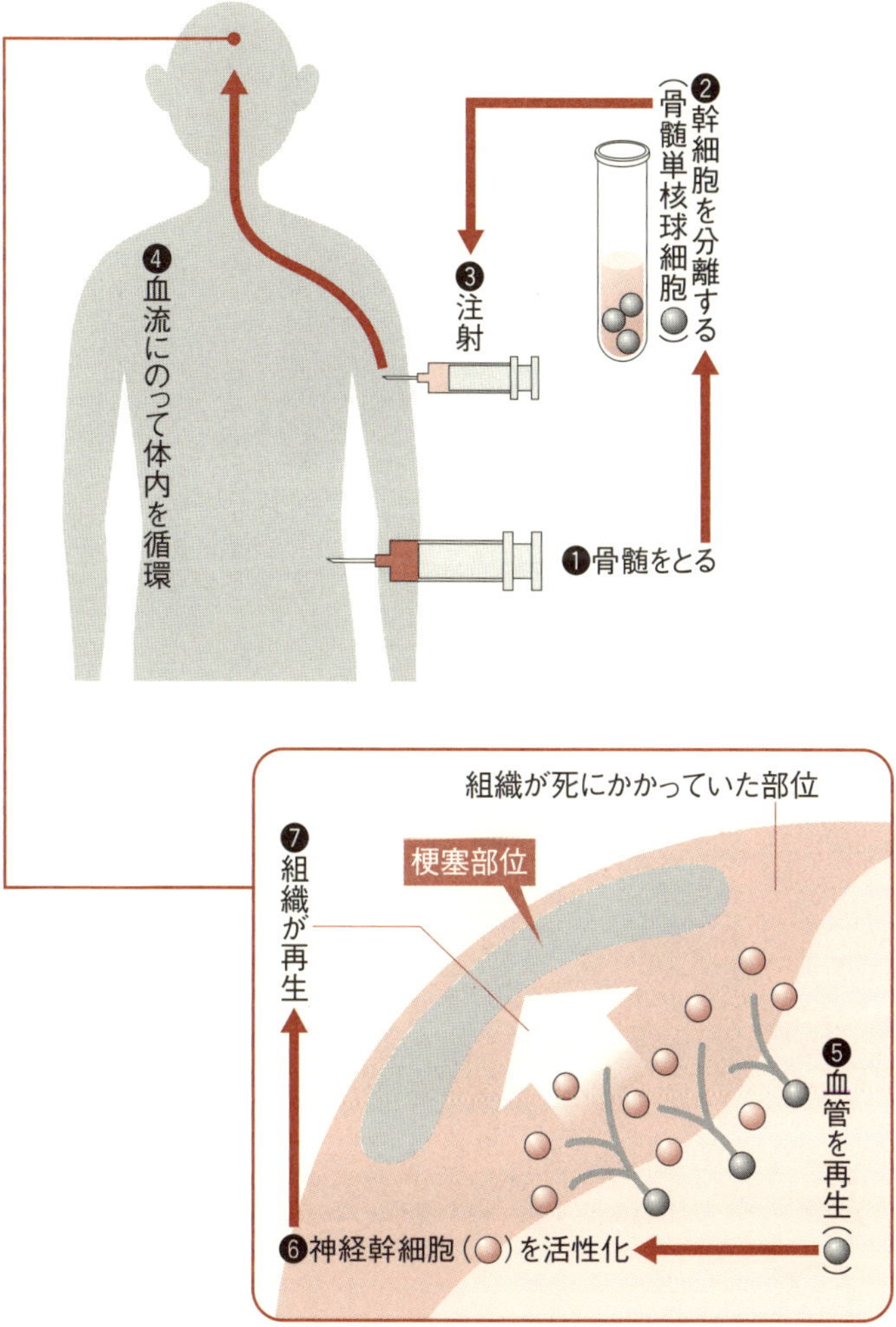

図3-2
幹細胞を用いた心原性脳梗塞の治療

脳梗塞を発症した患者の骨髄を採取し、骨髄の中に含まれている骨髄単核球細胞といわれる幹細胞を分離する。この細胞には血管再生を促進する作用がある。分離した細胞を患者の血管内に注射すると、血流に乗って体内を循環し、脳梗塞によって酸素や栄養が飢餓状態となっていた細胞周辺に新たに血管が作られ、神経幹細胞の活性化を経て組織を再生することが期待されている。

（国立循環器病センターが取り組む臨床試験の模式図より作成）

することによってより活性を高め、症状の改善を期待します。

iPS細胞は、患者に苦痛をほとんど与えることなく採取した細胞をもとにして作成することが可能です。ES細胞のように将来人間になる能力を持つ胚を破壊する必要もありませんので、ES細胞を論じる際に最も問題となる生命倫理の問題が発生し

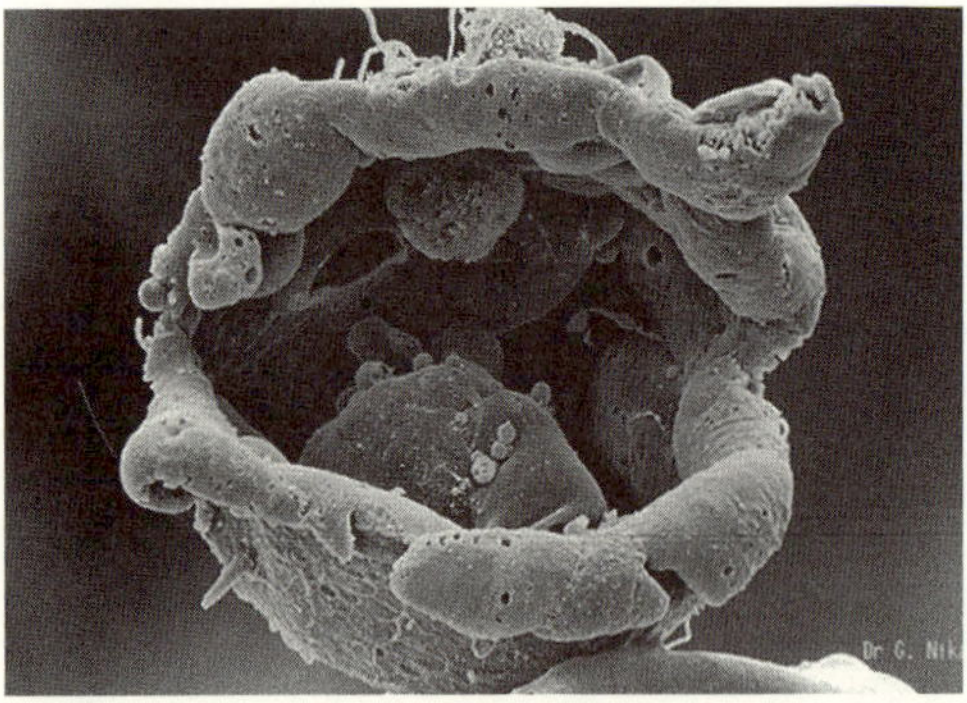

写真3-3
内部細胞塊を取り出す直前の胚盤胞
内部細胞塊を取り出すために胚盤胞を切り開いた状態。ここから内部細胞塊を取り出してES細胞を作るが、切り開かずに子宮に着床すればこの胚盤胞は胎児に成長する。
(提供=Yorgos Nikas, Wellcome Images)

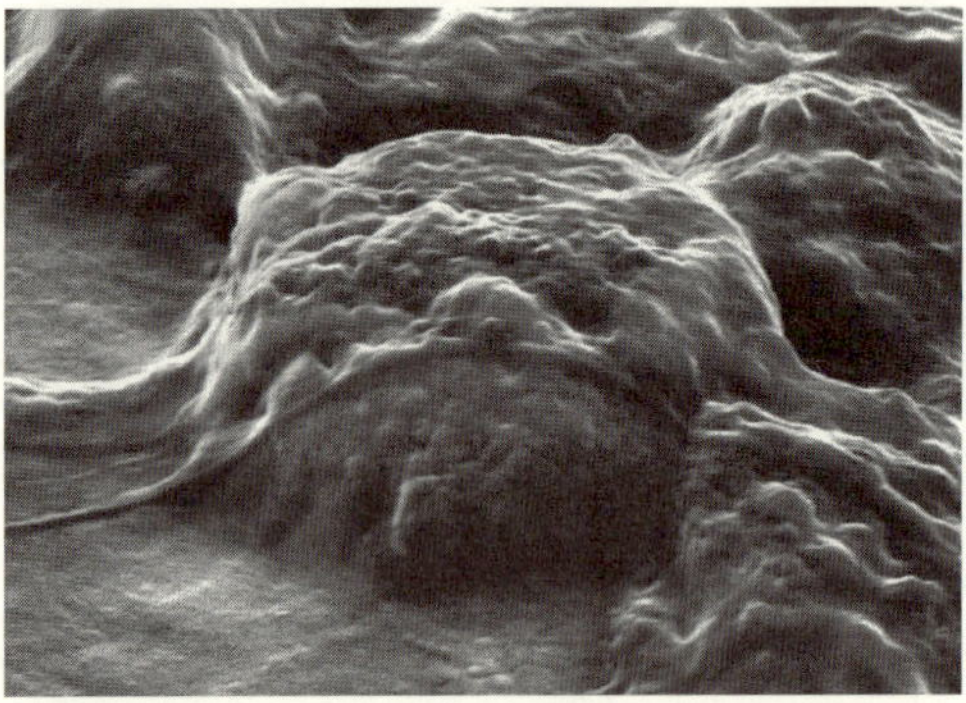

写真3-4
ヒトES細胞
フィーダー細胞上で培養されている未分化の状態。
(提供=Annie Cavanagh, Wellcome Images)

ません（写真3‐3）。その上、iPS細胞はES細胞に非常によく似ていることから、これまで蓄積されているES細胞を用いた再生医療の技術がそのまま医療へ応用できるものと期待されています（写真3‐4）。

他にも、iPS細胞技術を用いて患者細胞から病気状態の臓器細胞を作り出す研究がまもなく着手されます。2008年度中にも開始される日本人を対象としたこの研究では、若年性糖尿病や筋ジストロフィー、神経変性疾患、先天性の貧血など治療の難しい約10種類の病気について、京都大学医学部付属病院で治療を受けている患者に協力を求め、皮膚や血液のリンパ球、胃の粘膜などの細胞を採取しそれぞれのiPS細胞を作成する計画となっています。これらのiPS細胞を病気の臓器細胞に変化させることによって、組織が病気を発症させる過程を調べそのメカニズムを解明すると共に、それに基づいた治療方法や新薬の研究・開発につながることが期待されています。

3-4 法律の問題

生命科学領域の研究には、数多くの法的〝足かせ〟がかけられています。それは医療技術開発のための幹細胞を含む動物由来臓器試料の利用に関しても例外ではありません。カエルならともかくクローン人間などというものはSFの世界の作り話、と多くの政治家が考えていたのは1997年までのことでした。この年に起きた大きな出来事といえば、哺乳類初の体細胞クローン動物である羊のドリーが前年に誕生していたことが発表されたことです。

翌1998年には、ヒトES細胞樹立に成功の報が流れます。いよいよヒト胚を使った研究が広く行われるようになると考えられたこの年あたりから、ヒト胚研究に関する議論が始まります。この議論は、将来人間になるはずだった胚盤胞を破壊する行為とクローン人間作成の危険性を中心に進められますが、一方で、あまりに厳しく法律で研究を規制してしまうと様々な弊害――多くの難病に苦しむ患者が待ち望んでいる再生医療の実現が遠のく、有能な人材が海外へ流出する、国際特許競争に出遅れてしまう――などによって失うものもあまりに大きい、といった意見も数多く出されます。

人間の受精胚を使用するにあたっては、世界各国で地域性の問題、宗教の問題、政治の問題、経済の問題が異なるため、各国が様々な倫理規定に基づくガイドラインを作成していました。そうした中で日本が出した判断は、多くの東アジアの国々の同様に、「ヒト受精胚を使う研究は可能である」というものでした。ただ、その使用はあくまでも例外的で、受精胚を使うことによって医療技術の進展に大きな意義を持つ場合に限られ、使用される受精胚も不妊治療後に不要となり廃棄される受精胚を用いたものに限定されることになりました。また、受精胚から作られたＥＳ細胞の使用については、この細胞の持つ多能性から個体の産生に関わる胚や胎児への導入などが禁止されました。

ただ、このような法律による規制は、決して〝足かせ〟としてのみ意味を持つものではありませんでした。ＥＳ細胞作成における倫理的な問題は研究者らも十分に理解していましたので、法的根拠がない時代においては人間の受精胚を使った研究を躊躇する研究者がほとんどでした。けれど、２００１年に「ヒトＥＳ細胞の樹立および使用に関する指針」の運用が開始されると、この指針がヒト胚を使った研究の法的裏付けを与えることになり、これを機会に日本におけるヒト幹細胞研究が一気に加速します。そして2003年には、文部科学大臣の確認を受けた研究によって日本初のヒトES細胞が樹立されるに至ります。

「世界の研究ペース」についていくというプレッシャー

ただ、法的裏付けによってヒト幹細胞研究が加速したとはいえ、ヒトES細胞の樹立やそれを使った研究を行うためには、様々な規則や手続きが介在してきます。そうした手続きに対する準備は研究者を疲弊させ、またその確認手続きにも数カ月を要するものでした。研究者の立場からすると、いかに法律に守られて研究ができるといってもあまりに煩雑で時間がかかりすぎ、世界の研究のペースに遅れず着いていくことすら難しい……という、現実を無視したものでした。この点については、研究計画の変更、ES細胞の分配・寄託などいくつかの承認を受けるべき項目については、従来の国による確認ではなく、研究者の所属機関の長による承認で対応可能に改められています[30]。

なお、世界の研究のペースを考える上で忘れてはならないのが、ヒトクローンES細胞論文捏造事件かもしれません。国民の過大な期待によるプレッシャーと、日米中を中心とする研究の急展開、さらにはクローン動物作成に関しては世界でもトップク

[30] ヒトES細胞の樹立及び使用に関する指針（改正）
http://www.lifescience.mext.go.jp/files/pdf/32_165.pdf

ラスであるというプライドが、韓国のエリート生物学者黄禹錫《ファン・ウソク》を暴走させてしまいました。結果として、世界初のヒト単為生殖多能性幹細胞作成に成功するという、それだけでも十分価値のある仕事をしていながら、研究室の女性研究員から「購入」した未受精卵も含め、2000個もの卵子を使った倫理上問題のある膨大な実験や、卵子ブローカーの介在などを行った挙げ句、論文を捏造してしまったのでした。

3-5

各国が急追する研究の現場

ヒト成人皮膚由来iPS細胞を世界で初めて作成したのは、京都大学iPS細胞研究センター・センター長の山中教授です。この業績から想像がつくとおり、日本はiPS細胞、特にマウスiPS細胞の研究で世界をリードしていました。日本の独壇場ともいれる領域でしたが、最近ではアメリカを中心とした海外の研究チームが急激に追い上げ、ヒトiPS細胞についてはすでに多くの大学や研究期間が樹立に成功しています。

なぜそのような追い上げが可能だったのか? それは、潤沢な研究費にあります。例えば、米国ではカリフォルニア州で10年間で3000億円、マサチューセッツ州も同じく10年間で1200億円といった具合に資金が拠出されています。日本の研究チームが使うことができる額とは、桁が違います。

韓国も、ヒトクローンES細胞論文捏造事件でダメージを受けたものの、大規模な幹細胞研究施設建設が進んでいます。敷地面積は3000坪、建坪1万5000坪と韓国最大で、民間病院によって2010年の本格稼働を目指しています。[31] 約1000

[31] 朝鮮日報JNS 2006年11月16日号オンライン

億ウォン（約125億5000万円）を投資して建設されるこの研究所には、共同幹細胞研究所、卵子バンク、臍帯血バンク、米国FDA基準を満たした医薬品を製造できる施設、免疫ワクチン研究所、人工臓器研究所といった各種の研究施設のみならず、生命科学専門大学院、医学専門大学院も設けられ、専門人材の育成も目指す計画です。日本が独自路線でiPS細胞研究を進めようとしているのに対し、米国ハーバード大学から韓国人教授を所長として迎え、米国の複数の大学と研究員の派遣や技術協力などの交流を推進することによって、幹細胞研究大国を目指そうとしています。

iPS細胞研究の重要性は日本政府にもただちに理解され、研究費拠出が速やかに執行されました。京都大学の中にはiPS細胞研究センターも発足し、研究棟も2009年度中に完成する予定です。新築される施設は5階建、床面積1万2000㎡。実験室の他に、サルなどの実験動物の飼育区画や、他大学の若手研究者も利用できる研究スペースを備え、これまでの日本の研究施設にはあまり見られない、先進的な実験室で研究者同士が活発な情報交流を行いながら研究を進めるスタイルを特徴とする施設になります。

●FDA
食品医薬局。食品、医薬品及び動植用医薬品、生物学的製剤、国内の食品供給、化粧品、医療機器など、消費者の日常生活で接する機会がある製品について、その許可や違反品の取締りなどを行っている。

全ては医療の向上を目指して

日本のiPS細胞の研究はこの施設を拠点に、京都大学、慶応義塾大学、東京大学、理化学研究所が中心となって進められる予定ですが、それ以外の多くの日本の大学や研究機関でも役割分担し、チームジャパンとして一丸となって取り組むことの重要性が訴えられています。そうしなければ、アメリカなどと対等に戦うことはできないからです。

iPS細胞は知的財産、つまり特許のかたまりです。ES細胞の知的財産は、すでにそのほとんどがアメリカの大学と民間企業に押さえられています。難病で苦しむ日本人患者に対してiPS細胞技術による治療を迅速かつ安価に提供するためには、知的財産を日本が掌握する必要があります。他国に知的財産を押さえられてしまっては、研究をスムーズに進めることが非常に困難になります。また、研究は可能でも商業実施権は他国の企業に独占的に認める契約を求められることも珍しくありません。日本は知識や技術だけ提供してそれで儲けるのは他国の企業……ということになってしまうのです。そうなれば、医療技術として実用化されてもその費用にはライセンス料が上乗せされて非常に高額な医療となり、それは全て公費や患者の負担となって重くのしかかってきます。さらに、人間の体に埋め込む細胞である以上、品質の点や人種的な適合性の点でも日本人向けの医療技術は日本人に特化したほうが安全なため、日本の高い研究・製造・品質管理のクオリティで提供する必要があります。

iPS細胞はその樹立はもちろん、その過程で用いられたマウス遺伝子の網羅的な解読やレトロウイルスを用いた遺伝子を組み込む技術も、日本発の技術です。iPS細胞に関する最初の特許は京都大学によって申請されていますが、一つの技術は膨大な数の特許と特許戦略で守る必要があります。その点から見ると、現時点で日本は決して米国に先行しているとはいえない状況にあります。今でこそ、国立大学の法人化などに伴い、大学においても特許戦略の概念が備わってきていますが、それも決して十分とはいえません。研究者はもちろん、特許戦略の専門家、法律の専門家、臨床試験の専門家、商業実施権の専門家など、様々な領域の頭脳が結集する必要があるのです。

山中教授は、アメリカの研究を「超高級スポーツカー」と表現し、それに対して日本は「今までは自転車でやっと軽四になった」と例えています。自転車から軽四になったことは大きな進歩ですが、相手が超高級スポーツカーである以上、軽四がこのまま逃げ切ることは至難の業です。けれど今、日本の研究者たちはこれまでのあらゆる研究領域においてみられなかったほど一致団結して、この難題に取り組もうとしています。

ただ、研究者たちはアメリカを蹴落とすことを目標とはしていません。目標は病気で苦しむ患者を一刻も早く救うことです。山中教授は、iPS細胞研究における日本対海外の競争を「一本負けのある柔道ではなくマラソン」に例えています。勝敗はどちらか一方だけが勝つのではなく、世界各国が競争することが、より早く臨床応用することにつながり、それは患者にとって何よりも望ましいことだ、と考えているのです。

謝　辞

本書を出版するに際し、多くの研究者の方々から貴重なデータや写真をご提供いただき、心より御礼申し上げます。特に、恐ろしくご多忙な中、図表の使用についてご快諾してくださった京都大学iPS細胞研究センター山中伸弥教授には感謝の言葉もありません。また、私のような若輩者にiPS細胞という世界最先端の話題について執筆するチャンスを下さった大倉誠二さんをはじめとする技術評論社の皆様、そして、本書を美しく楽しいものに仕上げていただいたデザイナー、イラストレーターの皆様にも深く感謝いたします。

■参考文献

朝比奈欣治・立野知世・吉里勝利著,『再生医学入門』, 羊土社

中辻憲夫編,『再生医学の基礎』, 名古屋大学出版会

仲野徹著,『幹細胞とクローン』, 羊土社

アン・B・パーソン著／渡会圭子訳／谷口英樹監修,『幹細胞の謎を解く』, みすず書房

クリストファー・T・スコット著／矢野真千子訳,『ES細胞の最前線』, 河出書房新社

田中秀穂,「iPS細胞：先端医学研究における科学と知的財産の先陣争い」,『蛋白核酸酵素』Vol.53 No.5 (2008), pp.678-680, 共立出版

特集「ヒトES細胞研究のネクストステージ」,『医学のあゆみ』Vol.220, No.2 (2007), 医歯薬出版

特集「再生医療とアンチエイジング」,『医学のあゆみ』Vol.224, No.7 (2008), 医歯薬出版

「発生生物学の新しい息吹」,『イリューム』Vol.19, No.2 (2007), 東京電力

特集「幹細胞新世紀」,『細胞工学』Vol.26 No.5 (2007), 秀潤社

特集「先端医療の最先端」,『実験医学』2006年1月号, 羊土社

特集「多能性幹細胞の維持と誘導」,『実験医学』2007年3月号, 羊土社

「再生医療へ進む最先端の幹細胞研究」,『実験医学』増刊, 羊土社

特集「ヒトES細胞による再生医療と創薬」,『メディカル・サイエンス・ダイジェスト』Vol.33 No.14 (2007), ニューサイエンス社

「iPS細胞研究とバチカンの反応」,『現代化学』2008年4月号, p.57, 東京化学同人

「iPS細胞研究をめぐる特別シンポジウムの開催」,『Chemistry and Chemical

Industry』Vol.61, 2 Feburary (2008), pp.125-126

「多能性幹細胞のインパクトと今後」,『Medical Tribune』2008年2月21日号, p.80, メディカルトリビューン

「世界に衝撃を与えたiPS細胞」,『メディカルバイオ』2008年3月号, pp.8-13, オーム社

別冊「人体再生」,『日経サイエンス』, 日経サイエンス

David Cyranoski, "Simple switch turns cells embryonic", Nature, Vol.447, (2007) pp.618-619

David Cyranoski, "Race to mimic human embryonic stem cells", Nature, Vol.450, (2007) pp.462-463

Evans M.J., *et al.*, "Establishment in culture of pluripotent cells from mouse embryos", Nature, Vol.292, (1981) pp.154-156

James A.Thomson *et al.*, "Induced pluripotent stem cell lines derived from human somatic cells", Science, Vol.318, 21, December (2007), pp.1917-1920

Martin G.R., "Isolation of a pluripotent cell line from early mouse cultured in medium conditioned by teratocarcinoma stem cells", Proc. Natl. Acad. Sci., Vol.78, (1981) pp.7634-7638

Rudolf Jaenisch *et al.*, "Treatment of sickle cell anemia mouse model with iPS cells generated from autologous skin", Science, Vol.318, 21, December (2007), pp.1920-1923

Shinya Yamanaka *et al.*, "Induction of pluripotent stem cells from mouse embryonic and adult fibroblast cultures by defined factors", Cell, Vol.126, August 25 (2006), pp.663-676

Shinya Yamanaka *et al.*, "Induction of pluripotent stem cells from adult human fibrobrasts by defined factors", Cell, Vol.131, November 30 (2007), pp.861-872

Shinya Yamanaka, "Strategies and new developments in the generation of patient-specific pluripotent stem cells", Cell Stem Cell, 1, July (2007) pp.39-49

Shinya Yamanaka *et al.*, "New advances in iPS cell research do not obviate the need for human embryonic stem cells", Cell Stem Cell, 1, October (2007) pp.367-368

Shinya Yamanaka *et al.*, "Reprograming somatic cells towards pluripotency by defined factors", Current Opinion in Biotechnology, Vol.18, (2007), pp.467-473

Shinya Yamanaka *et al.*, "Generation of high quality iPS cells", Neuroscience Research, 58S, (2007), S19

Toru Kondo, "Molecular mechanism of sox2 expression in neural stem cell" Neuroscience Research, 58S, (2007) S19

Yoshiki Sasai, "Regulatory mechanisms of neural differentiation from pluripotent cells", Neuroscience Research, 58S, (2007), S19

索 引

[あ]

アストロサイト……22,182,184,187
アセチル化……70
アポトーシス……98,99,129

[い]

イアン・ウィルヘルムット……131
インフォームドコンセント……42
インプリンティング……141, 142, 153, 154

[え]

栄養外胚葉……19, 20, 32, 42, 52, 96, 128
エバンズ……38, 75
エピジェネティック……141, 142

[お]

オリゴデンドロサイト……22, 182, 184, 187, 188
オーダーメイド医療……218, 219, 220, 221, 222, 223

[か]

カウフマン……38, 75
角膜上皮幹細胞……208, 209
間葉系幹細胞……55, 237, 238
外胚葉……19, 20, 32, 42, 52, 96, 128, 130

[き]

奇形腫……45, 55, 70, 85, 113, 122, 201
キメラ……45, 46, 52, 56, 85, 86, 89, 108, 126, 146, 151

[く]

クローン……59, 62, 64, 65, 67, 68, 131, 132, 133, 134, 135, 136, 138, 139, 141, 142, 143, 145, 149, 191, 242, 244, 246

グリア細胞……182, 213

[け]

ゲノムインプリンティング……153

[こ]

骨髄細胞……29, 60, 61, 123, 233
コンパクション……17

[さ]

細胞死……98, 182
細胞シート……173, 174, 175, 176, 177, 210, 211
三胚葉……20, 128, 130

[し]

初期化……13, 38, 57, 59, 60, 61, 65, 68, 69, 70, 72, 73, 75, 76, 79, 81, 86, 87, 88, 100, 110, 111, 113, 117, 133, 134, 135, 136, 138, 140, 141, 142, 145
神経幹細胞……96, 156, 158, 159, 182, 183, 184, 185, 186, 238
ジェレミー・ブロック……25
ジェームズ・トムソン…40, 43, 110, 139
人工多能性幹細胞……13

[せ]

精母細胞……54, 60, 61
接合子……15
繊維芽細胞……60, 79, 81, 82, 83, 84, 85, 86, 100, 101, 104, 113, 114, 148, 181

[そ]

桑実期……17
桑実胚……17, 62
造血幹細胞……29, 30, 65, 120, 121, 125, 158, 173, 203, 204, 205, 206, 224, 229, 234

[た]

体細胞クローン……59, 64, 65, 131, 132, 145, 149, 242
体性幹細胞……27, 53, 54, 55, 56, 156, 158, 159, 160, 203, 232, 233
単為生殖胚……60

[ち]

中胚葉……20,128,130

[て]

テラトーマ……45, 50, 55, 70, 71, 85, 94, 107, 111, 113, 114, 122, 129, 130, 151, 190, 201, 202, 215, 235, 236
テロメア……104
テロメラーゼ……104, 111, 112
転写因子……60, 69, 73, 76, 90, 91, 92, 93, 94, 95, 126

[と]

トランスジェニックマウス……47, 171, 172
ドリー……59, 64, 65, 131, 132, 133, 134, 135, 138, 139, 140, 142, 145, 146, 242

[な]

内胚葉……20, 128, 130
内部細胞塊……19, 20, 32, 33, 35, 38, 42, 43, 45, 49, 50, 51, 52, 53, 57, 58, 59, 65, 72, 75, 94, 95, 96, 97, 100, 124, 128, 143, 146, 150

[に]

西田博士……210
ニューロン……22, 182, 183, 184, 185, 187, 188, 189, 190

[は]

胚性幹細胞……13, 35
胚盤胞……17, 18, 19, 20, 32, 35, 36, 42, 43, 46, 47, 49, 52, 56, 57, 65, 75, 85, 88, 97, 124, 126, 131, 134, 135, 136, 138, 143, 144, 146, 150, 151, 224, 242
バイオ・プリンティング……177, 179
万能性……13, 19

[ひ]

非対称細胞分裂……156

[ふ]

黄禹錫……67, 68, 146, 245
フィーダー細胞……33, 50, 73, 201, 210

[め]

メチル化……70, 95, 102, 103, 104, 113

[や]

山中教授……40, 100, 118, 139, 246, 249, 250
G418……77, 79

[ら]

卵割……17, 32, 42, 146

[り]

リンパ球……65, 241
倫理……35, 36, 45, 58, 60, 68, 75, 124, 130, 132, 139, 149, 151, 154, 187, 207, 240, 243, 245

[れ]

レトロウイルス……79, 89, 101, 111, 114, 117, 118, 120, 249

[B]

Brg1……69

[C]

c-Myc……83, 85, 95, 98, 99, 101, 108, 109, 110, 118, 121
COPs……212

[D]

DNA……15, 47, 90, 91, 95, 96, 102, 103

[E]

ES細胞……13, 33, 35, 36, 37, 38, 39, 40, 41, 42, 43, 45, 46, 47, 49, 50, 51, 52, 53, 54, 55, 56, 57, 58, 59, 61, 65, 67, 68, 70, 71, 72, 73, 75, 76, 77, 80, 81, 82, 83, 84, 86, 87, 88, 94, 95, 96, 97, 99, 101, 102, 104, 106, 108, 110, 111, 112, 113, 116, 121, 122, 123, 124, 126, 130, 131, 132, 139, 142, 143, 144, 145, 146, 148, 149, 150, 151, 153, 154, 156, 165, 169, 172, 182, 183, 186, 187, 188, 189, 190, 191, 195, 197, 199, 200, 201, 202, 203, 205, 206, 213, 214, 215, 216, 217, 224, 229, 231, 235, 236, 240, 241, 242, 243, 244, 246, 248

EpiS細胞……143, 144

[F]

Fbx15……75, 78, 81, 85, 86, 88, 109

Fbx15-iPS細胞……75, 85, 86, 88

[H]

HeLa……98, 99

[I]

IMR90……112, 113

iPS-MEF24……80, 82

iPS細胞……9, 13, 40, 56, 57, 58, 59, 60, 69, 75, 76, 85, 86, 87, 88, 89, 90, 92, 94, 95, 97, 98, 99, 100, 102, 103, 104, 106, 107, 108, 109, 110, 111, 112, 113, 114, 115, 116, 117, 118, 119, 120, 121, 122, 124, 125, 126, 128, 129, 130, 139, 140, 143, 145, 149, 153, 163, 165, 166, 168, 169, 172, 173, 178, 191, 199, 200, 203, 213, 215, 220, 221, 222, 223, 229, 240, 241, 246, 247, 248, 249, 250

ISWI……69

[K]

Klf4……83, 85, 95, 98, 99, 101, 121

[L]

Lin28……111, 112, 114

[M]

mGS細胞……149, 151

mRNA……90, 91

[N]

nAG……26

Nanog……73, 76, 88, 103, 108, 109, 110, 111, 113, 114

ntES細胞……145, 146, 148

[O]

Oct-3/4……69, 70, 83, 87, 94, 95, 96, 97, 99, 101

[S]

Sox2……76, 83, 85, 95, 96, 97, 98, 99, 101, 110, 111, 114, 120

[β]

βgeo……78

■執筆者略歴

中西　貴之（なかにし・たかゆき）

1965年、山口県下関市彦島生まれ。山口大学大学院応用微生物学修了。現在、総合化学メーカー宇部興産株式会社有機化学研究所で20年間新薬の研究に携わった後、現在同社において化学物質の世界各国法律対応業務に従事中。心を落ち着かせるときにすることは掃除。地元下関市の平家一門の御霊を鎮める伝統芸能「平家踊り」で音頭取りを務める継承者。著書に『からだビックリ！ 薬はこうしてやっと効く』『食品汚染はなにが危ないのか』『なぜ、体はひとりでに治るのか？』『人を助ける へんな細菌すごい細菌』（以上、技術評論社）、『宇宙と地球を視る人工衛星100』（ソフトバンククリエイティブ）他がある。日本質量分析学会、日本科学技術ジャーナリスト会議会員。

知りたい！サイエンス

なにがスゴイか？万能細胞
―その技術で医療が変わる！―

2008年７月25日　初版　第1刷発行
2012年12月１日　初版　第3刷発行
著者　中西貴之
発行者　片岡　巖
発行所　株式会社技術評論社
東京都新宿区市谷左内町21-13
電話　03-3513-6150　販売促進部
03-3513-6160　書籍編集部
印刷／製本　日経印刷株式会社

定価はカバーに表示してあります。

ISBN978-4-7741-3514-4　C3047
Printed in Japan

●装丁
中村友和（ROVARIS）
●制作
株式会社マッドハウス